Frank Heppes | Susanne Rupp

Das große Pilzbuch

Sammeln, Kaufen, Züchten, Konservieren, Kochen, Genießen

Susanne Rupp und **Frank Heppes**
sind seit Jahren begeisterte Pilzsammler und gelten als erfahrene Pilzexperten. Schon seit Jahrzehnten durchstreifen sie den Pfälzer Wald auf der Suche nach Pilzen und interessanten Foto-Motiven, mit denen sie ihr umfangreiches Fotoarchiv erweitern können. Dabei lassen sie sich gerne von der Natur faszinieren und beeindrucken.

Bibliografische Information der Deutschen Nationalbibliothek

Die Deutsche Nationalbibliothek verzeichnet diese Publikation in der Deutschen Nationalbibliografie; detaillierte bibliografische Angaben sind im Internet unter http://dnb.d-nb.de abrufbar.

ISBN 978-3-947021-29-1

1. Auflage 2023

Königstr. 43, 26180 Rastede
E-Mail: verlag@oekobuch.de
http://www.oekobuch.de

Druck: Grafisches Centrum Cuno, Calbe

FSC
www.fsc.org
MIX
Papier aus verantwortungsvollen Quellen
FSC® C043106

Unsere Bücher werden nach höchsten Ansprüchen an Nachhaltigkeit und Ökologie produziert und wir optimieren ständig weiter:

- Papiere und Pappen sind FSC® oder PEFC™ zertifiziert
- Druckfarben auf Pflanzenölbasis
- Druckplattenbelichtung komplett chemiefrei
- Klebstoffe lösungsmittelfrei
- 100% Öko-Strom bei Druck und Bindung
- Müllvermeidung und Recycling bei der Produktion
- kurze Wege, gedruckt in Deutschland

Inhalt

Vorwort 10

1. Die kleine Pilzkunde 12

1.1 Was genau sind eigentlich Pilze? 12

1.2 Geschichte der Pilze 14

1.3 Nährwerte: Warum Speisepilze so wertvoll sind 16

1.4 Heil- und Vitalpilze: Behandlung von Erkrankungen 18

2. Pilze selbst sammeln 22

2.1 Pilze erkennen und unterscheiden 22

2.2 Standort: Wo muss ich suchen? 26

2.3 Jahreszeit und Witterung 29

2.4 Klimawandel: Die Pilzsaison verändert sich 30

2.5 Sammelkalender: Wann kann ich mit welchen Pilzen rechnen? 32

2.6 Richtig sammeln … 34

2.6.1 … in Wald und Wiesen 34

2.6.2 Einkaufen beim Händler und im Supermarkt 39

2.6.3 Zu Hause 40

2.7 Die wichtigsten Speisepilze und ihre giftigen Doppelgänger 41

2.7.1 Röhrlinge (Boletales) 43

2.7.2 Lamellenpilze: Die Ordnung der Champignonartigen (Agaricales) 69

2.7.3 Lamellenpilze: Die Ordnung der Dickröhrlingsartigen (Boletales) 123

2.7.4 Lamellenpilze: Täublinge und Milchlinge (Russulales) ... 129
2.7.5 Leisten- und Stoppelpilze (Cantharellales) ... 139
2.7.6 Porlinge, Baumschwämme (Polyporales) und Ohrlappenpilze (Auriculariales) ... 145
2.7.7 Korallen und Schweinsohren (Gomphales) ... 153
2.7.8 Stäublinge (Lycoperdon), Boviste (Bovista) und Erdsterne (Geastrales) ... 159
2.7.9 Stinkmorchelartige (Phallales), Morcheln (Morchella), Lorcheln (Gyromitra) und Becherlinge (Pezizales) ... 167

3. Kulturpilze: Pilze selbst züchten ... 180
3.1 Holzkulturen ... 181
3.2 Strohkulturen ... 182
3.3 Kompost- und Fertigkulturen ... 184

4. Pilze konservieren ... 186
4.1 Trocknen ... 186
4.2 Einfrieren ... 187

5. Vergiftungen, Unverträglichkeiten und ungenießbare Pilze ... 189
5.1 Pilzvergiftung ... 189
5.2 Unverträglichkeiten, Allergien und Scheinvergiftung ... 190
5.3 Falsche Zubereitung und verdorbene Pilze ... 190
5.4 Ungenießbare Pilze ... 191

6. Schadstoffe und Umweltprobleme ... 192

Rezepte – kulinarischer Genuss ... 194

Suppen & Eintöpfe ... 194
Soßen & Butter ... 200
Nudeln, Teiggerichte & Knödel ... 203
Beilagen & Zwischenmahlzeiten ... 213
Reis & Pilze ... 217
Kartoffeln & Pilze ... 219
Fleisch & Füllungen ... 221
Fisch ... 247
Vegetarische Pilzgerichte ... 249
Konservierte Pilze ... 258

Anhang

Rezeptregister ... 259
Register ... 260
Register der porträtierten Pilze, deutsche Namen ... 269
Register der porträtierten Pilze, lateinische Namen ... 269
Bildnachweis ... 270
Literaturverzeichnis ... 271

Vorwort

„Wir gehen in die Pilze“ lautet häufig die begeisterte Ankündigung zahlreicher Pilzsammler und Hobby-Wanderer, die das Angenehme mit den kulinarischen Gaumenfreuden verbinden möchten. In diesem Buch erfahren blutige Anfänger und leidenschaftliche Sammler, wo die besten Fundorte mit den größten Erfolgsaussichten sein können. Lassen Sie uns gemeinsam auf eine erfolgreiche Tour in das Reich der Pilze gehen.

Dieses Buch vermittelt Ihnen nützliches Wissen über die leckersten Speisepilze, deren Konservierung und die anschließende Zubereitung kulinarischer Erlebnisse. Damit Sie unbeschwert genießen und Verwechslungen ausschließen können, stellen wir giftige Doppelgänger vor. Die Symbole zeigen Ihnen sofort, was genießbar ist und was nicht, was ein guter Speisepilz ist und welchen Sie auf jeden Fall stehen lassen sollten. Wir zeigen Ihnen, worauf zu achten ist. Kann ein Pilz nicht eindeutig bestimmt werden, gilt im Zweifelsfall weiterhin die goldene Regel: Lieber stehen lassen und auf Nummer Sicher gehen.

Neben diesen Schwerpunkten liefert der erste Teil des Buches einen Einstieg in die Pilzkunde. Leicht verständlich erklären wir zentrale Fachbegriffe, gehen auf kulturhistorische Besonderheiten ein, und Sie erfahren einiges über die Heilwirkung von Pilzen und deren Nährwert. Mit dem Saisonkalender wissen Sie, mit welchen Pilzen in den einzelnen Monaten vermehrt zu rechnen ist.

Pilze spielen in unserem Ökosystem Wald eine wichtige Rolle, die Sie bei Ihrer Sammelleidenschaft berücksichtigen sollten. Nachhaltiges Sammeln und die Achtung der Natur sollten stets im Vordergrund stehen. Was auf den ersten Blick nutz- und wertlos erscheint, kann lebenswichtige Funktionen auch für andere Organismen erfüllen.

Mittlerweile können Sie auch einige leckere Pilze zuhause im Garten oder im Keller selbst anbauen und züchten. Wir geben Ihnen einen groben Überblick. Auch der Gemüsehändler vor Ort hat oft ein interessantes Angebot, das Sie bei einem weniger erfolgreichen Waldspaziergang sehr gut nutzen können.

Pilze sind vielfältig – und so schmecken sie auch. Mal nussig herb, mal nach Kräutern, zart knusprig oder deftig herb in einer leckeren Sahnesoße. Beeindruckende Geschmackserlebnisse runden unsere Tour im letzten Teil dieses Buches ab.

Sie sehen, dieses Buch hat es in sich. Wir nehmen Sie an die Hand. Lassen Sie uns mit der kulinarischen Tour starten …

Birkenpilz (Leccinum scabrum)

Wir freuen uns, dass Sie sich für dieses Buch entschieden haben. Möchten Sie uns Ihre Erfahrungen und Erlebnisse mitteilen, uns ein Foto Ihres prall gefüllten Körbchens schicken oder Ihr Lieblingsrezept verraten, schreiben Sie uns eine E-Mail an pilze@intermedien.net.

1. Die kleine Pilzkunde

Waren Pilze früher ein wichtiges Nahrungsmittel, ist im Laufe der Zeit viel Wissen verloren gegangen. Mittlerweile zieht es jedoch immer mehr Menschen am Wochenende in den Wald auf der Suche nach kulinarischen Köstlichkeiten. Das Pilzsammeln ist zu einer Art Volkssport geworden und kombiniert in einzigartiger Weise beindruckende Naturerlebnisse mit Gesundheit und Genuss.

Pilze haben unterschiedliche Lebensräume und sind von größter ökologischer Bedeutung. Wenn Sie diese Grundlagen verstanden haben, werden Sie gezielter und erfolgreicher Speisepilze finden und sammeln. Denn eine gute Vorbereitung ist Grundlage des Erfolgs. Los geht's …

1.1 Was genau sind eigentlich Pilze?

Pilz = Fungus;
Pilze = Fungi

Für Pilze gibt es je nach Region viele verschiedene Begriffe. In Bayern und Österreich ist die Bezeichnung *Schwammerl* gebräuchlich. In der Schweiz spricht man von *Schwämmli* oder *Schwümm*. Unter all diesen Begriffen versteht man die **Fruchtkörper** von Großpilzen, die essbar oder giftig sein können. Um diese *Fungi*, so deren botanische Bezeichnung, geht es in diesem Buch.

Biologisch gesehen gibt es jedoch noch viel mehr Pilze, wie etwa Schimmelpilze oder Hefe. Schätzungsweise existieren über 5 Millionen Pilze, wovon die meisten noch unbekannt oder nicht erforscht sind. Insgesamt kennt man etwa 120.000 Pilzarten, 40.000 davon finden sich in Europa. Etwa 100 Arten gehören zu den Speisepilzen, die für den kulinarischen Genuss interessant sind. Die **Mykologie** ist die Wissenschaft, die sich mit all diesen Pilzen beschäftigt.

Pilze ernähren sich durch organisches Material, das sie zersetzen. Damit sind sie den Tieren recht ähnlich, können sich jedoch nicht fortbewegen und besitzen Zellwände. Lange Zeit wurden sie deshalb den Pflanzen zugeordnet. Zu den Pflanzen gehören sie aber auch nicht, denn sie besitzen kein Chlorophyll und können damit keine Photosynthese betreiben, also keinen Sauerstoff produzieren. Zudem bestehen die Zellwände der Pilze nicht aus Cellulose, sondern aus **Chitin**, aus dem auch die Panzer von Insekten bestehen. Unter den Lebewesen bilden Pilze daher ein eigenständiges Reich.

Im Wald sehen wir nur einen Teil des Pilzes, nämlich den **Fruchtkörper**. Dieser beherbergt die Sporen, mit denen sich Pilze vermehren. Der

Zunderschwamm
(Fomes fomentarius)

Großteil des Pilzes befindet sich jedoch als spinnenwebenartiges Netz unter der Erde oder im besiedelten Baum. Dieses **Myzel** kann man mit den Wurzeln von Pflanzen vergleichen. Seine langen Fäden, die **Hyphen**, dienen der Nährstoff- und Wasseraufnahme. Einzelne Stränge sind mikroskopisch klein und mit bloßem Auge kaum erkennbar. Hyphen können mehrere Kilometer lang werden. Ein kanadischer Hallimasch gilt mit einem Durchmesser von etwa 17 km als der größte lebende Organismus der Erde. Über das Myzel können sich Pilze vegetativ vermehren.

Pilze erfüllen wertvolle Aufgaben und gelten als chemische Fabrik in unserer Natur:

- Sie beseitigen abgestorbene Materie.
- Sie unterstützen Wasser- und Nährstoffaufnahme der Bäume, indem sie u. a. wertvolle Mineralstoffe liefern.
- Sie helfen uns bei der Zubereitung verschiedener Nahrungsmittel. Damit sind nicht nur die Speisepilze gemeint. Beispielsweise benötigen wir verschiedene Hefepilze für die Zubereitung von Backwaren, Bier oder Wein. Schimmelpilze machen aus einem Camembert erst diesen beliebten Käse.
- Pilze produzieren nützliche chemische Verbindungen, die in der Medizin genutzt werden, wie etwa das Penicillin als Antibiotikum.
- Pilze sind Nahrungsmittel nicht nur für den Menschen, sondern auch für andere Lebewesen.

In der Natur sind auch scheinbar unbrauchbare Arten wichtig. Pilze sollten daher niemals mutwillig zerstört werden. Das würde unser gesamtes Ökosystem unnötig schädigen und langfristig auch die Lebensgrundlage der begehrten Speisepilze gefährden.

Birkenporlinge *(Fomitopsis betulina)* befallen nur abgestorbene Birken.

1.2 Geschichte der Pilze

Pilze und Tiere haben vermutlich einen begeißelten Einzeller als gemeinsamen Vorfahren. Dieses Urtierchen hat vor rund einer Milliarde Jahren gelebt. Man geht davon aus, dass Pilze noch vor den Pflanzen das erste Land besiedelten und diesen den Landgang durch Symbiose erst ermöglichten. Die ersten Funde in Form von Versteinerungen stammen aus dem **Erdaltertum** (Paläozoikum) und sind ca. **300 Millionen** Jahre alt.

Pilze waren schon immer Nahrungs-, Rausch- und Heilmittel, auch in Europa. Schon in der **Steinzeit** hat man Speisepilze durch Trocknen haltbar gemacht und damit Vorräte für den Winter gesammelt. Die Gletschermumie Ötzi hatte eine Gürteltasche mit Zunderschwamm (*Fomes fomentarius*) zum Feuermachen und Birkenporlinge (*Fomitopsis betulina*) dabei. Der Mann aus dem Eis nutzte also schon vor mehr als 5.000 Jahren die antibiotische und entzündungshemmende, desinfizierende Wirkung des Birkenporlings. Auch heute wird der Sud des Birkenporlings bei unterschiedlichen Beschwerden angesetzt (vgl. Tabelle 2). Weitere Informationen über Heilpilze finden Sie in Kapitel 1.4.

Je mehr die Menschen sesshaft wurden und die Natur ihren Bedürfnissen anpassten, desto mehr Wissen über natürliche Zusammenhänge oder Heilmittel ging verloren.

Bereits im **Mittelalter** (500-1500 n. Chr.) waren Pilze gefürchtet, weil man ihre Wirkungen nicht oder nur noch ungenau kannte. Man nahm damals an, Pilze entstünden aus Schleim, dem Schlangen ihr Gift eingehaucht haben. Pilze entstammten einer magischen Welt, waren Hexen- und Teufelswerk und man vermied jedwede Berührung damit. Begriffe wie Hexenring oder Hexenei stammen aus dieser Zeit. Dennoch waren Pilze ein typisches Arme-Leute-Essen.

Dank der um 1600 entwickelten **Mikroskope** konnten kleinste, mit bloßem Auge häufig nicht sichtbare Details, und damit auch die Pilzsporen, erstmals erforscht werden. **1601** veröffentlichte der Botaniker Charles de l'Écluse (1526-1609), auch unter dem Namen **Carolus Clusius** bekannt, sein Werk „*Rariorum plantarum historia / Fungorum in Pannoniis brevis hiestoria*", in dem er über 100 Pilzarten beschrieb und damit wesentlich zur Systematik der Pilze beitrug. Clusius gilt als Mitbegründer der Mykologie.

Mykologie = Pilz-Wissenschaft

Mit zunehmendem Wissen wurden Pilze wieder populärer. Bereits 1650 wurden Champignons in Frankreich kultiviert. Im **Barock** (17. Jhd.) galten Pilze bereits als Delikatesse. Heute findet man verschiedene, gezüchtete Pilzarten in Gemüseläden und Supermärkten. Auch das alte Wissen lebt wieder auf.

1928 entdeckte der Nobelpreisträger Alexander Fleming das von Schimmelpilzen gebildete **Penicillin** und erkannte dessen antibiotische Wirkung und Bedeutung für die Medizin. In der Wissenschaft war das ein großer Schritt nach vorne. Allerdings sind auch heute noch viele Substanzen in Frucht und Myzelien und deren Wirkungen weitgehend unerforscht. Auch wurde erst im Jahr **2017** der Wachstumsmechanismus der Pilze entschlüsselt und man weiß nun, warum Hyphen sich in kurzen aber sehr kräftigen Schüben ausbreiten.[1]

In anderen Teilen der Welt und vor allem bei naturnahen Völkern wurde das Wissen über die Pilze über Generationen besser weitergegeben als in Europa. Pilze hatten hier von jeher einen etwas anderen Stellenwert. So wurde der Shiitake bereits vor mindestens 2.000 Jahren in Japan gezüchtet und dessen Heilwirkung genutzt. Auch in China und anderen asiatischen Ländern ist die Pilzheilkunde (**Mykotherapie**) eine uralte Tradition (vgl. Kapitel 1.4). In vorgeschichtlicher Zeit wurden hier bereits Pilze für religiöse Handlungen genutzt, bei denen man sich in einen Rausch versetzte. In Russland und Sibirien war der Fliegenpilz bei kultischen Festen von großer Bedeutung und auch die Ureinwohner Amerikas nutzten die durch Pilze gewonnenen Narkotika und halluzinogenen Wirkstoffe. Diese Traditionen werden häufig heute noch fortgesetzt.

Achtung: Sie sollten niemals Pilze konsumieren, deren Wirkung Sie nicht kennen. Diese können zu Vergiftungen und zum Tod führen (vgl. Kapitel 5).

1 https://idw-online.de/de/news675288, Download 31.01.2022

1.3 Nährwerte: Warum Speisepilze so wertvoll sind

Pilze bereichern unseren Speiseplan, sind lecker und sehr gesund. Sie bestehen zu über 90 % aus Wasser, haben wenig Fett und Kohlenhydrate. Damit sind Speisepilze besonders für Diäten und Kuren interessant. Satt wird man trotz der wenigen Kalorien recht schnell, denn dank des unverdaulichen **Chitins** liegen Pilze schwer im Magen. Damit die Pilzmahlzeit bekömmlicher wird, sollten Sie diese ausgiebig kochen bzw. garen. Zudem werden bei einigen Pilzen dadurch schädliche Substanzen zerstört und unschädlich gemacht.

In der vegetarischen und veganen Ernährung liefern Pilze wertvolles **Eiweiß**. Mit einer Mahlzeit decken sie zudem den Tagesbedarf an **Vitamin B7** (Biotin) meist problemlos ab. Auch andere Vitamine, wie **B2, B3 und B5** sind reichlich enthalten. Dabei decken 100 g Pilze jeweils mehr als ein Drittel unseres täglichen Bedarfs. Sogar **Vitamin D**, das der Körper bei Sonnenschein selbst produziert, ist in Pilzen enthalten, wenn auch in geringeren Mengen. Dabei kann der Vitamin-D-Gehalt bei Champignons durch ultraviolette Strahlen weiter erhöht werden. Pilze sind gerade in der dunklen Jahreszeit eine gute Vitamin-D-Quelle.

Darüber hinaus enthalten Pilze wertvolle **Mineralstoffe und Spurenelemente**. Allerdings reichern Pilze auch weniger gute Spurenelemente aus dem Boden an, die durch den Verzehr in unseren Körper gelangen. Wie Sie schädliche Stoffe vermeiden und reduzieren, erfahren Sie in Kapitel 5.

Die folgende Tabelle liefert Ihnen einen groben, durchschnittlichen Überblick. 100 g sind etwa drei Champignons. Dabei können die aufgelisteten Durchschnittswerte je nach Pilzart deutlich variieren. Beispielsweise liegt der Ballaststoffgehalt von Champignons mit 2 % im Durchschnittsbereich. Pfifferlinge kommen auf fast 6 %, Steinpilze auf 7 % und Trüffel sogar auf bis zu 16 %.[2]

2 Müller, Sybille: Pilze: Nährstoffe, Heilwirkung und Anwendung in der Küche. https://www.zentrum-der-gesundheit.de/ernaehrung/lebensmittel/pilze-uebersicht/speisepilze, 27.06.2022 (Abruf 10.07.2022)

Bestandteil			Menge [g]	
Wasser			93,3	
Eiweiß / Proteine			2,7	
Kohlenhydrate			0,6	
Fett			0,2	
Ballaststoffe			2,0	
Cholesterin			–	
Mineralstoffe		Calcium, Kalium, Magnesium, Natrium, Phosphor	1,0	
Spurenelemente		Eisen, Mangan, Selen, Zink, Kupfer, etc.	1,0	
Bestandteil			**Menge [µg][3]**	**Anteil am Tagesbedarf [%]**
Vitamin	A	Retinoläquivalent, Beta-Carotin	2,0 10,0	0 0
	B1	Thiamin	100,0	9
	B2	Riboflavin	440,0	37
	B3	Niacin, Nicotinsäure, Niacingäquivalent	5.200,0 5.567,0	35 33
	B5	Pantothensäure	2.100,0	35
	B6	Pyridoxin	65,0	5
	B7	Biotin (Vitamin H)	16,0	36
	B9	Folsäureäquivalent, Folsäure	37,0	2 k.A.[4]
	C	Ascorbinsäure	4.900,0	5
	D	Calciferole	1,9	10
	E	Tocopheroläquivalent, α-Tocopherol	116,0 80,0	1 1
	K	Phyllochinon	14,0	22
Energie:			**63 kJ / 15 kcal**	

Tabelle 1: Durchschnittlicher Nährstoffgehalt von 100 g frischen Pilzen[5]

3 µg steht für Mikrogramm; 1.000 µg = 0,001 g

4 K.A. = keine Angabe

5 https://www.naehrwertrechner.de/naehrwerttabelle/

1.4 Heil- und Vitalpilze: Behandlung von Erkrankungen

Vorsicht vor nicht anerkannten Arzneimitteln!

Seit Jahrhunderten werden in der **asiatischen Medizin** Großpilze zur Behandlung verschiedener Leiden eingesetzt. Als Lebenselixier wurde der Shiitake (*Lentinula edodes*) bereits in der Ming-Dynastie (1368–1644) verwendet, um Erkältungen zu heilen und die Durchblutung und damit auch die Ausdauer zu fördern. Ging es dem Magen schlecht, wurde Igel-Stachelbart (*Hericium erinaceus*) verabreicht. Dieser ist auch als Affenkopf- oder Pom-Pom-Pilz bekannt und kann auch in Europa gefunden werden, ist jedoch selten. Zur Vorbeugung und Stärkung des Immunsystems wurde ein aus dem Glänzenden Lackporling (*Ganoderma lucidum*) gewonnenes Tonikum verabreicht.

Auch in der **westlichen Volksheilkunde** werden schon lange Pilze zur Behandlung verschiedener Leiden eingesetzt, wobei einiges altes Wissen leider verloren gegangen ist. Der Hallimasch (*Armillaria*) soll sogar seinen Namen seiner Heilwirkung bei Hämorrhoidenleiden verdanken: „Heil im Arsch".

Der Glänzende Lackporling gilt als Symbol der Unsterblichkeit.

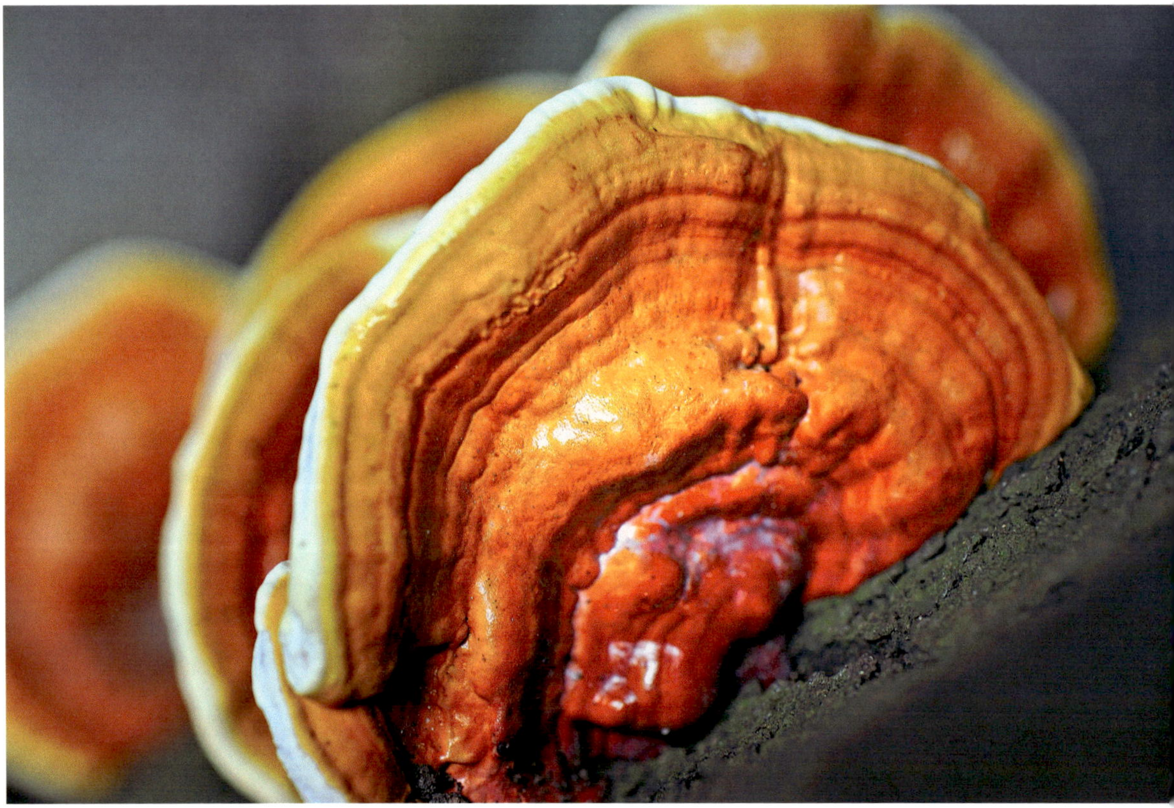

Die medizinisch relevanten Substanzen all dieser sogenannten Heil- oder Vitalpilze können in unterschiedlicher Weise extrahiert und aufbereitet werden. Tee, Pulver, Salbe sind nur einige Möglichkeiten. Heute sind Pilze wichtiger Bestandteil der modernen **Alternativmedizin**, unterstützen Diäten und Kuren (vgl. Kapitel 1.3).

Leiden Sie unter Gicht und Gelenkschmerzen, sollten Sie auf purinhaltige Lebensmittel, wie Fleisch, verzichten, die den Harnsäurespiegel ansteigen lassen. Pilze enthalten weniger Purine und erleichtern die Umstellung auf fleischarme Kost. Zudem erinnern Geschmack und Konsistenz von Austernpilz (*Pleurotus ostreatus*), der auch Kalbfleischpilz genannt wird, Shiitake (*Lentinula edodes*) und Champignon (*Agaricus*) an Fleisch.

Dem Shiitake wurden bereits zahlreiche gesundheitsfördernde Wirkungen nachgewiesen. Nicht belegt ist jedoch die ihm nachgesagte blutverflüssigende und cholesterinsenkende Wirkung. Sehr fraglich ist auch, ob er mit seinem Wirkstoff *Lentinan* gegen Krebs helfen kann. Fatal wäre es, bei der Therapie nur auf diesen Pilz zu setzen.

Tabelle 2 liefert einen groben Überblick über einige Pilze und mögliche Heilwirkungen. Allerdings sind die heilenden Wirkmechanismen häufig unbekannt und unerforscht bzw. wissenschaftlich nicht belegt. Ein Grund liegt auch darin, dass die Pharmaindustrie relevante, natürliche Substanzen schwer als Patent anmelden und damit kein Geld verdienen kann. Sie setzt deshalb verstärkt auf selbst erfundene chemische Produkte, die sich besser vermarkten lassen.

Zwar enthalten einige Pilze medizinisch relevante Inhaltsstoffe, aber noch lange nicht jeder. Auch können zahlreiche Substanzen giftig oder gar tödlich sein, wenn man sie falsch dosiert oder wenn mehrere Substanzen gleichzeitig angewendet werden. Auch Wechselwirkungen mit anderen Medikamenten oder Alkohol sind denkbar. Hinzu kommt, dass sich verschiedene Schadstoffe in Speisepilzen anreichern können (vgl. Kapitel 5). Wen wundert's also, dass vor diesen sogenannten **Vitalpilzen** oft gewarnt wird.

Gehen Sie zum Arzt und experimentieren Sie bei Beschwerden nicht selbst. Seien Sie vorsichtig und spielen Sie nicht mit Ihrer Gesundheit.

Pilz	Kann bei folgenden Beschwerden helfen:
Austernseitling *(Pleurotus ostreatus)*	Hoher Cholesterinspiegel, Hexenschuss, Müdigkeit
Birkenporling *(Fomitopsis betulina)*	Magen-, Darmbeschwerden, Tumor (Therapie begleitend!), Entzündungen, Hautprobleme
Champignon / Egerling / Angerling *(Agaricus)*	Hypertonie, Diabetes, Gicht, Tumor (Therapie begleitend!), Leberverfettung, Entzündungen
Eichhase *(Polyporus umbellatus)*	Alopezie / Haarausfall, Hypertonie, Immunschwäche, Nierenleiden / Harnwegsinfekte, Tumor (Therapie begleitend!)
Glänzenden Lackporling / Reishi *(Ganoderma lucidum)*	Schlafstörungen, Immunschwäche, Neurodermitis, Bronchitis, Arthritis, Hepatitis
Hallimasch / Honigpilze *(Armillaria)*	Durchblutungsstörungen, Hämorrhoiden
Judasohr / Holunderschwammpilz *(Auricularia auricula-judae)*	Arteriosklerose, hoher Cholesterinspiegel, Entzündungen, Hämorrhoiden, Leberleiden, Allergien, Kreislauferkrankungen, Thrombose, Hypertonie
Kräuterseitling *(Pleurotus eryngii)*	Unterstützung des Immunsystems, Hypertonie, Tumor (Therapie begleitend!)
Lärchenbaumschwamm / Apothekerschwamm *(Laricifomes officinalis)*	Entzündungen, abführende Wirkung, Fieber, Krämpfe / Wehen, Schmerzen
Speisemorchel	Schwaches Immunsystem, Tumor (Therapie begleitend!), Fatigue-Syndrom, Verdauungsstörung
Echter Pfifferling *(Cantharellus cibarius)*	Hautausschlag, Entzündungen, Nachtblindheit, Tumor (Therapie begleitend!)
Pompom / Affenkopfpilz / Löwenmähne / Igel-Stachelbart *(Hericium erinaceus)*	Magenleiden / Gastritis, Sodbrennen, Atembeschwerden, hoher Cholesterinspiegel, Demenz, Hitzewallungen, Unruhe, Schlaflosigkeit
Riesenbovist *(Calvatia gigantea)*	Entzündungen der Verdauungsorgane, Tumor (Therapie begleitend!)
Samtfußrübling *(Flammulina Velutipes)*	Immunschwäche, Hypertonie, Diabetes, hoher Cholesterinspiegel
Satansröhrling *(Rubroboletus Satanas)*	Leber-, Gallenleiden, Malaria
Schopftintling *(Coprinus Comatus)*	Darmträgheit / Verstopfung, Diabetes, Tumor (Therapie begleitend!), Hämorriden, Demenz
Schwefelporling *(Laetiporus sulphureus)*	Entzündungen, Magen-Darm-Erkrankungen, Rheuma, Husten, Bluthochdruck / Hypertonie
Shiitake *(Lentinula edodes)*	Erkältung, Grippe, Bronchialentzündungen, Hautirritationen, Hypertonie, Gelenkentzündungen / Gicht, Lebererkrankungen, Fettstoffwechselstörungen, Allergien, Karies, innere Unruhe

Pilz	Kann bei folgenden Beschwerden helfen:
Stinkmorchel *(Phallus impudicus)*	Gicht, Rheuma, raue Haut (Hexenei)
Violetter Rötelritterling *(Lepista nuda)*	Hypertonie
Zitronenseitling *(Pleurotus Citrinopileatus)*	Lungenemphysem
Zunderschwamm *(Fomes fomentarius)*	Verletzungen (blutstillende Wirkung)

Tabelle 2: Pilze und Heilwirkungen[6]

Daneben gibt es zahlreiche **psychoaktive Pize** mit berauschender Wirkung wie sie auch mit LSD erzielt werden kann. Fliegenpilz (*Amanita muscaria*) oder der Spitzkegelige Kahlkopf (*Psilocybe semilanceata*) gehören zu diesen „magic mushrooms". Noch heute verwenden einige Naturstämme halluzinogene Pilze, um sich in rituelle Rauschzustände zu versetzen.

Abseits der Ständerpilze gibt es weitere Pilze, die als Heilmittel verwendet werden. Am bekanntesten ist wohl das **Penicillin**, das gegen viele Bakterien eingesetzt wird.

Im Mittelalter führte das **Mutterkorn** (*Claviceps purpurea*), ein Pilz der sich auf Getreideähren entwickelt, zu zahlreichen tödlichen Vergiftungen. Heute wird das Pilzgift in geringen Dosen zur Geburtshilfe eingesetzt, weil es Muskelkontraktion verstärkt und Nachblutungen mindert.

Bei den **Teepilzen** handelt es sich um mehrere in Symbiose lebende Hefen und Bakterien, mit denen durch Fermentierung der anregend wirkende **Kombucha** hergestellt wird. Laborversuche deuten zudem auf eine antibiotische Wirkung hin. Die Symbiose wird auch **Kombuchapilz** genannt, obwohl es sich nicht um eine eigenständige Pilzart handelt.

Symbiose = Lebensgemeinschaft

Neben den Heilpilzen gibt es auch Pilze, die den Menschen krank machen. Haut-, Fuß- und Nagelpilze können gut behandelt werden. Aspergillose auslösende Schimmelpilze können auch zu allergischen Reaktionen führen, die Lunge und andere Organe befallen.

**Pilze können sehr gefährlich und lebensbedrohlich sein.
Experimentieren Sie nicht. Gehen Sie zum Arzt.**

6 Liste der Vitalpilze (Heilpilze) und deren Wirkung auf den menschlichen Organismus. https://www.123pilze.de/DreamHC/Download/Vitalpilze-Heilpilze.htm

2. Pilze selbst sammeln

Auf den folgenden Seiten erhalten Sie wertvolle Fachkenntnisse, mit denen Sie die begehrten Speisepilze finden, bestimmen und von ihren giftigen Doppelgängern unterscheiden können. Dabei bestimmen verschiedene Faktoren das Pilzwachstum. Die Zusammenhänge sind noch nicht abschließend erforscht, so dass bislang auch die Zucht nur bei bestimmten Pilzarten erfolgreich war.

Ziehen Sie auf keinen Fall los und sammeln Sie alles, was lecker aussieht. Wenn Sie dann auch noch alles kosten, kann das lebensgefährlich werden! Beherzigen Sie den folgenden Grundsatz unbedingt:

Pilze, die man nicht kennt, dürfen nicht gesammelt werden!

Als Anfänger sollten Sie Ihre Sammelleidenschaft zügeln und nur solche Pilze ernten, die Sie auch kennen und bei denen Sie sich 100 %ig sicher sind. Dieses Buch hilft Ihnen dabei und stellt die besten Speisepilze vor, bei denen kaum eine Verwechslungsgefahr besteht.

Die meisten Pilze sind roh giftig. Die Steckbriefe weisen ausdrücklich darauf hin, wenn ein Pilz auch roh gegessen werden kann. Ansonsten sollten Sie diesen gut erhitzen und durchgaren. Dadurch werden zudem die Eier des Fuchsbandwurmes abgetötet (vgl. Kapitel 2.6 a).

Erweitern Sie Ihr Wissen Schritt für Schritt. Zahlreiche Volkshochschulen bieten Pilzseminare an, bei denen Sie mit erfahrenen Sammlern Pilze vor Ort begutachten und sich auf Exkursionen austauschen können. Auch Pilzberatungsstellen helfen, wenn Sie sich unsicher sind. Wo Sie diese finden, erfahren Sie bei der Verbraucherberatung, bei Ihrer Gemeinde oder dem örtlichen Naturschutzverein. Diese sollten Sie jedoch nicht als Sortierstation missbrauchen.

2.1 Pilze erkennen und unterscheiden

Den typischen Pilz stellt man sich mit Hut bzw. Kappe und Stiel vor. Manche haben noch eine Manschette, Hülle oder Ring am Stiel, und schaut man etwas unter die Erdoberfläche erkennt man bei einigen eine Knolle. Pilze können jedoch auch ganz anders aussehen und recht skurrile Formen ausbilden.

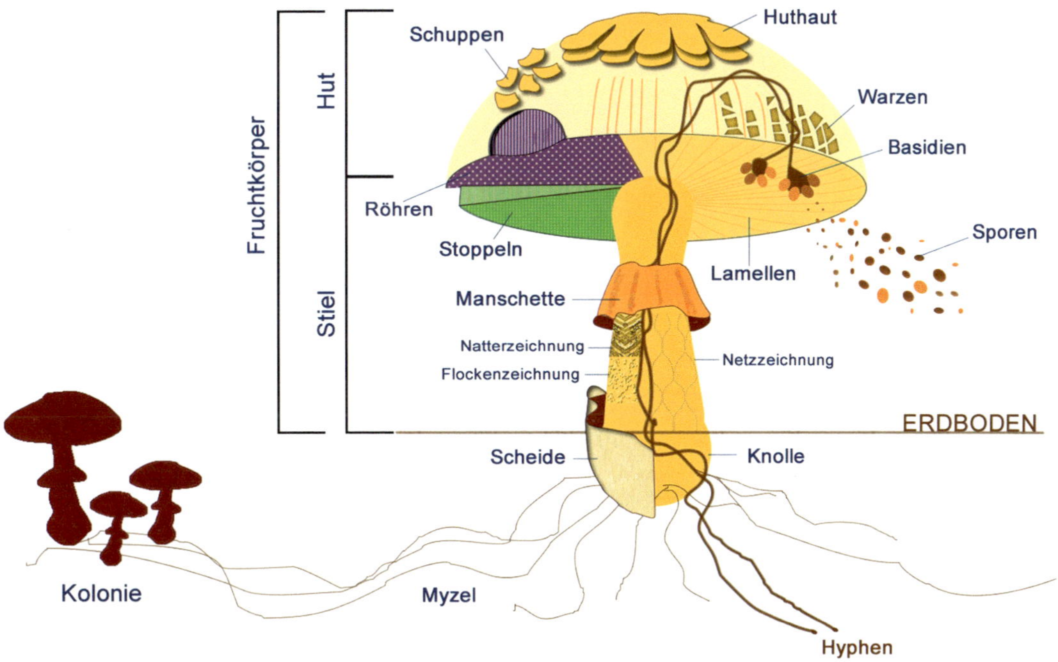

Schema Ständer- / Hutpilze

Taxon = Gruppe mit gemeinsamen Merkmalen

Generell unterscheidet man die eben beschriebenen **Ständerpilze** von den **Schlauchpilzen**, zu denen Becherlinge, Morcheln, Lorcheln und Trüffel gehören. Beide Gruppen umfasst das Taxon *Dikarya*, das Hibbett 2007 formal beschrieb.[7]

Schlauchpilze (*Ascomycota*) sind innen hohl und zeichnen sich durch ein sackartiges Fortpflanzungsorgan, den schlauchförmigen *Asci* aus. Dabei gelangen die herangereiften Sporen auf unterschiedliche Weise in die Umgebung, werden beispielsweise herausgeschleudert oder gelangen durch Zerfall des Fruchtkörpers nach Draußen.

Bei den **Ständerpilzen** (*Basidiomycota*) entstehen die Sporen an einem Sporenständer, den sogenannten Basidien. Reife Sporen werden oft aktiv aus der Fruchtschicht unterhalb des Hutes geschleudert oder vom Wind fortgetragen. Die Form der Fruchtschicht bestimmt die weitere Einteilung, wobei die wichtigsten Wild- und Zuchtpilze folgenden **Ordnungen** zuzuschreiben sind:

7 Hibbett, David et al: A higher-level phylogenetic classification of the Fungi. In: Mycological research, Band 111, Nr. 5. S. 509–547. London 2007

Lamellenpilz mit Zwischenlamellen und Burggraben, Röhrenpilz (rechts)

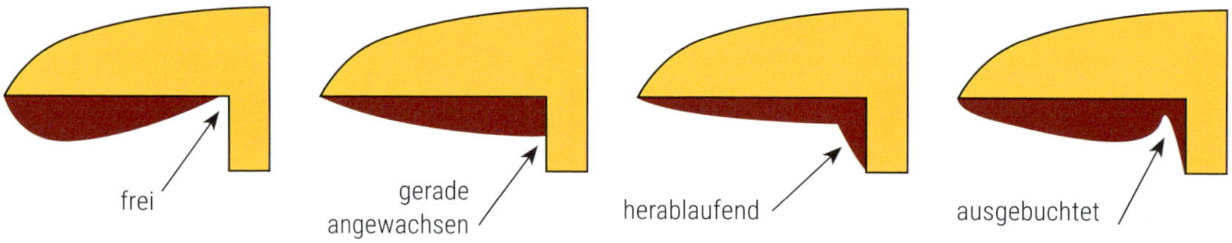

Verschiedene Übergänge zwischen Fruchtschicht (Lamellen, Röhren) und Stiel

- **Hutpilze** (siehe Skizzen oben)
  - **Lamellen- / Blätterpilze (*Agaricales*):** Die parallel angeordneten Blätter können vom Hut in den Stiel herablaufen (Trichterlinge), am Stiel ausgebuchtet oder völlig frei stehen, wie es bei den meisten Wulstlingen zu sehen ist. Auch können zwischen den einzelnen Blättern sogenannte Zwischenlamellen angeordnet und ein wichtiges Bestimmungsmerkmal sein. Bei den Ritterlingen sind die Lamellen am Stiel ausgebuchtet angewachsen. Man spricht hier von einem Burggraben zwischen Lamellen und Stiel, woher sich der Name der Ritterlinge ableitet. Auch Täublinge haben Lamellen und sehr brüchige Fruchtkörper, weshalb man sie auch Sprödblättler nennt. Milchlinge sondern eine Flüssigkeit ab. Daneben gibt es noch ein paar weitere Formen, die meist nur geübte Kenner auseinander halten können.
  - **Röhrlinge (*Boletales*):** Die sehr dicht gepackten Röhren werden auch Futter oder Schwammfutter genannt. Auch hier gibt es ebenfalls verschiedene Ausprägungen zwischen Hutansatz und Stiel.
- **Leisten / Leistlinge, Stoppelpilze (*Cantharellales*):** Die aderigen, oft gegabelten Leisten laufen bei Pfifferlingen am Stiel entlang. Leisten sind genauso breit wie hoch. Es handelt sich um Falten der Fruchtschicht. Die Stacheln der Stoppelpilze erinnern an ein Stoppelfeld und können ebenfalls am Stiel herunterlaufen.
- **Porlinge und Baumschwämme (*Polyporales*) und Ohrlappenpilze (*Auriculariales*):** In diesen Ordnungen finden sich die meisten Baumpilze.

Leisten und Stacheln (rechts)

- **Korallen (*Gomphales*)** erinnern mit ihrem strauchartig verzweigtem Wuchs an die gleichnamigen Meeresbewohner.
- **Stäublinge (*Lycoperdon*), Boviste (*Bovista*) und Erdsterne (*Geastrales*):** Die Sporen reifen im Innern des meist kugeligen Fruchtkörpers heran und werden bei Reife aus der oft kugelförmigen Hülle herausgeschleudert. Dagegen zerfällt der Fruchtkörper bei den Bovisten und gibt die Sporen frei.
- **Stinkmorcheln (*Phallales*), Morcheln (*Morchella*), Lorcheln (*Gyromitra*) und Becherlinge (*Pezizales*):** Auch Pilze dieser Ordnungen prägen besondere Wuchsformen, wie etwa die Hexeneier bei den Phallales. Morcheln, Lorcheln und Becherlinge zählen zu den Schlauchpilzen (*Ascomycota*), die durch einen schlauchförmigen Asci geprägt sind.

Die **Fruchtschicht** vergrößert die Oberfläche des Pilzes um ein Vielfaches. Dies ist auch notwendig, denn um sich verbreiten zu können, müssen Pilze enorm viele Sporen entwickeln. Ein einziger Wiesenchampignon bringt es auf ca. 15 Milliarden Sporen.

Die Fruchtschicht junger Exemplare ist bei den Hutpilzen oft durch ein **Velum** geschützt. Wächst der Pilz und entfaltet sich der Hut, platzt diese Hülle auf und bleibt als Ring am Stiel zurück. Bei einigen Pilzarten, wie dem Fliegenpilz, verbleiben Velumreste in Form von Schuppen oder kleinen Körnchen auch auf dem Hut. Andere Arten, wie etwa der Knollenblätterpilz zeigen das Velum auch noch als Scheide (*Volva*) an der Knolle, am Grund des Stiels.

Bei der Pilzbestimmung sollten Sie auf weitere Erkennungsmerkmale achten:

- Farbe von Hut, Stiel, Fruchtschicht / Hutunterseite
- Vorhandensein einer Manschette oder eines Ringes am Stiel
- Zeichnung auf Hut und Stiel: Diese entsteht durch Aufreißen der oberen Schicht bzw. des Velums. Bei einer unregelmäßigen zickzackähnlichen Zeichnung spricht man von einer Natterung. Daneben gibt es Netz- und Flockenzeichnung.
- Größe

- Geruch
- Schuppen, Körnchen oder Warzen auf den Fruchtkörpern / Hutoberfläche
- Konsistenz des Fleisches, z. B. brüchig spröde, faserig
- Verfärbungen bei Berührung, Bruch oder Schnitt
- Hohler oder massiver Fruchtkörper
- Standort (Nadelwald, ein bestimmter Baum, Holz, etc.)
- Jahreszeit

Im Folgenden betrachten wir zunächst die beiden letzten Faktoren etwas genauer. Die übrigen Erkennungsmerkmale lernen Sie im Bestimmungsteil dann ganz genau bei jedem einzelnen Pilz kennen.

2.2 Standort: Wo muss ich suchen?

Speisepilze wachsen im Wald, auf Wiesen, in Parkanlagen, Gärten oder auch auf Äckern. Gefällt Ihnen eine Stelle, heißt das noch lange nicht, dass sich hier auch Pilze wohlfühlen. Umgekehrt finden sich Pilze auch an Stellen, wo man sie nicht vermuten würde. Die **Ernährungsweise** einer Pilzart ist hierbei ein wichtiger Anhaltspunkt. Dabei unterscheidet man zwischen **Symbionten**, **Saprophyten** und **Parasiten**, wobei die Übergänge zwischen diesen drei Lebensformen fließend sein können.

- Etwa ein Drittel unserer Speisepilze lebt in einer **Symbiose** mit Bäumen oder anderen Pflanzen. Bei dieser Lebensgemeinschaft profitieren beide Partner voneinander. Während die Pflanze den Pilz mit lebensnotwendigen Zuckerstoffen und Stärke versorgt, unterstützt dieser als Gegenleistung die Wasser- und Nährstoffaufnahme der Pflanze. Dabei umschlingen die feinen Hyphen das Wurzelgeflecht und erweitern dieses um ein Vielfaches. Diese Pilzfäden sind deutlich kleiner als Pflanzenwurzeln und dringen in winzigste Erdporen ein, auch in weiter Entfernung. Gleichzeitig schützt der Pilz die Pflanzenwurzeln vor Bakterien und anderen Schädlingen.
  Pilze, die in Symbiose leben, nennt man auch Mykorrhizapilze. Der Begriff leitet sich aus dem Altgriechischen ab und bedeutet übersetzt „Pilzwurzel" („Myko" = Pilz, „Rhiza" = Wurzel). Tabelle 3 listet verschiedene Symbiosepartner auf.
  Nicht alle Pilze können mit jeder Pflanze eine Symbiose eingehen. Nur wenn die „Chemie" stimmt, kommt eine erfolgreiche Lebensgemeinschaft zustande. Aus diesem Grund konnten die meisten Mykorrhizapilze bislang noch nicht gezüchtet werden. Zudem können mehrere unterschiedliche Pilzarten das Wurzelwerk einer Pflanze besiedeln.
  Wird ein Baum gefällt, sterben häufig auch seine Symbiosepilze. Ohne den Partner, wird der Pilz nicht mit lebensnotwendigen Nährstoffen versorgt.

Symbiosepartner	Pilz
Birke	Birkenpilz, Trüffel, Fliegenpilz
Buche	Steinpilz, Semmelstoppelpilz, Flockenstiellieger Hexenröhrling, Knollenblätterpilz
Eiche	Steinpilz, Eichenreizker, Leberreischling, Hexenröhrling, Trüffel, Knollenblätterpilz
Esche	Speisemorchel *(Morchella Esculenta)*
Fichte	Fichten-Reizker, Butterpilz, Steinpilz, Semmelstoppelpilz, Flockenstiellieger Hexenröhrling, Kuhmaul, Marone, Hexenröhrling, Fichtenrotkappe
Kastanie	Leberreischling, Knollenblätterpilz
Kiefer	Sand-, Kuh-, Körnchenröhrling, Edelreizker, Morcheln, Steinpilz, Butterpilz
Lärche	Goldröhrling, Grauer Lärchenröhrling,
Tanne	Fliegenpilz
Weide	Judas-Öhrchen
Heidekraut / Erika (Ericaceae), Weißtanne	Pfifferling
Orchideen	Täublinge, Milchlinge, Stinkmorchel, Erdsterne
Heidelbeere	Fichtenrotkappe

Tabelle 3: Symbiosepilze und ihre wichtigsten Partner

- **Parasiten** oder **Schmarotzer** schädigen die Wirtspflanze ohne Gegenleistung. Der Pilz entnimmt dabei der Pflanze so viele Nährstoffe, dass diese abstirbt. Bei Baumpilzen ist das Myzel im Holz. Befallene Bäume verfaulen dann häufig von innen heraus. Mit dem Baum stirbt aber nicht notwendigerweise auch der Pilz. Parasitäre Pilze können meist in die fäulnisbewohnende Lebensform übergehen.
  Seitlinge, Schüpplinge, Hallimasch, Schwefelporling gehören in diese Kategorie.
  Pilze können auch auf anderen Pilzen schmarotzen. So schädigt der **Schmarotzer-Röhrling** (*Pseudoboletus parasiticus*) den **Kartoffelbovist** (*Scleroderma citrinum*).
- **Saprophyten** zersetzen organisches, abgestorbenes Material, wie Blätter, Rinde oder Holz. Diese Fäulnisbewohner bauen Zellulose ab, wobei sie nicht auf bestimmte Bäume oder Pflanzen angewiesen sind. Übrig bleiben Humus und zahlreiche wertvolle Nährstoffe, die von Pflanzen wieder aufgenommen werden. Auf diese Weise entsteht ein Stoffkreislauf in der Natur.
  Typische Vertreter sind **Champignon, Schirmpilz / Parasol, Rötelritterling, Morcheln**.

Der **Bodentyp** bestimmt Nährstoff- bzw. Wassergehalt und ist ein weiterer wichtiger Faktor für das Pilzwachstum. Einige Pilze wachsen nur auf bestimmten Böden oder meiden gar eine gewisse Umgebung.

Auch nahe Gewässer können das Pilzwachstum positiv beeinflussen. Insbesondere in warmen Sommermonaten kann eine Pilzstelle am See- oder Flussufer eine lohnende Quelle sein.

Bodentyp	Pilz
Nährstoffarme Böden	Morcheln
Nährstoffreiche Böden	Boviste, Träuschlinge
Kalkböden	Spechttintlinge, Satanspilz
Sandböden	Lorcheln, Wulstlinge
Saure Böden	Wulstlinge, Milchlinge

Tabelle 4: Boden und Pilze

Einige der begehrten Speisepilze wachsen jedes Jahr an der gleichen Stelle. Erfolgreiche Pilzsammler haben mehrere solcher **„geheimen" Fundorte,** die sie immer wieder gerne aufsuchen und wie einen Schatz hüten.

Wird der Boden durch Forstarbeiten, Wildschweine oder Windbruch verändert und gestört, reagieren viele Pilzarten empfindlich und wachsen anschließend an solchen Stellen kaum noch oder gar nicht mehr.

Andere Arten tauchen nur einmal auf und sind im nächsten Jahr verschwunden. Die Morcheln sind im Frühjahr beispielsweise eine nette Begleiterscheinung der Holzernte. Diese leckeren Speisepilze wachsen bevorzugt auf Rindenmulch von Nadelbäumen, aber auch an Wegrändern und an Hängen.

Wo einer ist, da könnte auch mehrere sein, denn viele Pilze wachsen in sogenannten **Hexenringen**, die auch **Feenringe** genannt werden. Dabei wächst das Myzel unter der Erde von einem Zentrum aus in alle Richtungen. Bei günstigen Verhältnissen treibt es die als Hexenring sichtbaren Fruchtkörper am Ende der Myzelfäden aus, die alle zu dem gleichen Organismus gehören. Da der Nährstoffgehalt im Zentrum mit der Zeit abnimmt, stirbt das Myzel in diesem Bereich ab. Der Pilzkreis wird im Laufe der Zeit immer größer.

Champignon, Perlpilz, Riesenbovist, Pfifferling, Parasole bilden genauso Hexenringe aus wie Nebelgrauer Trichterling, Fliegenpilz und Grüner Knollenblätterpilz, um nur einige zu nennen.

Hexenring

2.3 Jahreszeit und Witterung

Das Pilzjahr startet im **Frühling** bei milden Temperaturen mit Morcheln und Ritterlingen. Auch ein paar Hexenpilze erscheinen schon im Mai. Die meisten Arten gibt es jedoch erst im **Sommer** und **Herbst**, hauptsächlich von August bis Oktober. Dabei ist das Pilzwachstum von Jahr zu Jahr unterschiedlich und stark von der **Witterung** abhängig. Ist ein Sommer sehr heiß und trocken, werden Sie kaum frische, schöne Pilze finden. Etwas mehr Glück haben Sie dann vielleicht noch an Gewässern, wo es etwas feuchter ist.

Pilze bestehen zu über 90 % aus **Wasser** und brauchen ausreichend Feuchtigkeit, damit sie den begehrten Fruchtkörper austreiben. Stimmt dann auch die **Temperatur** „schießen sie wie Pilze aus dem Boden". Ausgiebige Sommerregen, schwülwarme Witterung sind das ideale Pilzwetter. Leider vermehrt sich dann auch die Pilzmücke zunehmend und der Madenbefall kann die Pilzausbeute reduzieren. Schnecken fühlen sich bei feuchtwarmer Witterung ebenfalls wohl und knabbern zunehmend an den begehrten Objekten.

Im Herbst ist es zwar nicht mehr so warm, doch auch der Frühnebel lockt die Pilze über die Erde. Allerdings kann bei zu viel Feuchtigkeit die Pilzfrucht rasch verfaulen. Der Schädlingsbefall trübt ebenfalls das Sammlerglück.

Sobald die Nachttemperaturen unter 0 °C fallen, sollten Sie vorsichtig sein. Wenn Pilze gefrieren und tagsüber wieder auftauen, kann sich deren Eiweiß verändern und den Fruchtkörper ungenießbar machen. Im Zweifel sollten Sie diese Exemplare stehen lassen. Ohnehin wachsen dann die wirklich interessanten Pilze auch nur sehr langsam, so dass Sie wohl kaum eine größere Menge finden werden, die für eine Mahlzeit ausreicht.

Dennoch gibt es einige Arten, wie etwa den Samtfußrübling oder den Austernseitling, die auch im **Winter** ihre Fruchtkörper ausbilden und gesammelt werden. Wegen der fehlenden Wärme sind im Winter jedoch die wenigsten Pilzarten zu sehen.

Dennoch gibt es zunehmend wärmere Perioden auch in der kalten Jahreszeit, in denen noch der ein oder andere Speisepilz durch die Erde ragt. Ohnehin wird durch **Klimawandel** die Pilzsaison tendenziell länger.

2.4 Klimawandel: Die Pilzsaison verändert sich

Extremwetterlagen mit Trockenheit, Starkregen und Sturm nehmen zu und prägen zunehmend unser Ökosystem. Veränderungen gibt es sowohl in unserer Tier- und Pflanzenwelt als auch im Reich der Pilze.

Tendenziell startet die Pilzsaison immer früher und geht zunehmend auch in den Winter hinein. „Super, dann kann ich länger Pilze finden“, denken Sie sich jetzt vielleicht, doch ganz so schön ist es leider nicht.

Durch die zunehmende Trockenheit geraten Bäume geradezu in eine Stresssituation. Infolgedessen werden die Symbiosepilze immer weniger mit notwendigen organischen Verbindungen versorgt. Auch **Mykorrhizapilze** werden dem jeweiligen Baum immer weniger Wasser zur Verfügung stellen. Mit dem Baum stirbt auch der Pilz.

Hinzu kommt, dass gestresste Bäume keine Energiereserven mehr haben, um sich gegen Schädlinge und Parasiten zu wehren. Insekten, wie der Borkenkäfer, und **Schmarotzerpilze** haben leichtes Spiel. Sie befallen geschwächte Bäume häufig gemeinsam in trockenen, warmen Sommern.

Saprophyten leben dennoch nicht im Paradies, denn durch die Trockenheit ist auch ihr Myzelwachstum stark eingeschränkt. Bei unzureichender Wasserversorgung kann das gesamte Myzelgeflecht absterben.

Das Ökosystem mit seinen unzähligen Organismen ist sehr komplex und die Organismen stehen untereinander in Wechselbeziehungen, die oft noch gar nicht erforscht sind. Viele Schädlinge haben einen biologischen Gegenspieler, der das Gleichgewicht wieder herstellt. Durch den Klimawandel wandern jedoch zunehmend neue Arten ein, für die es noch keinen Gegenspieler gibt. Der Neuling kann sich ungehindert ausbreiten und auch den Lebensraum anderer Organismen zerstören.

1 Hektar = ca. 1 Fußballfeld

Auch in Europa finden wir zunehmend Pilze, die aus ganz anderen Regionen stammen. Eine solche **invasive** Pilzart nennt man **Neomyzet**. Das vermutlich aus Ostasien stammende **Weiße Stängelbecherchen** (*Hyme-*

noscyphus fraxineus) wurde im Jahr 2002 in Mecklenburg-Vorpommern nachgewiesen. Mittlerweile soll dieser weiße, becherförmige Pilz nahezu alle Eschen auf einer Fläche von rund 16.000 ha befallen haben.[8] Befallene Bäume sterben von oben her ab. Das Ökosystem wird sich hier wohl neu finden müssen.

Auch über von Menschen importiertes Saatgut können sich Schadpilze bei uns ausbreiten. Der in Zentralamerika vorkommende *Fusarium circinatum* verursacht den sogenannten **Pechkrebs** bei Kiefern, der auch als Gibberella-Krebs bekannt ist. 2004 meldete Spanien erste Fälle, mittlerweile gibt es auch erste Vorkommen in Italien und Portugal[9]. Große Sorge bereitet hier der Internethandel.

Wenn Sie beim Sammeln auf Fruchtkörper stoßen, die Sie nicht kennen, lassen Sie diese besser stehen, denn durch die wärmeren Temperaturen wandern auch immer mehr Giftpilze in unsere Region. Der **Orangefuchsige Schleierling**, auch **Raukopf** (*Cortinarius orellanus*) genannt, ist hier ein unschönes Beispiel. Landet er in einer Pilzmahlzeit, fühlen Sie sich zunächst nur etwas unwohl. Das böse Erwachen kommt etwa zwei Wochen später, wenn seine Zellgifte bei Ihnen schwere Nierenschäden verursacht haben. Denken Sie dann nicht mehr an den damaligen Pilzgenuss, wird man Ihnen kaum noch helfen können.

---

8 https://www.eskp.de/klimawandel/pilzarten-und-ihre-pflanzlichen-wirte-im-klimawandel-9351077/

9 https://www.waldwissen.net/de/lebensraum-wald/pilze-und-flechten/der-pechkrebs-der-foehre-in-europa, https://www.waldwissen.net/de/waldwirtschaft/schadensmanagement/neue-arten/unerwuenschte-einwanderer-in-die-eu

2.5 Sammelkalender: Wann kann ich mit welchen Pilzen rechnen?

Die in den vorherigen Abschnitten erläuterten Zusammenhänge beeinflussen also, wann wir in einer bestimmten Region tatsächlich Pilze finden. Der folgende Kalender soll hier eine erste Orientierung bieten. Mit dem Klimawandel wird das Pilzwachstum aber immer unkalkulierbarer.

	Januar	Februar	März	April	Mai	Juni	Juli	August	September	Oktober	November	Dezember
Apfel-Täubling						●	●	●	●	●		
Austernpilz	●	●	●	●	●				●	●	●	●
Beutelstäubling							●	●	●	●	●	
Birkenpilz						●	●	●	●	●	●	
Blasiger Becherling			●	●	●	●	●	●	●	●	●	
Brätling							●	●	●	●		
Braunkappe			●	●	●	●			●	●	●	
Butterpilz								●	●	●	●	
Champignon					●	●	●	●	●	●	●	
Dorniger Stachelbart						●	●	●	●	●	●	
Eichenmilchling							●	●	●	●	●	
Eichhase						●	●	●	●	●		
Falscher Pfifferling								●	●	●	●	
Faltentintling				●	●	●	●	●	●	●	●	
Fichtenreizker						●	●	●	●	●	●	
Fichtenzapfenrübling		●	●	●	●	●	●					
Flaschenstäubling						●	●	●	●	●		
Flockenstieliger Hexenröhrling				●	●	●	●	●	●	●		
Frauentäubling						●	●	●	●	●	●	
Gelbe / Goldgelbe Koralle							●	●	●	●		
Goldfell-Schüppling									●	●	●	
Goldröhrling						●	●	●	●	●	●	
Graublättriger Schwefelkopf									●	●	●	●
Grauer Lärchenröhrling							●	●	●	●		
Grauer Wulstling					●	●	●	●	●	●	●	
Grünspan-Träuschling									●	●	●	
Habichtspilz								●	●	●	●	
Hallimasch							●	●	●	●	●	
Hasenstäubling						●	●	●	●	●		
Herbsttrompete								●	●	●	●	
Hohlfuß-Röhrling								●	●	●		
Igel-Stachelbart						●	●	●	●	●		
Judasohr	●	●	●	●	●	●	●	●	●	●	●	●

	Januar	Februar	März	April	Mai	Juni	Juli	August	September	Oktober	November	Dezember
Kaiserling						■	■	■	■	■	■	
Kiefernblutreizker								■	■	■	■	
Körnchenröhrling						■	■	■	■	■		
Krause Glucke							■	■	■	■	■	■
Kräuterseitling							■	■	■	■		
Kuhmaul							■	■	■	■	■	
Kuhröhrling						■	■	■	■	■	■	
Limonenpilz				■	■	■	■	■	■	■		
Maipilz			■	■	■	■	■					
Marone						■	■	■	■	■	■	
Märzschneckling		■	■	■	■							
Morchel			■	■	■	■						
Morchelbecherling			■	■	■	■						
Parasol						■	■	■	■	■	■	
Perlpilz						■	■	■	■	■	■	
Pfifferling						■	■	■	■	■		
Riesenbovist						■	■	■	■	■		
Riesenschirmling						■	■	■	■	■	■	
Rosa Schmierling							■	■	■	■	■	
Rotfußröhrling							■	■	■	■	■	
Rotkappe						■	■	■	■	■	■	
Safranschirmling						■	■	■	■	■	■	
Samtfußrübling	■	■	■	■					■	■	■	■
Sandröhrling						■	■	■	■	■	■	
Schmarotzerröhrling								■	■			
Schopftintling				■	■	■	■	■	■	■	■	
Schwarzfaseriger Ritterling									■	■	■	■
Schwefelporling					■	■	■	■	■	■		
Schweinsohr									■	■	■	
Semmelstoppelpilz							■	■	■	■	■	
Speisemorchel			■	■	■	■						
Spitzmorchel			■	■	■	■						
Steinpilz					■	■	■	■	■	■	■	
Stockschwämmchen				■	■	■	■	■	■	■	■	
Strubbelkopfröhrling				■	■	■	■	■	■	■	■	
Südlicher Ackerling					■	■	■	■	■	■		
Trompetenpfifferling								■	■	■	■	
Violetter Lacktrichterling					■	■	■	■	■	■	■	
Violetter Rötelritterling									■	■	■	
Wolliger Milchling							■	■	■	■	■	
Ziegenlippe							■	■	■	■		

Tabelle 5: Essbare Wildpilze gibt es das ganze Jahr.

2.6 Richtig sammeln …

Jetzt machen wir uns auf den Weg. Auf den folgenden Seiten erfahren Sie, was Sie beim Sammeln in Wald und Wiesen dabei haben sollten, wie Sie die Pilze richtig ernten und dann sicher nach Hause bringen. Auch beim Einkauf im Supermarkt oder beim Händler um die Ecke sollten Sie ein wachsames Auge haben. Abschließend zeigen wir Ihnen, wie Sie Ihre „Beute" zuhause säubern und für das spätere Kochen vorbereiten.

2.6.1 … in Wald und Wiesen

Am besten ziehen Sie mit einem Korb oder einem Leinensack, besser zwei Leinensäcken, los. Im zweiten Sack verstauen Sie die Pilze, die unterwegs nicht sicher bestimmt werden können und die Sie sich zu Hause etwas genauer ansehen möchten. Bei langen Wanderungen ist ein Rucksack sinnvoll. Wenn Sie noch nichts gefunden haben, können Sie die Leinensäcke bequem im Rucksack verstauen und haben die Hände frei. Hier findet auch das Pilz- oder Taschenmesser einen guten Platz.

Auf Plastiktüten verzichten Sie am besten. In diesen gammeln frische Pilze wegen der geringen Luftdurchlässigkeit recht schnell. Bei Tintlingen und anderen sehr leicht verderblichen Arten werden Sie in Plastiktüten kaum Pilze in guter Qualität mit nach Hause bringen.

Fester Hut = gute Qualität

Haben Sie einen Pilz gefunden und sicher bestimmt, machen Sie bei einem Ständerpilz die Druckprobe und prüfen damit dessen Konsistenz. Hierzu drücken Sie mit einem Finger leicht auf die Hutoberfläche. Ist diese fest, handelt es sich um ein junges, frisches Exemplar. Bei alten Pilzen können Sie die Oberfläche dagegen eindrücken. Der Pilz fühlt sich labberig an. Lassen Sie ihn dann besser stehen.

Sind Sie sich nicht ganz sicher, ob Sie den Pilz richtig bestimmt haben, schauen Sie etwas unter die Erdoberfläche. Dabei sollten Sie nicht unnötig wühlen und womöglich das Myzel verletzen. Ist hier jetzt eine Knolle zu sehen, wo eigentlich keine sein sollte, haben Sie sich wohl vertan. Möchten Sie einen vermeintlichen Giftpilz zu Hause näher bestimmen, drehen Sie ihn vorsichtig aus dem Boden und bewahren Sie ihn getrennt von den anderen auf. Dafür haben Sie ja den zweiten Sack mit dabei.

Achtung: Es gibt keine Giftpilze, bei denen schon der Kontakt gefährlich ist. Gefährlich wird es allerdings, wenn Sie den Pilz ernten oder aufschneiden und Ihre Schleimhäute mit den Pilzflüssigkeiten bzw. -giften in Berührung kommen.

Haben Sie eine ganze Pilzgruppe entdeckt, schauen Sie sich jeden einzelnen Pilz ganz genau an. Hier könnten sich unter den guten Speisepilzen

Mit einem Messer schneiden Sie den Fruchtkörper ab und mit dem Pinsel entfernen Sie Verunreinigungen.

auch andere Pilzarten eingeschlichen haben. Ähnlich aussehende Gift- und Speisepilze wachsen oft eng beieinander. Seien Sie stets vorsichtig!

Hat Ihr sicher bestimmter Fund also die Druckprobe bestanden, sollten Sie ein gutes und vor allem scharfes Pilz- oder Taschenmesser zur Hand haben. Schneiden Sie den Pilz kurz über dem Erdboden ab. Dabei wird sich die Schnittstelle einiger Pilze, wie etwa beim Hexenröhrling, bereits nach kurzer Zeit verfärben. Hierbei oxidieren Substanzen mit dem Luftsauerstoff und verfärben sich. Diese Verfärbung ist also kein Qualitätsmerkmal und bedeutet auch nicht, dass der Pilz giftig sein muss.

Bevor Sie das Exemplar verstauen, sollten Sie es grob säubern. Spezielle Pilzmesser haben hierfür oft eine kleine Bürste bzw. einen Pinsel, mit dem Sie Sand, Tannennadeln, Blätter und auch kleine Tierchen gut entfernen können. Manchmal hilft es auch, vorsichtig mit der Handfläche auf den Hut zu klopfen, so dass Dreck und Kleinlebewesen, die sich unter dem Hut versteckt haben, herunterfallen.

Haben Schnecken bereits größere Teile des Pilzes befallen, können Sie diese Fraßstellen bereits unterwegs entfernen. Auf diese Weise hat der Pilz noch eine Chance, seine Sporen zu verteilen und Sie müssen anschließend weniger schleppen.

Müssen Sie nach der Pilzernte feststellen, dass das Exemplar doch nicht so schön ist und von Maden befallen sein könnte, schneiden Sie es der Länge nach durch. Zur sicheren Bestimmung einiger Pilzarten, wie etwa Morcheln, sollten Sie den Pilz ohnehin aufschneiden. Sehen Sie nun, dass der Pilz für Ihren Speiseteller nicht mehr zu retten ist, legen Sie ihn zurück auf den Boden, so dass er aussporen und sich vermehren kann. Bei Ständerpilzen legen Sie die Hutunterseite nach unten. Vielleicht werden Sie nächstes Jahr wieder mit einem Fund an der gleichen Stelle belohnt.

Rechtliche Vorschriften und zentrale Verhaltensregeln

Nach der sogenannten Handstraußregel darf jeder „... Pilze ... aus der Natur an Stellen, die keinem Betretungsverbot unterliegen, in geringen Mengen für den persönlichen Bedarf pfleglich entnehmen und sich aneignen" (Bundesnaturschutzgesetz BNatSchG, § 39 Absatz 3).

Die Bundesartenschutzverordnung (§ 1 BArtSchV) stellt einige Pilzarten unter besonderen Schutz (Tabelle 6), die nach § 44 Abs. 1 Nr. 4 BNatSchG nicht aus der Natur entnommen, also nicht gesammelt werden dürfen. Auch deren Verarbeitung ist nicht zulässig (§ 44 Abs. 2 Nr. 1 BNatSchG). Dabei gehören Pilze nach dem BNatSchG zu den Pflanzen (§ 7 Abs. 2 Nr. 2d).

Ausnahmen bestätigen natürlich die Regel, denn nach § 2 Abs. 1 BArtSchV dürfen einige dieser Arten trotzdem „in geringen Mengen für den eigenen Bedarf der Natur entnommen werden". Diese sind in Tabelle 6 farblich hervorgehoben. Als geringe Menge sehen einige 150-200 g an. Tatsächlich können einige Pilze viel mehr Masse auf die Waage bringen, so dass man üblicherweise von der Faustregel „ein Kilogramm pro Person und Tag" ausgeht.

Bitte betrachten Sie dies jedoch nicht als Freibrief, denn das jeweilige Landesrecht kann andere Regelungen vorsehen. Informieren Sie sich also stets bevor Sie losziehen, welche Arten in Ihrer Region besonders geschützt sind und unter keinen Umständen gesammelt werden dürfen. Auch kann in Schutzgebieten und Nationalparks das Pilzesammeln komplett untersagt sein. In öffentlichen Parks sollten Sie nicht sammeln. Zum Schutz der Wildtiere ist in Deutschland das nächtliche Sammeln verboten.

Der Verkauf von gesammelten Wildpilzen ist in der Regel ebenfalls untersagt. Nur wenn Sie eine Genehmigung vom Waldbesitzer und der Naturschutzbehörde haben, dürfen Sie große Mengen ernten und kommerziell verwerten (§ 39 Abs. 4 BNatSchG).

Auch sollten Sie sich nicht mit Pilzen erwischen lassen, die sehr selten oder gar gefährdet sind und auf der **Roten Liste** stehen. Diese Liste legt das Bundesamt für Naturschutz (BfN) vor. Von den 6.120 erfassten Pilzen seien demnach fast 15 % gefährdet.[10] Da zahlreiche Pilze in Symbiose mit Bäumen und anderen Organismen leben, ist das Ökosystem insgesamt betroffen.

Nicht erlaubt ist es auch, wahllos Pilze zu sammeln, die man nicht kennt, um Sie später von einem Experten bestimmen zu lassen. Einigen solcher Sammelwütigen ist der Weg dahin wohl zu weit, denn anders kann man sich nicht erklären, wenn körbeweise Pilze an Waldparkplätzen zurückbleiben.

Schützen Sie die Natur und verletzen Sie den Waldboden nicht unnötig. Immer wieder entfernen unvernünftige Sammler Moos- und Blät-

10 Bundesamt für Naturschutz: https://www.bfn.de/publikationen/schriftenreihe-naturschutz-biologische-vielfalt/nabiv-heft-708-rote-liste (Abruf 01.07.2022)

terschichten, um auch noch den letzten Pfifferling darunter mitnehmen zu können. Das ist absolut nicht nachhaltig und zerstört langfristig den Standort für diese Art. Lassen Sie kleine Exemplare lieber stehen. Diese sporen aus und belohnen Sie im nächsten Jahr mit weiteren leckeren Fruchtkörpern.

Auch sollten Sie die Fruchtkörper abschneiden und nicht herausreißen, denn dadurch würden Sie das Myzel unnötig verletzen. Eine Ausnahme gibt es jedoch, denn einige Giftpilze können nur eindeutig über ihre Knolle identifiziert werden. Hierzu drehen Sie den Pilz vorsichtig aus dem Boden heraus.

Verlassen Sie die Waldwege nicht. Sie würden Wildtiere nur unnötig erschrecken und sich vielleicht selbst in Gefahr bringen. Es ist nämlich keineswegs lustig, wenn Sie plötzlich vor einer aggressiven Rotte Wildschweine mit Jungtieren stehen. Führen Sie Ihren Hund stets an der Leine. Auch wenn Sie Ihren Liebling in- und auswendig kennen, können unerwartete Urinstinkte beim Aufspüren von Wildtieren geweckt werden. Ohnehin besteht in einigen Regionen eine Leinenpflicht für Hunde.

Wissenschaftliche Bezeichnung	Deutscher Name
Albatrellus	Schaf-Porling, Semmel-Porling
Amanita caesarea	Kaiserling
Boletus aereus	Bronze-Röhrling
Boletus appendiculatus	Gelber Bronze-Röhrling
Boletus edulis	**Steinpilz**
Boletus fechtneri	Sommer-Röhrling
Boletus regius	Echter Königs-Röhrling
Boletus speciosus	Blauender Königs-Röhrling
Cantharellus	**Pfifferling**
Gomphus clavatus	**Schweinsohr**
Gyrodon lividus	Erlen-Grübling
Hygrocybe	Saftlinge
Hygrophorus marzuolus	Märzschneckling
Lactarius volemus	**Brätling**
Leccinum	**Birkenpilz, Rotkappe**
Morchella	**Morcheln**
Tricholoma flavovirens	(Kieferwald-) Grünling
Tuber	Trüffel

Tabelle 6: Besonders geschützte Arten nach § 1 Satz 1 BArtSchV. Die markierten Arten dürfen in kleinen Mengen für den privaten Konsum gesammelt werden.

Laute Musik und andere lärmende Geräusche haben im Wald nichts zu suchen. Sie würden damit nicht nur die Wildtiere stören, sondern auch Ihr eigenes Naturerlebnis vereiteln oder zumindest stark beeinflussen.

Rauchen Sie nicht im Wald. Insbesondere bei Trockenheit ist die Waldbrandgefahr extrem hoch. Zudem fangen einige (Nadel-)Bäume aufgrund ihres Ölgehalts extrem schnell Feuer. Insbesondere von März bis Oktober besteht absolutes Rauchverbot.

Zecken und Ihre Gesundheit

Zecken sind bereits bei Temperaturen um die 7 °C aktiv und können Borreliose und Meningoenzephalitis (FSME) übertragen. Schützen Sie sich mit geeigneter, langer Kleidung und festem Schuhwerk. Von Vorteil ist helle Kleidung, denn hierauf sind die kleinen Krabbler recht gut erkennbar. Nehmen Sie eine Pinzette für den Notfall mit, falls Sie sich doch einmal eins der Spinnentierchen eingefangen haben. Vermeiden Sie das Umherkriechen in dichtem Gebüsch und hohem Gras.

Zu Hause sollten Sie sich gründlich untersuchen. Zecken suchen weiche, warme Hautpartien, wie Achseln, Kniekehlen, Oberschenkel und Armbeugen, Hautfalten, Bauchnabel oder Genitalbereich. Suchen Sie auch hinter den Ohren und auf der Kopfhaut nach den Parasiten. Diese können auf Ihnen mehrere Stunden umher krabbeln, bis sie eine geeignete Stelle für sich gefunden haben.

Packen Sie die Zecke vorsichtig über der Haut, drücken Sie das Tier dabei nicht zu fest, damit keine Erreger in Ihrer Haut zurückbleiben. Ziehen Sie die Zecke behutsam heraus. Ein Drehen in eine bestimmte Richtung hilft hier in der Regel nicht weiter. Manchmal löst sich die Zecke durch leichtes Hin- und Herdrehen etwas einfacher. Statt mit einer Pinzette können Sie auch eine spezielle Zeckenzange verwenden, mit der sich jedoch nur wirklich große Zecken gut anpacken lassen. Solche großen Exemplare lassen sich noch leichter mit einer sogenannten Zeckenkarte heraus hebeln, die Sie zwischen Insekt und Haut ansetzen.

Kleine Rötungen um die Stichstelle sind auch Tage später noch normal. Werden diese jedoch nicht kleiner oder entstehen ringförmige Hautveränderungen, gehen Sie bitte zum Arzt. Diesen sollten Sie ebenfalls bei grippeähnlichen Symptomen aufsuchen, auch wenn diese erst Wochen später erscheinen.

Konnten Sie die Zecke nicht komplett entfernen, kann es zur Entzündung kommen. Verschwindet diese nicht nach wenigen Tagen, suchen Sie einen Arzt auf.

Der Fuchsbandwurm

Dieser Parasit befällt Füchse und als Zwischenwirt auch kleinere Nagetiere, wie etwa Mäuse, aber auch andere Säugetiere und nicht zuletzt auch den Menschen. Der Wurm nistet sich im Dünndarm ein und produziert täglich mehrere Hundert reife Eier, die über den Darm des Wirts ausgeschieden werden. Die ausgeschiedenen, sehr resistenten Eier werden durch den Wind fortgetragen, bis sie schließlich auf einer geeigneten Unterlage haften bleiben.

Es ist also durchaus möglich, dass Sie über eine Pilzmahlzeit Eier des Fuchsbandwurmes aufnehmen. Die sich daraus entwickelnden Larven können zu schweren Gesundheitsschäden (Echinokokkose) und schließlich zum Tod führen, denn das wachsende Larvengewebe befällt Gehirn, Leber, Milz, Lunge und andere Organe. Dabei beträgt die Inkubationszeit mehrere Jahre.

Wildpilze sollten Sie daher immer gründlich waschen und auch nie roh essen. Wenn Sie die Fruchtkörper ausreichend erhitzen (mindestens 70° C), töten Sie eventuell noch anhaftende Eier des Fuchsbandwurmes ab. Das Einfrieren genügt dagegen nicht. Die Eier können Extremtemperaturen von -80° C problemlos überstehen. Auch das Einlegen in Alkohol oder Essig überleben die Eier ohne Schaden.

2.6.2 Einkaufen beim Händler und im Supermarkt

Auch im Geschäft sollten Sie sich die angebotenen Pilze genau anschauen. Steinpilze, Pfifferlinge und andere heimische Pilze können nicht gezüchtet werden und haben oft lange Transportwege über mehrere Händler hinter sich. Häufig stammen diese Pilze aus Polen, Litauen oder Tschechien und benötigen etwa drei Tage von der Ernte bis in den Handel.

Kaufen Sie bevorzugt auf Wochenmärkten und bei regionalen Anbietern. Hier sind die Pilze häufig frischer und in einem besseren Zustand. Insbesondere Zuchtpilze, wie Champignon, Austernpilz, Braunkappe oder Shiitake haben das ganze Jahr Saison und sind in guter Qualität erhältlich.

Die Qualität lässt oft zu wünschen übrig, wenn die Pilze in Plastikschalen verpackt sind und sich Kondenswasser gebildet hat. Das aufgedruckte Mindesthaltbarkeitsdatum ist hier oft wenig aussagekräftig. Oft ist das Verpackungsdatum angegeben. Transportweg und die Anzahl der Zwischenhändler beeinflussen deutlich die Frische der Ware.

Wildpilze, wie etwa **Pfifferlinge**, dürfen in Deutschland nicht kommerziell vermarktet werden und werden aus dem Ausland eingeführt. Sie haben oft sehr lange Transportwege hinter sich und können kaum noch als frisch bezeichnet werden. Schauen Sie sich die Pilze ganz genau an. Sogar teuer angebotene Pfifferlinge können von Maden befallen sein.

Zu bevorzugen sind lose Pilze, von denen Sie sich die schönsten Exemplare heraussuchen können. Meiden Sie Pilze mit dunklen Stellen und anderen Verfärbungen. An solchen Druck- und Schadstellen bildet sich meist der erste Schimmel, der als weißer Flaum schnell die ganze Charge erfasst. Schauen Sie sich die Schnittkante genau an. Bei **Champignons** können Sie bedenkenlos zugreifen, wenn diese nicht eingetrocknet ist und die gleiche Farbe wie der übrige Fruchtkörper hat. Sind im Anschnitt bereits Fraßgänge von Maden erkennbar, lassen Sie den Pilz liegen. Ein Belag mit feinem Filz deutet auf einen Schimmelbefall hin.

Fühlt sich ein Pilz nicht mehr fest an, ist er auch nicht mehr frisch. **Steinpilze** sind richtig hart, wenn man Sie anfasst. Frische **Champignons** erkennen Sie zudem am kugeligen geschlossenen Hut, dessen Häutchen noch mit dem Stiel verwachsen ist. Riechen Sie an dem Pilz, sollten Sie einen angenehm erdigen Geruch wahrnehmen. Bei **Pfifferlingen** deutet eine leuchtend gelbe Farbe auf eine gute Qualität. Vermeiden Sie angetrocknete, braune, matschige Exemplare.

Zuchtpilze	Wildpilze
Austernseitling / Austernpilz	Marone
Braunkappe / Riesenträuschling	Pfifferling
Champignon (weiß + braun)	Steinpilz
Kräuterseitling	
Shiitake	

Tabelle 7: Im Handel angebotene Pilzarten

Verdorbene Pilze sind häufig überlagert. Hier entwickeln sich Eigengifte, die zu ernsthaften Magen-Darm-Problemen bis hin zum Tod führen können.

Achten Sie beim Transport nach Hause darauf, dass die Pilze nicht gequetscht werden. Papiertüten, Leinensäcke oder Körbe sind am besten geeignet.

Pilze werden auch fertig vorgekocht in Gläsern und Dosen angeboten. Leider geht dabei sehr viel Geschmack verloren. Der Genuss ist bei frischen Pilzen deutlich höher, auch wenn damit etwas Arbeit verbunden ist.

Getrocknete Pilze werden gerne in Suppen verwendet, eignen sich jedoch nicht als eigenständiges Hauptgericht. Eine Ausnahme bilden getrocknete **Morcheln**. Diese können Sie problemlos einweichen und im aufgequollenen Zustand dann wie frisch gesammelte Morcheln verarbeiten. Auch als Gewürz sind getrocknete Pilze gut geeignet, denn ihr Aroma ist deutlich konzentrierter als bei frischen Pilzen.

2.6.3 Zu Hause

Im kühlen Keller oder im Kühlschrank können Sie Ihren Einkauf etwa drei bis vier Tage lagern. Wie Sie Pilze länger haltbar machen, erfahren Sie in Kapitel 4.

Je früher Sie Ihre frischen Pilze verarbeiten, desto besser bleibt die Qualität erhalten. Zuerst befreien Sie die einzelnen Exemplare von den groben Verschmutzungen. Dazu eignet sich ein Borstenpinsel, mit dem Sie den Pilz trocken abbürsten. Einige Pilzsammler belassen es dabei und waschen die Pilze nicht ab, weil hierbei angeblich Aromastoffe verloren gehen.

Wir finden das jedoch weniger appetitlich. Sand, Erde oder Blätter lassen sich am besten durch Wasser entfernen. Einige Pilzarten, wie etwa die **Krause Glucke**, wären ohne Wasser kaum sauber zu bekommen. Auch Schneckenschleim haben die wenigsten gerne im Kochtopf.

Ständerpilze halbieren Sie am besten der Länge nach und überprüfen Sie dann auf Madenbefall. Entfernen Sie mit Pinsel und Messer grobe Verunreinigungen und schneiden Sie Fraß- und andere schadhafte Stellen heraus. Anschließend legen Sie den Pilz in eine mit frischem Wasser gefüllte Schüssel.

Sind ein paar Pilze zusammengekommen, können Sie die vorgewaschenen Pilze nochmals in einer weiteren Schüssel von den restlichen Verschmutzungen befreien und sie anschließend in mundgerechte Stücke schneiden. Diese landen dann je nach Rezept entweder in einem separaten Gefäß oder direkt in der Bratpfanne. Bei einigen Rezepten kann es sinnvoll sein, die gewaschenen Pilze vorher zu trocknen. Verwenden Sie hierfür ein Küchentuch oder eine Salatschleuder. Aus ökologischen Gründen meiden wir Einwegtücher aus Zellulose.

2.7 Die wichtigsten Speisepilze und ihre giftigen Doppelgänger

Ordnung → Familie → Gattung

Auf den nächsten Seiten stellen wir Ihnen die wichtigsten Wild- und Zuchtpilze vor. Bei der Reihenfolge orientieren wir uns an der Dikarya-Taxinomie (vgl. Kapitel 1.5), wobei Sie sich mit dem Farbleitsystem in diesem Buch schnell zurechtfinden (Tabelle 8). Kennen Sie den Namen des gefundenen Pilzes nicht, überlegen Sie, in welche **Ordnung** dieser passen würde. Anschließend können Sie den Pilz über die in der entsprechenden Farbkategorie gezeigten Fotos identifizieren. Wie er heißt, erfahren Sie gleich daneben. Dabei zeigen Ihnen die Symbole, ob es sich um einen guten Speisepilz handelt, oder ob Sie ihn besser stehen lassen sollten (Tabelle 9).

In diesen Ordnungen gibt es **Familien** und als weitere Unterteilung die **Gattungen**, aus denen sich die weitere Reihenfolge der Pilze in diesem Buch ergibt. Die Einteilung der Pilze erscheint dabei nicht immer logisch und ändert sich auch im Laufe der Zeit, was u. a. mit neuen Untersuchungsmethoden und Erkenntnissen zusammenhängt. An den verschiedenen lateinischen synonym verwendeten Namen kann man dies gut nachvollziehen. In diesem Buch wollen wir den Anfänger an die Hand nehmen, der wissen will, welchen Pilz er gefunden hat. Damit spielen **äußere Erscheinungsmerkmale** eine zentrale Rolle und weniger genetische oder molekularbiologische Gemeinsamkeiten einer Gattung.

Eine alphabetische Sortierung ist meist schwierig, da Pilze oft recht unterschiedliche und auch regional geprägte Namen haben. Gebräuchliche Synonyme können hier nicht abschließend genannt werden.

Tabelle 8: Farbcodierung einzelner Pilzklassen

Abteilung	Ordnung
Ständerpilze *(Basidiomycota)*	Röhrlinge *(Boletales)*
	Lamellen- / Blätterpilze *(Agaricales)*
	Täublinge und Milchlinge *(Russulales)*
	Leisten-, Stoppelpilze *(Cantharellales)*
	Porlinge, Baumschwämme *(Polyporales)* und Ohrlappenpilze *(Auriculariales)*
	Korallen und Schweinsohren *(Gomphales)*
	Stäublinge *(Lycoperdon)*, Boviste *(Bovista)* und Erdsterne *(Geastrales)*
	Stinkmorchelartige *(Phallales)*
Schlauchpilze *(Ascomycota)*	Morcheln *(Morchella)*, Lorcheln *(Gyromitra)* und Becherlinge *(Pezizales)*

Symbol	Bewertung
	Ausgezeichneter Speisepilz
	Guter Speisepilz
	Essbar
	Ungenießbar
	Giftig
	Tödlich giftig
	Persönliche Unverträglichkeit möglich
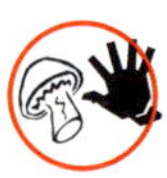	Geschützt, darf in Deutschland und ggf. in anderen Regionen nicht gesammelt werden.

Tabelle 9: Symbole für die Bewertung der Pilze

Bei **Lamellenpilzen** gibt es jedoch die größte Verwechslungsgefahr. Anfänger sollten daher mit den **Röhrlingen** starten, die deutlich einfacher zu bestimmen sind. Das gilt natürlich nicht für die Pilze aus dem Supermarkt. Stimmt die Qualität der hier angebotenen Lamellenpilze können Sie sie bedenkenlos genießen.

Nach einer kurzen Pilzbeschreibung informiert der **Steckbrief** über ebenfalls verwendete Synonyme. Diese sind natürlich auch in das Register am Ende des Buches aufgenommen.

Der Steckbrief listet weiterhin signifikante Merkmale, wie Größe und Farbe von Hut und Stiel oder die Konsistenz des Fruchtkörpers, Geschmack (üblicherweise im gegarten Zustand) oder Geruch auf. Wegen der besseren Übersicht verzichten wir auf die für die Bestimmung nicht relevanten Eigenschaften. Sind giftige Doppelgänger genannt, sollten Sie sich deren Merkmale ebenfalls genau anschauen, bevor Sie den gefundenen Pilz als unbedenklich und essbar bewerten. In diesem Buch können wir leider nicht auf alle Merkmale detailliert eingehen, so dass wir die Lektüre mehrerer Quellen empfehlen. Auch können nicht immer alle Doppelgänger abschließend aufgelistet werden.

Je nach Standort und Region kann es zu unterschiedlichen Ausprägungen der beschriebenen Merkmale kommen. Insbesondere die Angaben über Pilzgröße und -farbe können sich unterscheiden.

Auch der Speisewert eines Pilzes kann regional sehr unterschiedlich sein. Während **Frühjahrslorcheln** (*Gyromitra esculenta*) allgemein als sehr giftig eingestuft werden, gelten sie in Skandinavien und anderen Ländern teilweise als genießbar. Voraussetzung hierfür ist allerdings eine spezielle Zubereitung, wie mehrmaliges Abkochen. Allerdings sind Pilzvergiftungen dann immer noch nicht ausgeschlossen. Wir raten von solchen Experimenten ab und stufen solche Pilzarten als ungenießbar oder gar giftig ein. Ähnlich verhält es sich mit dem ungenießbaren **Wolligen Milchling** (*Lactifluus vellereus*), der in Osteuropa doch ab und an auf den Tellern zu finden ist.

Es kann auch vorkommen, dass ein Pilz jahrzehntelang als genießbar und heute als giftig bewertet wird, wie beim **Kahlen Krempling** (*Paxillus involutus*) geschehen.

2.7.1 Röhrlinge (Boletales)

Röhrenpilze gehören zu den begehrtesten Speisepilzen und sind leicht an den charakteristischen, dicht gepackten Röhren auf der Hutunterseite zu erkennen. Dieses polsterartige Gewebe bezeichnet man auch als Schwamm oder Futter.

In Europa gibt es zwar einige ungenießbare Röhrlinge, aber keine tödlich giftigen. Weil diese relativ selten sind, gelten Röhrlinge als recht sicher und sind darum besonders bei Anfängern beliebt.

Steinpilze, Rotkappen und andere **Dickröhrlinge** (*Boletaceae*) sind besonders ergiebig, so dass Sie schnell eine leckere Mahlzeit zusammenhaben.

Auch die Familie der **Schmierröhrlinge** (*Suillaceae*), wie etwa der Butterröhrling, erreicht eine angenehme Größe. Diese Ständerpilze leben in Symbiose mit Bäumen und sind daher hauptsächlich im Wald zu finden, insbesondere in Nadelwäldern. Mit zunehmendem Alter sind viele dieser Pilze von einer schmierigen oder gar schleimigen Schicht umhüllt.

Etwas verwirrend ist die Zugehörigkeit einiger Lamellenpilze, wie etwa der **Krempling**, zur Ordnung der Dickröhrlinge. Bei der Taxierung spielen jedoch nicht nur optische Kriterien eine Rolle, sondern auch molekularbiologische Erkenntnisse. Auch der **Falsche Pfifferling** zählt zu den Dickröhrlingen und müsste streng genommen in diesem Abschnitt vorgestellt werden. Da wir in diesem Buch jedoch von rein visuellen Kriterien ausgehen, finden Sie die entsprechenden Steckbriefe unter den **Lamellenpilzen**.

Die Röhren erinnern an einen Schwamm.

Gemeiner Steinpilz

(Boletus edulis)

Der beliebteste Röhrenpilz ist wohl der Steinpilz. Er gehört zu den wenigen Pilzen, die auch roh essbar sind.

Der Steinpilz ist standorttreu und wächst als Symbiosepilz meist unter Fichten. Der glatte, unregelmäßig gewölbte Hut ist in jungen Jahren ockerfarben und verfärbt sich später haselnuss- bis dunkelbraun. Mit einem Durchmesser von bis zu 25 cm gehört der Steinpilz zu einem der größten Röhrlinge. Die fast weißen Röhren der jungen Steinpilze verfärben sich mit zunehmendem Alter gelblich, gelbgrün und zuletzt sind sie olivgrün. Dabei gehen die Röhren immer weiter auf und der Hut wölbt sich nach oben. Die Röhren sind jedoch niemals rötlich. Auf dem dicken Stiel ist ein weißes Netz zu sehen, das sich im Alter leicht braun verfärbt.

Steinpilze verdanken ihren Namen wohl ihrem weißen Fleisch, das fester als bei anderen Pilzen ist und direkt unter der Huthaut rötlich gefärbt sein kann (nicht beim **Sommersteinpilz**). Das Fleisch bleibt, auch wenn Sie es durchschneiden, weiß und läuft nie an.

Der **Gemeine Steinpilz** ist gut an dem weißen Hutrand von anderen Steinpilzarten zu unterscheiden. Zu den Steinpilzen gehören auch **Sommer-** (*Boletus reticulatus*), **Kiefern-** (*Boletus pinophilus*) und **Birkensteinpilze** (*Boletus Betulicola*) oder der **Blasshütige Röhrling** (*Boletus Depilatus*), die auch mit anderen Bäumen eine Lebensgemeinschaft eingehen. Diese unterscheiden sich in wenigen, hauptsächlich farblichen Merkmalen und sind alle essbar. Allerdings sollten Sie trotz sicherer Bestimmung genau hinsehen, denn Steinpilze sind leider häufig von Maden befallen.

Lediglich der in Eichen- und Buchenwäldern selten zu findende **Bronze-Röhrling** (*Boletus aereus*), auch **Schwarzhütiger** oder **Gelber Steinpilz** genannt, ist vollständig geschützt. Er ist gut an der dunkelbraunen bis fast schwarzen Hutoberfläche und dem ebenfalls dunklen Stiel erkennbar. Mittlerweile gehört er zur Gattung *Butyriboletus* (vgl. Kapitel Pilze der Gattung *Butyriboletus*). Die anderen Steinpilzarten dürfen für den Eigenverbrauch in kleinen Mengen gesammelt werden.

Insbesondere junge Steinpilze können schnell mit dem **Gallenröhrling** (*Tylopilus felleus*) verwechselt werden. Dieser Pilz enthält sehr unangenehme Bitterstoffe und kann schon in kleinen Mengen eine komplette Pilzmahlzeit ungenießbar machen. Am Stiel sind die Unterschiede gut erkennbar. Beim Gallenpilz ist er nicht weiß, sondern deutlich gelb. Die Netzzeichnung ist deutlich grober und dunkler als beim Steinpilz und geht bis an die Stielbasis. Die Röhren sind bei jungen Gallenpilzen weiß und verfärben sich mit zunehmendem Alter rosa bis blass-rot. Bei dem Verdach auf einen Gallenpilz kann man diesen mit der Zunge an der Schnittstelle auf bitteren Geschmack prüfen.

Denkbar wäre auch eine Verwechslung mit dem giftigen **Satanspilz** (*Rubroboletus satanas*). Da dieser jedoch rote Röhren und einen roten Stiel hat, ist der Unterschied schnell festgestellt.

Synonyme	Herrenpilz, Edelpilz
Familie	Dickröhrlingsverwandte (Boletaceae)
Gattung	Steinpilze (Boletus)
Hut	Ø 4-20 cm, jung ockerfarben, später haselnussbrau, uneben mit glatter Oberfläche, leicht gerollter weißer Rand
Hutunterseite	Hellbeige Röhren, später gelb- und zuletzt olivgrün
Stiel	Ø 2-6 cm, 4-15 cm hoch, weiß mit feiner Netzzeichnung, die später bräunlich wird, keulige Form
Fruchtkörper	Weißes Fleisch
Geruch	Angenehm nussig
Geschmack	Mild, nussig
Standort	Mischwald (Fichten, Eichen, Hainbuchen, Linden, Birken, u. a.)
Saison	Mai bis November
Verwendbarkeit	Hervorragender Speisepilz, auch roh essbar
✖ **Verwechslung**	Gallenröhrling, Schönfußröhrling (ungenießbar), Satanspilz (giftig), Marone (essbar), andere Steinpilzarten (essbar)
Besonderheiten	Auch roh essbar

Birkenpilz

(Leccinum scabrum)

Der Birkenpilz ist der häufigste Vertreter der Gattung der Raufüße (*Leccinum*), die an der schuppigen Stieloberfläche gut erkennbar sind. Dabei verjüngt sich der brüchige Stiel nach oben hin und ist bei älteren Exemplaren eher zäh, holzig und darum ungenießbar. Auch der Hut wird mit zunehmendem Alter schwammig und unbrauchbar. Junge, feste Exemplare sind in gekochtem oder gebratenem Zustand jedoch gute Speisepilze. Beim Kochen verfärbt sich der Fruchtkörper sehr dunkel, fast schwarz.

Wie der Name schon vermuten lässt, findet man diesen Mykorrhizapilz unter Birken. Der Birkenpilz hat zahlreiche Verwandte, die jedoch andere Symbiose-Partner bevorzugen, wie etwa **Moor-Birkenpilz** (*Leccinum holopus*), **Hainbuchen-** (*Leccinum carpini*) oder **Pappelröhrling** (*Leccinum duriusculum*). All diese Raufußröhrlinge sind essbar, unterscheiden sich nur etwas im Geschmack.

Synonyme	Birkenröhrling, Kapuziner, Geißpilz, Graukopf, Birkenraufuß, Graugrüner Birkenpilz, Hüterbub, Graukappe, Fahlkopf, Boletus scaber, Krombholzia scabra
Familie	Dickröhrlingsverwandte (Boletaceae)
Gattung	Raufüße (Leccinum)
Hut	Ø 4-14 cm, hell- bis dunkelbraun, filzige unebene glatte Oberfläche, die bei hoher Feuchtigkeit sehr schmierig wird, zuerst halbkugelig, später abflachend
Hutunterseite	Zunächst hellbeige, später graue Röhren, die bei älteren Pilzen polsterartig nach oben gewölbt sind und sehr schwabbelig werden, dann leicht ablösbar
Stiel	Ø 1-3 cm, 6-15 cm hoch, schmutzig weiß mit dunklen Schuppen, nach oben hin verjüngt, Graugrüner Birkenpilz mit grünlicher Stielrinde
Fruchtkörper	Weißes Fleisch, das sich bei Verletzung rötlich verfärben kann (Rötender Birkenpilz), jung fest, später schwammig
Geruch	Neutral bis angenehm
Geschmack	Säuerlich mild
Standort	Unter Birken
Saison	Juni bis November
Verwendbarkeit	Gegart guter Speisepilz, besonders in jungem und festen Zustand; im Alter meist schwammig und unbrauchbar
Verwechslung	Andere Raufußröhrlinge (essbar)
Besonderheiten	Roh unverträglich, mindestens 15 Minuten garen, sonst droht Xerocomsäure-Vergiftung

Rotkappe

(Leccinum leucopodium)

Alle Rotkappen gehören zur Gattung der Raufüße (*Leccinum*) und sind hervorragende Speisepilze. Sie sind gut an ihrem geschuppten Stiel und dem auffallenden Hut erkennbar. Bei jungen Rotkappen ist der Hut kugelig, massig und schirmt im Alter zunehmend auf, wobei sich die Röhren weiten und gelbgrünlich verfärben.

Bei allen hier vorgestellten Rotkappenarten ist die Huthaut überstehend, wölbt sich also leicht um den Hut herum. Lediglich bei der **Eichenrotkappe** (*Leccinum aurantiacum*) ist die Huthaut ohne überrollenden Rand und verkürzt.

Unterschiede gibt es zudem hinsichtlich Schuppen- und Hutfarbe sowie bei der erreichbaren Größe. So ist die **Espenrotkappe** (*Leccinum leucopodium*) etwas kleiner als die **Birkenrotkappe** (*Leccinum versipelle*) und hat auch einen dünneren Stiel, der zur Spitze hin schmaler wird.

Als Symbiosepilze bevorzugen die einzelnen Rotkappenarten unterschiedliche Partner, was gut an dem Namen der Art erkennbar ist. Aufgrund des Klimawandels und zahlreicher Rodungen kommen mittlerweile einige Arten immer seltener vor. Während die **Birkenrotkappe** noch häufig zu finden ist, hat es die **Espenrotkappe** schon schwerer. Dieser unter Zitterpappeln (Espen) wachsende Pilz bevorzugt zudem saure und feuchte Böden. Auch die **Eichenrotkappe** sollte aus Naturschutzgründen geschont werden.

Junge Rotkappen sind selten von Maden befallen. Schneiden Sie eine Rotkappe auf, verfärbt sich ihr Fleisch grau bis schwarz, weil der Luftsauerstoff mit den Pilzfarbstoffen reagiert (Oxidation). Dabei bedeutet die Verfärbung keineswegs, dass der Pilz giftig oder von schlechter Qualität ist. Störend ist diese Farbe nur, wenn auch Ihre Finger nach dem Pilzeputzen dunkel geworden sind. Auch beim Kochen verfärbt sich der Fruchtkörper schwarz und ist dann nicht mehr bissfest, es sei denn Sie braten ihn an. Rotkappen sind eine Delikatesse.

Birkenrotkappe
(Leccinum versipelle)

Heimische Rotkappen können leicht mit der aus Nordamerika eingewanderten **Falschen Rotkappe** (*Aureoboletus projectellus*) verwechselt werden, die man zunehmend auch auf sandigen, mageren Böden, hauptsächlich in Kiefernwäldern findet. Der zähe Stiel zeigt ein längsrippiges, fühlbares Muster. Die Kappe verfärbt sich erst später rotbraun und ist bei jungen Exemplaren semmelgelb. In der Literatur findet man kaum etwas über diesen Röhrenpilz. Man geht jedoch davon aus, dass er essbar ist, doch sind Unverträglichkeiten durchaus denkbar. Wenn Sie sich nicht sicher sind, sollten Sie Pilze stehen lassen.

Verwechslungen sind auch mit der Marone und dem Steinpilz denkbar, aber durchaus unkritisch.

Bezeichnung	Birkenrotkappe (Leccinum versipelle)	Fichtenrotkappe (Leccinum piceinum)	Kieferrotkappe (Leccinum vulpinum)	Espenrotkappe (Leccinum leucopodium)	Eichenrotkappe (Leccinum aurantiacum)
Synonyme	Heiderotkappe, Schwarzschuppige Rotkappe	Krombholziella piceina, Leccinum piceinum pilat	Nadelwald-rotkappe, Fuchsrotkappe, Fuchsröhrling, Nadelwaldrot-kappe, Föhren-rotkappe	Weißstielige Rotkappe, Rothäubchen, Pappelrotkappe, Leccinum albostipitatum, Leccinum aurantiacum	Laubwald-Rotkappe, Eichenraufuß, Leccinum quercinum, Leccinum rufum
Familie	Dickröhrlingsverwandte (Boletaceae)				
Gattung	Raufüße (Leccinum)				
Hut	Ø 4-20 cm, rotbraun, gelbbraun, filzige Oberfläche, meist trocken, bei Nässe oft schmierig				
	Huthaut steht am Rand über				Verkürzte, nicht überrollende Huthaut
Hutunterseite	Zunächst cremefarbene, dann graue und im Alter olivgelbe Röhren, die bei älteren Pilzen polsterartig nach oben gewölbt sind, verfärbt sich bei Druck blau, leicht ablösbar, schwammig				
Stiel	Ø 1-4 cm, 6-20 cm hoch, weiß				
Stielschuppen	Schwarz, schwarzbraun	Schwarz	Hellbraun, rotbraun, später dunkelbraun	Rotbraun	Rötlich, rotbraun, rotgrau
Fruchtkörper	Weiß				
Verfärbung	Blau, schwarz	Rötlich, violett	Rosa, braun	Rötlich, schwarz	Rötlich, lila
Geruch	Neutral, pilzig				
Geschmack	Mild				
Standort	Birken, Heide, Moos, sandiger Lehmboden	Fichten, Heidelbeeren	Kiefern / Föhren, Nadelwald	Espen / Zitter-pappeln, saure feuchte Böden	Eichen, seltener Buchen, Hasel, andere Laubbäume
Saison	Juni bis Oktober				
Verwendbarkeit	Roh unverträglich, mindestens 15 Minuten garen, sonst droht Xerocomsäure-Vergiftung, hervorragender Speisepilz				
Verwechslung	Falsche Rotkappe, Marone, Steinpilz (alle essbar)				

Flocken-stieliger Hexenröhrling

(Neoboletus erythropus)

Den **Flockenstieligen Hexenröhrling** finden Sie schon recht früh im Jahr, oft bereits im April. Auch wenn die ersten Nachtfröste da sind, kann man ihn noch häufig in Nadelwäldern und auf anderen sauren Böden antreffen.

Dieser Röhrenpilz ist ein massiger, lohnender Speisepilz, der kaum von Maden befallen wird. Auffallend sind sein dunkelbrauner Hut und die leuchtend roten Röhrenenden. Die Röhren selbst sind bei jungen Exemplaren oft gelb. Bei Feuchtigkeit kann der Pilz schleimig sein.

Der rötliche Stiel ist mit feinen Pünktchen bzw. Flöckchen besetzt und kann damit gut vom giftigen **Netzstieligen Hexenröhrling** (*Suillellus luridus*) unterschieden werden. Die Beflockung nimmt nach oben hin ab.

Druckstellen und Verletzungen färben sich sofort dunkelblau. Dabei reagiert die im gelben Fruchtfleisch enthaltene Variegatsäure mit dem Luftsauerstoff. Aber keine Angst, gut gegart ist der Flockenstielige Hexenröhrling eine bekömmliche Delikatesse und ist in einigen Regionen sogar begehrter als der Steinpilz. Nach einigen Stunden entfärben sich die schadhaften Stellen wieder und werden gelb, wie an den Fraßstellen von Schnecken gut zu sehen ist. Diese schneiden Sie am besten weg.

Netzstieliger Hexenröhrling *(Suillellus luridus)*

Glattstieliger Hexenröhrling *(Suillellus queletii)*

Daneben gibt es noch den seltenen **Glattstieligen Hexenröhrling** (*Suillellus queletii*), der gut an den gelben Röhren erkennbar ist. Bei älteren Exemplaren verfärben diese sich allerdings auch rot. Da er ebenfalls bei Verletzung blau anläuft, kann er nur über den glatten Stiel identifiziert werden. Dieser weist weder eine Netz- noch eine Flocken-Zeichnung auf. Der Glattstielige Hexenröhrling lebt in Symbiose mit Laubbäumen, bevorzugt unter Buche, Eichen und Linden. Wie der **Netzstielige** gehört er zur Gattung *Suillellus*. Anders als dieser ist er gegart jedoch essbar.

Synonyme	Hexenpilz, Zigeuner, Flocki, Donner-, Teufels-, Schuster-, Tannenpilz, Samtkappe, Wacholderpilz, Boletus erythropus, Neoboletus luridiformis
Familie	Dickröhrlingsverwandte (Boletaceae)
Gattung	Neoboletus
Hut	Ø 4-20 cm, dunkelbraun, teilweise hellbraun und gelbgrün, an Fraßstellen gelblich, halbkugelig, später abgeflacht nach oben gewölbt, filzige wildlederartige, später glatte Oberfläche
Hutunterseite	Leuchtend rote Röhrenmündung, gelbe, orangerote, olivfarbene Röhren, gelber Röhrenboden, läuft bei Druck blau an
Stiel	Ø 2-5 cm, 5-15 cm hoch, keulige Form, gelb, braungelb mit Flockenmuster, am oberen Stielende oft gelb, olivfarbene Basis, fest
Fruchtkörper	Gelbes Fleisch, das sich bei Verletzung blauschwarz verfärbt, sehr fest, auch nach der Zubereitung
Geruch	Neutral bis angenehm pilzig
Geschmack	Mild
Standort	Unter Fichten, Nadelwälder, Moorränder, Rotbuchen, Eichen, auf sauren Böden
Saison	April bis Oktober
Verwendbarkeit	Roh giftig, ist gekocht ein hervorragender Speisepilz
Verwechslung	Netzstieliger Hexenröhrling (giftig), Glattstieliger Hexenröhrling (essbar), Satansröhrling (giftig), Schönfußröhrling (ungenießbar)

Satansröhrling

(Rubroboletus satanas)

Der Wärme liebende Satanspilz wird als gefährdeter Großpilz in der Roten Liste geführt, was auf Veränderung seiner Lebensräume zurückzuführen ist. Dieser Giftpilz kann zu schweren Magen-Darm-Problemen führen.

Er kann mit den **Hexenröhrlingen** verwechselt werden, fällt jedoch durch seinen leuchtend roten Stiel und der helleren, fast grauen Hutfarbe auf. Auch den Satanspilz kennzeichnet eine Netzzeichnung am Stiel, die jedoch deutlich grobmaschiger als beim **Netzstieligen Hexenröhrling** (*Suillellus luridus*) ausfällt. Zudem verfärbt sich der Satansröhrling nicht so stark bei Verletzung wie die Hexenröhrlinge.

Der ungenießbare **Schönfußröhrling** (*Caloboletus calopus*) sieht dem Satansröhrling ebenfalls ähnlich, hat jedoch keine roten, sondern gelbe Röhren. Ohnehin sollten Sie beide Pilzarten stehen lassen.

Synonyme	Satanspilz, Teufelspilz, Weißröhrling, Purpurröhrling, Boletus satanas
Familie	Dickröhrlingsverwandte (Boletaceae)
Gattung	Rubroboletus
Hut	Ø 4-35 cm, weiß, grau, später ocker, hellbraun, Rand umbogen, halbkugelig, später abgeflacht nach oben gewölbt, unregelmäßig, glatt und leicht schmierend, nicht blauend
Hutunterseite	Zunächst hellbeige, später leuchtend rote Röhren, gelber Röhrenboden, bei Druck grün-blaue Verfärbung
Stiel	Ø 2-5 cm, 7-15 cm hoch, gelb mit leuchtend rotem Netz, nach oben hin verjüngend, bauchige bis knollige Basis, bei Druck grün-blaue Verfärbung
Fruchtkörper	Weißes, hellgelbes Fleisch, bei alten Exemplaren leicht blauend
Geruch	Junge Exemplare eher neutral, ältere unangenehm, nach Aas
Geschmack	Mild
Standort	Laubwälder, insbesondere Buchen, Eichen, kalkhaltige Böden
Saison	Juni bis September
Verwendbarkeit	Giftig
Verwechslung	Flocken- (essbar) oder Netzstieliger (giftig) Hexenröhrling, Schönfußröhrling (giftig)
Besonderheiten	Wird in der chinesischen und japanischen Naturheilkunde als Heilpilz bei Leber-, Gallenleiden und Malaria eingesetzt.

Schönfuß-röhrling

(Caloboletus calopus)

Der Stiel des Schönfußröhrlings ist unten leuchtend rot mit enger Netzzeichnung, die nach oben hin ausläuft und im gelben Bereich nahezu fehlt. Unter Sonneneinwirkung können seine Farben verblassen.

Der Schönfußröhrling kann mit dem **Satanspilz** (*Rubroboletus satanas*) und den **Hexenröhrlingen** verwechselt werden. Deren Röhrenmündungen sind jedoch stets rot und beim Schönfußröhrling gelb. Lediglich die Varietät *ruforubraporu* hat auch rote Röhren.

Während Hexenpilze einen dunkelbraunen Hut haben, ist der Hut der Schönfußröhrlinge eher blass, bestens ockerbrau. Schneiden Sie den Schönfuß auseinander, läuft sein Fleisch nur blassblau an. Dagegen färbt sich die Schnittstelle bei Hexenpilzen deutlich dunkler, fast schwarz.

Schönfußröhrlinge werden in rohem Zustand als schwach giftig eingestuft und können zu ernsthaften Magen-Darm-Problemen führen. Die meisten Menschen nehmen zudem seinen bitteren Geschmack wahr, der bereits vom Verzehr abhält. Dennoch wird von Menschen berichtet, die den Röhrling ohne Schaden gekostet haben. Wir raten von solchen Experimenten ab.

Synonyme	Dickfußröhrling, Dickfuß, Bunter Gallenröhrling, Boletus calopus, Boletus terreus, Tubiporus calopus
Familie	Dickröhrlingsverwandte (Boletaceae)
Gattung	Caloboletus
Hut	Ø 5-20 cm, hell- oder ockerbraun, halbkugelig, später polsterförmig, filzige unregelmäßige Oberfläche, später glatt, überstehender Rand
Hutunterseite	Zunächst gelbe, später olivfarbene Röhren, bei Druck blaue Verfärbung
Stiel	Ø 1-6 cm, 4-15 cm hoch, oben gelb, unten leuchtend rot, Basis braun, braungelbe bis rötliche Netzzeichnung, die nach unten hin enger wird, keulig, fest, bei Verletzung blaue Verfärbung
Fruchtkörper	Weißes, hellgelbes Fleisch, bei Verletzung leichte Blaufärbung
Geruch	Neutral bis säuerlich
Geschmack	Extrem bitter
Standort	Unter Laub- und Nadelbäumen, insbesondere Fichten, Tannen, Buchen, auf sauren Böden
Saison	Juli bis November
Verwendbarkeit	Leicht giftig (roh), ungenießbar
Verwechslung	Netzstieliger Hexenröhrling (giftig), Satanspilz (giftig), Rotfußröhrling (essbar), Gallenröhrling (ungenießbar)
Besonderheiten	Ein Exemplar genügt bereits, damit eine komplette Pilzmahlzeit ungenießbar wird.

Rotfußröhrling

(Xerocomellus chrysenteron)

Der Rotfußröhrling verdankt seinen Namen der roten Stielfarbe, die als kleine Pünktchen nach oben hin ins Gelbe wechselt. In Wäldern sind Rotfußröhrlinge recht häufig zu finden. Allerdings ist das Fruchtfleisch eher weich, so dass Maden und Schnecken gerne darüber herfallen. Beim Sammeln sollten Sie sich darum auf jüngere Exemplare konzentrieren. Alte Pilze sind in der Regel matschig.

Achten Sie auch darauf, dass Sie keine Exemplare mitnehmen, die von Schimmel befallen sind. Dieser legt sich gerne als weiße Schicht auf Hut und Röhren, bis er schließlich den ganzen Pilz bedeckt. Dann kann aus dem essbaren Speisepilz nämlich ein giftiger werden und der Genuss zu ernsthaften Gesundheitsschäden führen.

Geschmacklich kann der Rotfußröhrling wenig punkten, weshalb er gerne anderen geschmackshaltigeren Pilzarten beigemischt wird. In solchen Mischpilzgerichten nimmt er den Geschmack von andern Pilzen an.

Der Rotfußröhrling hat zahlreiche essbare Verwandte, mit denen er leicht zu verwechseln ist. Beim **Bereiften Rotfußröhrling** (*Xerocomellus pruinatus*) sind im gelben Stielfleisch jedoch keine Rottöne zu finden. Ist der untere Stielbereich schwarz gefärbt, handelt es sich um den **Falschen Rotfußröhrling** (*Xerocomellus Porosporus*). Läuft der Pilz nach dem Durchschneiden blauschwarz an, handelt es sich um den **Starkblauenden Rotfußröhrling** (*Xerocomellus cisalpinus*). Beim **Herbstrotfußröhrling** (*Xerocomellus pruinatus*) sind die Röhren leuchtend gelb. Sein Stiel ist etwas fester und dicker.

Xerocomellus chrysenteron

Auch mit der ebenfalls essbaren **Ziegenlippe** (*Xerocomus subtomentosus*) kann der Rotfußröhrling verwechselt werden. Ihr fehlt jedoch die rote Stielfarbe.

Den **Schönfußröhrling** (*Caloboletus calopus*) sollten Sie dagegen nicht irrtümlich sammeln. Am Stiel ist er gut an der Netzzeichnung zu erkennen. Sollten Sie sich einmal nicht sicher sein, können Sie eine vorsichtige Geschmacksprobe machen, indem Sie mit der Zunge vorsichtig an der Schnittstelle lecken. Schmeckt der Pilz bitter, lassen Sie ihn am Fundort. Ausspucken nicht vergessen!

Synonyme	Gemeiner Rotfußröhrling, Echter Rotfußröhrling, Rotfüßchen, Boletus chrysenteron, Versipellis chrysenteron, Suillus chrysenteron, Boletus pascuus
Familie	Dickröhrlingsverwandte (Boletaceae)
Gattung	Rotfußröhrlinge (Xerocomellus)
Hut	Ø 3-10 cm, filzig, matt gelb, braun, rötlich, später oft rissige Oberfläche, rote Schicht zwischen Huthaut und Fruchtfleisch, Verletzungen verfärben sich rötlich
Hutunterseite	Gelbe Röhre, später grüngelb, verfärben sich bei Druck blaugrün, leicht am Stiel herablaufend
Stiel	Ø 1-3 cm, 2-8 cm hoch, gelb, rote Flöckchen im unteren Bereich, keine Netzzeichnung
Fruchtkörper	Weißgelbes Fleisch im Hut, rotes im Stiel, das nach oben hin verblasst, weich, faserig, im Alter matschig und ungenießbar, bei Verletzungen oft blau färbend
Geruch	Neutral, manchmal säuerlich
Geschmack	Säuerlich, neutral, nimmt Geschmack von anderen Pilzen an
Standort	Laub- und Nadelwald
Saison	Juli bis November
Verwendbarkeit	Essbar, roh unverträglich, mindestens 15 Minuten garen, sonst droht Xerocomsäure-Vergiftung, Verwendung als Füllpilz in Gerichten
✖ **Verwechslung**	Schönfußröhrling (ungenießbar), Ziegenlippe (essbar), Marone (essbar), andere Rotfußröhrlinge (essbar)
Besonderheiten	Achtung: Mit Schimmel befallene und matschige Exemplare sollten Sie nicht verwenden.

Ziegenlippe

(Xerocomus subtomentosus)

Die Ziegenlippe liebt die Wärme und ist im Süden etwas häufiger verbreitet als in nördlichen Gefilden. Wie bei allen Filzröhrlingen (*Xerocomus*) ist auch bei diesem Pilz die Schwermetallbelastung relativ hoch (vgl. Kapitel 5), so dass Sie die Ziegenlippe nur in Maßen genießen sollten. Ihr Geschmack ist wenig ausgeprägt, weshalb sie gerne in Mischpilzgerichten verwendet wird.

Die Ziegenlippe hat häufig einen recht langen, schlanken und hellen Stiel, der zur Basis hin manchmal etwas dicker wird. Trotz ihrer zahlreichen Erscheinungsformen fällt sie häufig durch ihre leuchtend gelben Röhren und den wildlederfarbenen samtigen Hut auf. Die Hutfarbe kann bei älteren Pilzen verblassen.

Zu den Verwandten gehört die **Rotbraune Ziegenlippe**, auch **Brauner Filzröhrling** (*Xerocomus ferrugineus*) genannt, den Sie an seinem bräunlichen Stiel und der bräunlichen Netzzeichnung erkennen.

Eine ähnliche Netzzeichnung zeigt der ebenfalls essbare **Samtige Filzröhrling** (*Xerocomus lanatus*), der insbesondere im trockenen Zustand durch einen leichten Schwefelgeruch auffällt. Er ist primär in Laubwäldern, insbesondere unter Buchen und Eichen, zu finden.

Darüber hinaus unterscheidet man die **Gelbliche Ziegenlippe** (*Xerocomus chrysonemus*) vom **Purpurbraunen Filzröhrling** (*Xerocomus silwoodensis*), die jedoch beide recht selten gefunden werden.

Synonyme	Filziger Röhrling, Gänsemaul, Mooshäuptchen, Schafheiterl, Boletus subtomentosus
Familie	Dickröhrlingsverwandte (Boletaceae)
Gattung	Filzröhrlinge (Xerocomus)
Hut	Ø 3-10 cm, filzig, gelb, braun, olivgrün, rosafarbig unter der Huthaut
Hutunterseite	Leuchtend gelbe Röhren, später grüngelb, im Alter vergrößern sich die Röhren, Druckstellen werden meist blau, Lamellen sind am Stiel angewachsen
Stiel	Ø 1-3 cm, 2-8 cm hoch, weiß, gelb, hellbraun, rötlich, brauner Belag, zylindrische Form, leicht verdreht
Fruchtkörper	Weißes Fleisch, mit Gelbstich in Stiel und Hut, braunrötlich in der Basis, mäßig fest, im Alter weich
Geruch	Neutral
Geschmack	Mild, nimmt Geschmack von anderen Pilzen an
Standort	Laub- und Nadelwald, insbesondere Buchen, Fichten, Tannen
Saison	Juli bis Oktober
Verwendbarkeit	Essbar, Verwendung als Füllpilz in Gerichten
Verwechslung	Rotfußröhrling, Brauner Filzröhrling, Samtiger Filzröhrling, Goldröhrling, Sandröhrling, Kuhröhrling (alle essbar)
Besonderheiten	Achtung: Schwermetalle reichern sich besonders in Filzröhrlingen an.

Marone

(Imleria badia)

Seinen Namen hat dieser Röhrling seiner dunkelbraunen Hutfarbe zu verdanken, die an die Farbe von Esskastanien erinnert. Dabei ist der Stiel stets hell und weist eine hellbraune Maserung auf. Die Röhrenschicht läuft bei Berührung blau an, weshalb man den Pilz auch **Blaupilz** nennt. An dieser Blaufärbung kann die Marone gut von **Steinpilzen** unterschieden werden. Maronen sind zudem deutlich schmächtiger.

Maronen zählen zu den begehrtesten Speisepilzen. Dabei sollten Sie eher junge Exemplare sammeln, da ältere oft von Maden befallen sind. Getrocknete Maronen haben einen intensiven pilzigen Geschmack und verfeinern viele Gerichte.

Schwermetalle, darunter radioaktive Cäsiumisotope, reichern sich verstärkt im braunen Farbstoff an, weshalb das Abziehen der Huthaut zu empfehlen ist. Maronen sollten Sie dennoch nur in geringen Mengen genießen.

Mittlerweile sind Maronen als Marktpilz zugelassen. Hier können Sie bedenkenlos zugreifen. Im Handel werden auch **Braunkappen** angeboten, die jedoch keine Maronen-Röhrlinge sind. Hierbei handelt es sich vielmehr um den **Rotbraunen Riesen-Träuschling** (*Stropharia rugoso-annulata*), einen Lamellenpilz.

Synonyme	Maronen-Röhrling, Blaupilz, Braunkappe, Kleiner Steinpilz, Marienpilz, Moosmaroni, Braunchen, Braunhäuptchen, Boletus badius, Xerocomus badius
Familie	Dickröhrlingsverwandte (Boletaceae)
Gattung	Kastanienröhrlinge (Imleria)
Hut	Ø 3-15 cm, dunkelbraun, rotbraun, filzige Oberfläche, halbkugelig, gewölbt, matt, wird bei Feuchtigkeit schmierig und glänzend
Hutunterseite	Beige später grüngelbe Röhren, verfärben sich bei Druck stark blaugrün, am Stiel ausgebuchtet angewachsen, feinporig, im Alter schwammig
Stiel	Ø 1-5 cm, 4-12 cm hoch, gelb, oft braun-gelb marmoriert, eingewachsene Längsmaserung, keine Netzzeichnung, blasser als Hut, zylindrisch, verdickte Basis, nach unten zugespitzt
Fruchtkörper	Weißes bis hellgelbes Fleisch, das bei Verletzung blau anläuft, fest, im Alter weich
Geruch	Angenehm, schwach säuerlich
Geschmack	Nussig
Standort	Nadelwald, insbesondere Fichten und Lärchen, saure Böden
Saison	Juni bis November
Verwendbarkeit	Gekocht ein guter Speisepilz (Achtung: Schwermetalle können sich anreichern)
Verwechslung	Steinpilz (essbar), Gallenröhrling (ungenießbar), Rotfußröhrlinge, Ziegenlippe, Sandröhrling (alle essbar)
Besonderheiten	Roh unverträglich, mindestens 15 Minuten garen, sonst droht Xerocomsäure-Vergiftung

Gallenröhrling

(Tylopilus felleus)

Der Gallenröhrling schmeckt extrem bitter und gilt daher als ungenießbar. Ein einziger Pilz genügt bereits, um eine komplette Pilzmahlzeit zu verderben.

Insbesondere junge Exemplare sehen dem Steinpilz sehr ähnlich. Allerdings hat der Steinpilz beigefarbene, später gelb-grüne Röhren und auf seinem Stiel ein helles, feines Netz. Die Röhren des Bitterlings sind dagegen weiß bis rosa und sein Netz ist grob und braun auf gelb-braunem Stiel.

Ein Geschmackstest kann endgültige Sicherheit liefern. Dabei genügt es bereits, wenn Sie mit der Zungenspitze vorsichtig die Schnittstelle berühren. Rund 2 % der Menschen schmecken diese Bitterstoffe jedoch nicht. Auch wenn der Gallenröhrling als nicht giftig gilt, sind persönliche Unverträglichkeiten, insbesondere gastrointestinale Beschwerden, wie etwa Bauchschmerzen und Durchfall, möglich.

Synonyme	Bitterling, Bitterröhrling, Bitterpilz, Rosspilz
Familie	Dickröhrlingsverwandte (Boletaceae)
Gattung	Gallenröhrlinge (Tylopilus)
Hut	Ø 3-15 cm, hell-, dunkelbraun, filzige Oberfläche, halbkugelig, gewölbt, matt
Hutunterseite	Zunächst weißliche, später rötliche Röhren, verfärben sich bei Druck rötlich
Stiel	Ø 1-5 cm, 4-12 cm hoch, gelb-braun mit braunem Netz
Fruchtkörper	Weißes Fleisch, im Hut leicht rosa, manchmal blauend bei Verletzung
Geruch	Säuerlich
Geschmack	Sehr bitter
Standort	Nadelwald, manchmal auch Laubwald, saure Böden, manchmal auf Holz
Saison	Mai bis September
Verwendbarkeit	Ungenießbar
Verwechslung	Steinpilz, Marone, Rotfußröhrlinge, Ziegenlippe, Sandröhrling (alle essbar)
Besonderheiten	Ein einzelner Pilz kann eine komplette Mahlzeit verderben.

Strubbelkopf-röhrling

(Strobilomyces strobilaceus)

In Europa gibt es in der Gattung der Strubbelkopfröhrlinge nur diese einzige Art. Sein markantes Aussehen prägen die großen flockigen Schuppen auf der Hutoberseite und am Stiel. Er ist selten und verstärkt in südlichen Regionen zu finden.

Junge Exemplare sind zwar essbar, ihr Geschmack ist jedoch eher fade und auch die zähe Konsistenz des Stieles ist wenig appetitlich. Ältere Pilze sind oft bitter und ungenießbar. Vereinzelt kann es zu Unverträglichkeitsreaktionen kommen.

Der Strubbelkopf wird zum Färben von Textilien verwendet. Hierzu werden ca. 4 zerkleinerte Exemplare in 2 Litern Wasser kurz aufgekocht. Je nach gewünschtem Grauton sollten die Textilien mindestens einen Tag in diesem Sud liegen.

Der Strubbelkopf kann mit dem **Habichtspilz** (*Sarcodon imbricatus*) verwechselt werden. Dieser hat auf der Hutunterseite jedoch Stoppeln und keine Röhren, so dass die Identität rasch geklärt ist.

Synonyme	Strubbelkopf, Schwarzer Schuppenröhrling, Old man of the woods, Strobilomyces floccopus
Familie	Dickröhrlingsverwandte (Boletaceae)
Gattung	Strubbelkopfröhrlinge (Strobilomyces)
Hut	Ø 3-15 cm, weiß-, dunkelgrau mit braunen bis schwarzen, wolligen Schuppen, Zuerst halbkugelig, später gewölbt, fransig eingerollter Rand
Hutunterseite	Weißgraue, zuerst verdeckte, später sehr große Röhren, verfärben sich bei Druck bräunlich bis schwarz, leicht am Stiel herablaufend
Stiel	Ø 1-2 cm, 4-14 cm hoch, weißgrau, braun, zylindrisch, wollige Oberfläche, angedeutete Ringzone im oberen Drittel, darüber ist der Stiel oft heller, schwarze Basis
Fruchtkörper	Weißgrau, nach Verletzung braunrosa, dunkelgrau, dann schwarz, faseriger, zäher Stiel, ältere Exemplare oft schwammig
Geruch	Neutral bis leicht säuerlich, unangenehm
Geschmack	Mild, neutral
Standort	Unter Buchen, Fichten, Kiefern, Eichen, Tannen, meidet Sandböden
Saison	Juni bis November
Verwendbarkeit	Junge Exemplare sind essbar, ansonsten eher ungenießbar
Verwechslung	Habichtspilz (junge Exemplare essbar, ansonsten ungenießbar)

Pilze der Gattung

Butyriboletus

Echter Königs-Röhrling

Nahezu alle Arten dieser stark gefährdeten und äußerst seltenen Gattung stehen unter strengem Naturschutz und dürfen nicht gesammelt werden, obwohl sie ausgezeichnete Speisepilze wären. Sie können recht leicht mit Steinpilzen verwechselt werden, die bei Verletzung jedoch nicht blau anlaufen und gelbe Röhren erst im Alter bekommen. Butyriboletus-Arten haben zudem einen gelblichen Stiel mit feinem gelb-braunen Netz. Bei Steinpilzen ist dieses weiß.

Der **Gelbe Bronze-Röhrling** (*Butyriboletus appendiculatus*) wird wegen seines Fortsatzes an der Stielbasis unterhalb der Erdoberfläche auch **Anhängsel-Röhrling** genannt. Aufgrund seiner großen Ähnlichkeit ist er auch als **Gelber Steinpilz** bekannt.

Der **Sommer-** oder **Silber-Röhrling** (*Butyriboletus fechtneri)*, verdankt seinen Namen seinem weißgrauen bis silbrigen Hut, der sich im Alter ebenfalls bräunlich verfärbt. Im Laubwald findet man ihn eher unter Buchen und Eichen.

Der Hut des **Echten Königs-Röhrling** (*Butyriboletus regius*) hebt sich mit seinen rosaroten Tönen auch etwas ab. Als Symbiosepilz findet man ihn unter Buchen und Eichen.

Man verwechselt ihn gerne mit dem **Blauenden Königs-Röhrling** (*Butyriboletus fuscoroseus,* Boletus pseudoregius).

Blauer Königs-Röhrling

Synonyme	Gelbe Bronze-Röhrling, Gelber Steinpilz, Butyriboletus appendiculatus, Boletus appendiculatus Sommer-, Silber-Röhrling, Butyriboletus fechtneri, Boletus fechtneri Echter Königs-Röhrling, Butyriboletus regius Blauender Königs-Röhrling, Butyriboletus fuscoroseus, Boletus pseudoregius
Familie	Dickröhrlingsverwandte (Boletaceae)
Gattung	Butyriboletus
Hut	Ø 4-18 cm, gelb- bis rotbraun, silbrig-weiß beim Sommer-Röhrling, rosarot beim Königs-Röhrling, filzig
Hutunterseite	Gelb, später grüngelb, Röhren laufen bei Druck blau an
Stiel	Ø 2-4 cm, 5-12 cm hoch, gelb, rötlich, dunkelrot an Basis, feines gelb-braunes Netz, zylindrisch, keulig
Fruchtkörper	Hellgelb, zitronengelb, läuft bei Verletzung oft blau an, fest
Geruch	Leicht säuerlich
Geschmack	Mild, leicht nussig
Standort	Laub-, teilweise auch Nadelwald, in wärmeren Regionen
Saison	Juli bis Oktober
Verwendbarkeit	Guter Speisepilz
✖ **Verwechslung**	Steinpilz (essbar), Schönfußröhrling (giftig)
Besonderheiten	Sämtliche Arten sind geschützt und dürfen nicht gesammelt werden.

Schmarotzerröhrling

(Pseudoboletus parasiticus)

Äußerlich ähnelt der Schmarotzerröhrling den Filzröhrlingen. Er ist ein Parasit, der das Myzel der Kartoffelboviste befällt und später auch deren Fruchtkörper zersetzt. Die büschelweise um den Wirt wachsenden Fruchtkörper haben oft einen gebogenen Stiel. Außerdem kann der Schmarotzerröhrling in Symbiose mit Kiefern leben.

Auch wenn dieser Röhrling temporär und regional recht häufig vorkommen kann, gilt er als selten und stark gefährdet. Ist sein Vorkommen gering, sollten Sie ihn stehen lassen, auch wenn er als guter Speisepilz gilt. Sein Wirt, der Kartoffelbovist, ist übrigens giftig!

Synonyme	Parasitischer Röhrling, Parasitischer Filzröhrling, Xerocomus parasiticus
Familie	Dickröhrlingsverwandte (Boletaceae)
Gattung	Schmarotzerröhrlinge (Pseudoboletus)
Hut	Ø 1-8 cm, bräunlich, oft mit dunklen Punkten
Hutunterseite	Gelb, rotgelb, eckige Röhren
Stiel	Ø 1 cm, 2-6 cm hoch, bräunlich, oft mit dunklen Punkten, Basis oft mit Kartoffelbovist verbunden
Fruchtkörper	Weiß, gelb, fest
Geruch	Neutral
Geschmack	Mild
Standort	An Kartoffelbovist, als Symbiosepilz unter Kiefern, auf sauren sandigen Böden
Saison	August, September
Verwendbarkeit	Guter, aber seltener und geschützter Speisepilz
Verwechslung	Rotfußröhrling, Ziegenlippe, Sandröhrling, Kuhröhrling (alle essbar)
Besonderheiten	Der Wirt (Kartoffelbovist) ist giftig!

Sandröhrling

(Suillus variegatus)

Dieser häufig vorkommende Schmierröhrling (*Suillus*) bekommt bei längerer Feuchtigkeit eine sehr glitschige Oberfläche, was auch das spätere Putzen nicht gerade erleichtert. Seine angeraut körnige Hutoberfläche ist zunächst halbkugelig und bei älteren Exemplaren gewölbt. Die Röhren verfärben sich bereits bei vorsichtiger Berührung blau. Die Verfärbung verblasst mit der Zeit.

Geschmacklich bietet der Sandröhrling ein besseres Aroma als der **Kuhröhrling** (*Suillus bovinus*), mit dem er leicht verwechselt werden kann. Die deutlich glattere Hutoberfläche des Kuhröhrlings ist jedoch mehr kuh- bzw. rotbraun. Seine größeren Röhren haben die gleiche Farbe wie der Hut. Ein anderer Doppelgänger kann der ebenfalls essbare **Kornblumen-Röhrling** (*Gyroporus cyanescens*) sein, der jedoch eine strohgelbe Hutoberfläche und sehr helle Röhren hat.

Synonyme	Hirsepilz, Samtröhrling, Boletus variegatus, Versipellis variegata
Familie	Dickröhrlingsverwandte (Boletaceae)
Gattung	Schmierröhrlinge (Suillus)
Hut	Ø 4-12 cm, gelb, ocker, sandig wirkend, filzig, später glatt, bei Feuchtigkeit schmierig, oft rissige Oberfläche, überrollender Rand bei jungen Exemplaren
Hutunterseite	Olivfarbene, bräunliche enge und relativ kurze Röhren, dunkler als Hutoberseite, Röhren schwer vom Fleisch lösbar, blauend
Stiel	Ø 1-2 cm, 5-10 cm hoch, gelblich, heller als Hut, braune Flocken, läuft bei Verletzung oft etwas blau an, zylindrisch bis keulig
Fruchtkörper	Gelb, orange in Basis, läuft bei Verletzung oft blau an
Geruch	Neutral, oft säuerlich
Geschmack	Mild, etwas säuerlich, getrocknete Pilze erinnern an Morcheln
Standort	Unter Kiefern, manchmal unter Fichten und Lärchen, saure sandige Böden
Saison	Juni bis November
Verwendbarkeit	Gegart sehr guter Speisepilz
Verwechslung	Kuhröhrling, Kornblumen-Röhrling (alle essbar)
Besonderheiten	Roh unverträglich, mindestens 15 Minuten garen, sonst droht Xerocomsäure-Vergiftung. Allergische Reaktionen möglich. Überprüfen Sie Ihre persönliche Verträglichkeit mit zunächst kleineren Mengen.

Butterpilz

(Suillus luteus)

Die Fruchtschicht ist zunächst durch eine schleimige Hülle umschlossen. Wächst der Pilz, reißt dieses sogenannte Velum auf und bleibt als Ring am Stiel hängen. Diese Hülle sollten Sie bei der Zubereitung entfernen, da diese heftige allergische Reaktionen und Durchfall verursachen kann. Wegen der darin enthaltenen Farbstoffe sollten Sie dabei Handschuhe tragen. Ansonsten werden Ihre Hände ein paar Tage lang dunkelbraun gefärbt sein.

Guttation: Abgabe von Wasser zur Unterstützung des Mineralstofftransports

Es gibt noch einen **Ringlosen Butterpilz** (*Suillus collinitus*), der auf Kalkböden wächst und ebenfalls essbar ist. Auf der Hutunterseite sind bei jungen Exemplaren oft klare bis gelbe Guttationströpfchen zu sehen. Auch mit dem unter Lärchen wachsenden **Gold-Röhrling** (*Suillus grevillei*) kann der Butterpilz verwechselt werden.

Synonyme	Rotzer, Ringpilz, Schmalzling, Schälpilz, Slippery Jack
Familie	Dickröhrlingsverwandte (Boletaceae)
Gattung	Schmierröhrlinge (Suillus)
Hut	Ø 3-12 cm, gelb, rotbraun, jung halbkugelig, später polsterig, glatt, schmierig, glänzend
Hutunterseite	Gelb, gelbbraune Röhren, am Stiel angewachsen und oft herablaufend
Stiel	Ø 1-3 cm, 5-12 cm hoch, Ring, gelb, braune Flöckchen, fest
Fruchtkörper	Weiß, gelb, weich, zart
Geruch	Nach Obst, fruchtig
Geschmack	Mild, etwas säuerlich
Standort	Unter Kiefern
Saison	September bis Oktober
Verwendbarkeit	Gegart essbar, individuelle Unverträglichkeit möglich
Verwechslung	Ringloser Butterpilz, Goldröhrling, Körnchenröhrling (alle essbar)
Besonderheiten	Roh unverträglich, mindestens 15 Minuten garen, sonst droht Xerocomsäure-Vergiftung. Allergische Reaktionen möglich. Überprüfen Sie Ihre persönliche Verträglichkeit mit zunächst kleineren Mengen.

Goldröhrling

(Suillus grevillei)

Dieser Schmierröhrling fällt durch seine leuchtend goldene Hutfarbe auf. Junge Exemplare sind komplett von einer häutigen Hülle (Velum) umschlossen und von einem gelblichen Schleim bedeckt, der in nassem Zustand gut abziehbar ist. Schwer abziehbar ist jedoch die Haut selbst. Damit der Pilz bekömmlicher ist, sollten Sie auch die Röhren entfernen. Der durch das aufgerissene Velum zurückbleibende Stielring ist recht vergänglich und fehlt oft bei älteren Exemplaren. Generell ist der Goldröhrling empfindlich und verdirbt schnell.

Beim Sammeln konzentrieren Sie sich am besten auf junge Exemplare. Der Goldröhrling ist ein Mykorrhiza-Pilz, der hauptsächlich unter Lärchen zu finden ist. Der Geschmack ist nicht sonderlich intensiv und Sie sollten Gewürze sparsam verwenden.

Synonyme	Goldgelber Lärchenröhrling, Schöner Röhrling, Gelber Röhrling, Goldkappe, Suillus flavus
Familie	Dickröhrlingsverwandte (Boletaceae)
Gattung	Schmierröhrlinge (Suillus)
Hut	Ø 3-12 cm, goldgelb, später bräunlich, bei Feuchtigkeit schmierige Oberfläche
Hutunterseite	Goldgeld, später bräunlich, bei Druck oft rotbraun verfärbt
Stiel	Ø 1-2 cm, 3-10 cm hoch, gelb-braun marmoriert, gelber vergänglicher Ring, dunkle Flöckchen unterhalb des Rings
Fruchtkörper	Gelb, zunächst fest, später weicher, bei Verletzung kann der Stiel rosa-braun bis blau anlaufen, Hutfleisch verfärbt sich nicht
Geruch	Leicht nach Obst, fruchtig
Geschmack	Leicht säuerlich
Standort	Unter Lärchen
Saison	Juni bis November
Verwendbarkeit	Gegart essbar, individuelle Unverträglichkeit möglich
✖ **Verwechslung**	Kuhröhrling, Sandröhrling, Elfenbeinröhrling (alle essbar), Schleierlinge (giftig)
Besonderheiten	Roh unverträglich, mindestens 15 Minuten garen, sonst droht Xerocomsäure-Vergiftung. Allergische Reaktionen möglich. Überprüfen Sie Ihre persönliche Verträglichkeit mit zunächst kleineren Mengen.

Grauer Lärchenröhrling

(Suillus viscidus)

Ein weiterer Vertreter der Schmierröhrlinge ist der eher seltene Graue Lärchenröhrling. Wie sein Name vermuten lässt, wächst er in Symbiose unter Lärchen und bevorzugt kühlere, montane Lagen.

Die Hüte der jungen kugeligen Exemplare sind von einem Velum umgeben, das später aufreißt und letztlich als Ring am Stiel zurückbleibt. Der Hut ist im Alter nach oben gewölbt. Dann ist sein Fleisch auch weich und häufig von Maden zerfressen.

Das Sammeln junger Exemplare ist wenig ergiebig und da sein Geschmack nicht hervorsticht, eignet sich der Lärchenröhrling vor allem für Mischpilzgerichte.

Neben dem Grauen Lärchenröhrling gibt es Varietäten mit rotem Hut (*Suilus viscidus var. brunneus*), die ebenfalls gegart essbar sind. Der ebenfalls essbare **Rostrote Lärchenröhrling** (*Suillus tridentinus*) ist gut am rötlichen Hut und den orangebraunen Röhren zu erkennen und kaum mit dem Grauen Lärchenröhrling zu verwechseln.

Synonyme	Brauner Lärchenröhrling, Blasser Lärchenröhrling, Suillus laricinus, Suillus aeruginascens
Familie	Dickröhrlingsverwandte (Boletaceae)
Gattung	Schmierröhrlinge (Suillus)
Hut	Ø 3-12 cm, graugrün, graubraun, graugelb, später blassgrau, bei Feuchtigkeit schmierige Oberfläche, Rand leicht eingerollt
Hutunterseite	Grauweiß, später graubraun, große eckige Röhren, am Stiel herablaufend, verfärbt sich bei Druck olivfarben
Stiel	Ø 1-2 cm, 3-7 cm hoch, Farbe wie der Hut, weißbraun marmoriert, Ring oft erkennbar, schmierig bei Feuchtigkeit
Fruchtkörper	Grauweiß, im Stiel gelb, bei Verletzung leicht blaugrün anlaufend, zunächst fest, später weich
Geruch	Leicht nach Obst, fruchtig
Geschmack	Mild, leicht säuerlich
Standort	Unter Lärchen, kalkreiche Böden
Saison	Juli bis Oktober
Verwendbarkeit	Gegart essbar, wenig ergiebig, individuelle Unverträglichkeit möglich
Verwechslung	Goldröhrling, andere Schmierröhrlinge (essbar)
Besonderheiten	Roh unverträglich, mindestens 15 Minuten garen, sonst droht Xerocomsäure-Vergiftung. Allergische Reaktionen möglich. Überprüfen Sie Ihre persönliche Verträglichkeit mit zunächst kleineren Mengen.

Körnchen-röhrling

(Suillus granulatus)

Seinen Namen verdankt der Körnchenröhrling den feinen braunen Pünktchen auf der Stieloberfläche. Die Huthaut dieses Schmierröhrlings lässt sich leicht abziehen. Dennoch gilt er als etwas unverträglicher als Gold- oder andere Röhrlinge.

Ähnlich wie sein Doppelgänger, der **Ringlose Butterpilz** (*Suillus collinitus*), sondert auch der Körnchenröhrling Flüssigkeit auf der Hutunterseite und am Stiel ab. Diese Guttationströpfchen sind beim Körnchenröhrling jedoch milchig weiß und bei seinem Doppelgänger eher gelb. Ziehen Sie beim Ringlosen Butterpilz die Huthaut ab, ist das Fleisch braun gefasert. Beim Körnchenröhrling ist dieses einheitlich gelb.

Der fehlende Ring ist das zentrale Unterscheidungsmerkmal zwischen Körnchen- und **Goldröhrling** sowie beringtem **Butterpilz**.

Synonyme	Schmerling, Schälpilz, Schalschwamm, Rotzer, Rotzling
Familie	Dickröhrlingsverwandte (Boletaceae)
Gattung	Schmierröhrlinge (Suillus)
Hut	Ø 3-15 cm, braun, später gelbbraun, bei Feuchtigkeit schmierige Oberfläche, Rand leicht eingerollt, leicht fleckig
Hutunterseite	Hellgelb, später orange, kleine engstehende Röhren, am Stiel angewachsen und leicht herablaufend, verfärbt sich bei Druck nicht, junge Exemplare mit hellen, milchigen Guttationströpfchen
Stiel	Ø 1-3 cm, 3-12 cm hoch, hellgelb, beige, mit Körnchen, ohne Ring, schmierig bei Feuchtigkeit
Fruchtkörper	Gelbweiß, zunächst fest, später weich, schwammig
Geruch	Leicht säuerlich, nach Obst, fruchtig würzig
Geschmack	Mild, leicht säuerlich
Standort	Unter Kiefern, kalkhaltige, saure Böden
Saison	Juni bis Oktober
Verwendbarkeit	Gegart essbar, wenig ergiebig, individuelle Unverträglichkeit möglich
Verwechslung	(Ringloser) Butterpilz, andere Schmierröhrlinge, Kuhröhrling (alle essbar)
Besonderheiten	Roh unverträglich, mindestens 15 Minuten garen, sonst droht Xerocomsäure-Vergiftung. Allergische Reaktionen möglich. Überprüfen Sie Ihre persönliche Verträglichkeit mit zunächst kleineren Mengen.

Kuhröhrling

(Suillus bovinus)

Der Kuhröhrling ist ein Symbiosepilz, den Sie unter Kiefern finden. Kulinarisch hat er wenig zu bieten. Sein Fleisch ist eher zäh und weich. Wie alle Schmierlinge hat auch der Kuhröhrling bei Feuchtigkeit eine schmierige Oberfläche.

Er teilt sich den gleichen Lebensraum wie die Sandröhrlinge (*Suillus variegatus*) und wird mit denen leicht verwechselt. Allerdings ist die Huthaut des Sandröhrlings filziger und deutlich körniger als die des Kuhröhrlings mit glatter glänzender Oberfläche. Zudem sind die Röhren des Kuhröhrlings deutlich größer und eckiger als die des Sandröhrlings, der deutlich feinere Röhren aufweist.

Synonyme	Kuhpilz, Kuhschwappe, Kuhschmerling, Graspilz, Mariaella Bovina, Boletus Bovinus
Familie	Dickröhrlingsverwandte (Boletaceae)
Gattung	Schmierröhrlinge (Suillus)
Hut	Ø 2-12 cm, gelb, gelbbraun, zunächst gewölbt, später flacher, oft wellig, glatte glänzende schmierige Oberfläche, Rand zunächst leicht eingerollt
Hutunterseite	Gelb-, rotbraun, bei älteren Exemplaren breite eckige Röhren, am Stiel angewachsen und leicht herablaufend, schwer lösbar
Stiel	Ø 1-2 cm, 3-6 cm hoch, hellbraun, meist gebogene Form, ohne Ring, schmierig bei Feuchtigkeit, zur Basis hin oft rötlich
Fruchtkörper	Gelbweiß, weich, zäh, Hut und Röhren färben sich bei Druck leicht blau, verfärbt sich beim Kochen rötlich, zäher Stiel
Geruch	Mild, leicht säuerlich, nach Obst, fruchtig
Geschmack	Mild, leicht säuerlich, eher fade
Standort	Unter Kiefern, saure sandige Böden
Saison	Juni bis November
Verwendbarkeit	Gegart essbar, individuelle Unverträglichkeit möglich, Verwendung als Füllpilz in Gerichten
Verwechslung	Sandröhrling, Ziegenlippe (alle essbar)
Besonderheiten	Roh unverträglich, mindestens 15 Minuten garen, sonst droht Xerocomsäure-Vergiftung. Allergische Reaktionen möglich. Überprüfen Sie Ihre persönliche Verträglichkeit mit zunächst kleineren Mengen. Rosenroter Gelbfuß *(Gomphidius roseus)* kann auf Myzel des Kuhröhrlings schmarotzen.

Hohlfuß-Röhrling

(Suillus cavipes)

In natürlich entstandenen älteren Wäldern ist der Hohlfuß-Röhrling recht häufig anzutreffen. Sie erkennen ihn gut am braungelben filzigen Hut, auf dem noch Reste des aufgeplatzten Huthäutchens zu erkennen sind. Seinen Namen hat er dem hohlen Stiel zu verdanken. Neben der im Steckbrief beschriebenen braunen Form gibt es eine gelbe Varietät, die zwar essbar, aber recht selten ist. Hohlfuß-Röhrlinge eignen sich nicht als eigenständiges Pilzgericht. Auch in Mischgerichten können Sie, wie alle Schmierröhrlinge, Magen-Darm-Probleme verursachen.

Synonyme	Boletinus cavipes
Familie	Dickröhrlingsverwandte (Boletaceae)
Gattung	Schmierröhrlinge (Suillus)
Hut	Ø 3-10 cm, gelbbraun, orangebraun, zunächst geschlossen, gewölbt, später flacher, nicht schmierige Oberfläche, oft schuppig, filzig, aufgerissene Velumreste oft am Hutrand
Hutunterseite	Grüngelb, sehr große langgezogene Röhren, strahlenförmige Anordnung, am Stiel leicht herablaufend, schwer lösbar
Stiel	Ø 1-2 cm, 4-6 cm hoch, grüngelb über Ring, darunter wie Hutfarbe, filzig, hohl, zylindrisch keulige Form, wattig weißer Ring
Fruchtkörper	Weiß, Stiel oft von Maden befallen und unbrauchbar
Geruch	Neutral
Geschmack	Mild, ältere Exemplare oft bitter
Standort	Unter älteren Lärchen, saure Böden
Saison	August bis Oktober
Verwendbarkeit	Gegart essbar, individuelle Unverträglichkeit möglich, Verwendung als Füllpilz in Gerichten
Verwechslung	Andere Röhrlinge (teilweise auch ungenießbar oder giftig)
Besonderheiten	Roh unverträglich, mindestens 15 Minuten garen, sonst droht Xerocomsäure-Vergiftung. Allergische Reaktionen möglich. Überprüfen Sie Ihre persönliche Verträglichkeit mit zunächst kleineren Mengen.

Schaf-Porling

(Albatrellus ovinus)

Der sehr seltene Schaf-Porling ist ein bodenbewohnender Saprophyt, der gerne in büscheligen Gruppen wächst. Er gehört zur Ordnung der **Täublingsartigen** (*Russulales*), hat aber statt der hier typischen Lamellen eine Röhrenschicht auf der Hutunterseite. Der Schaf-Porling darf, wie alle *Albatrellus*-Arten, nach der Bundesartenschutzverordnung in Deutschland nicht gesammelt werden.

Der verwandte **Ziegenfuß-Porling** (*Albatrellus pes-caprae*) hat deutlich größere Poren, einen schuppigen Hut und einen etwas höheren Speisewert. Er darf in Deutschland ebenfalls nicht gesammelt werden. Mit einem Hutdurchmesser von bis zu 30 cm ist der gelbe **Semmel-Porling** (*Albatrellus confluens*) deutlich größer. Seine Röhren laufen auf Druck rötlich-gelb an. Wie ein Blumenkohl wachsen die einzelnen Fruchtkörper häufig an einem sich verzweigenden Strunk.

Synonyme	Schafeuter-Porling, Echter Schafporling
Familie	Schafporlingsverwandte (Albatrellaceae)
Gattung	Schafporlinge (Albatrellus)
Hut	Ø 3-20 cm, weiß, rötlich, später, gelbgrün, braun, unregelmäßige Form, glatte oder rissige, filzige, matte Oberfläche
Hutunterseite	Weiße, am Stiel herablaufende sehr kleine Röhren, laufen bei Druck gelblich an
Stiel	Ø 1-3 cm, 3-7 cm hoch, wie Hutfarbe, gelbfleckig, oft spitze Basis
Fruchtkörper	Weißes zartes Fleisch, läuft bei Verletzung gelb an, fest, brüchig
Geruch	Pilzig, angenehm
Geschmack	Pilzig, mild, später meist bitter
Standort	Nadelwald (Fichten), kalkhaltige Böden
Saison	Juli bis Oktober
Verwendbarkeit	Essbar
Verwechslung	Ziegenfuß-Porling, Semmel-Porling (beide essbar, in Deutschland geschützt)
Besonderheiten	Nach BArtSchV sind alle *Albatrellus*-Arten in Deutschland geschützt.

2.7.2 Lamellenpilze: Die Ordnung der Champignonartigen (Agaricales)

Mit über 2.500 Arten bilden Lamellenpilze in Europa die artenreichste Gattung der Ständerpilze. Auf der Hutunterseite besteht ihr Futter aus parallel angeordneten Blättern, die sich gabeln und verzweigen können und radial in Richtung Stiel verlaufen. Daher nennt man diese Pilze auch Blätterpilze.

Zu den bekanntesten Vertretern der Lamellenpilze zählen die **Champignons** (*Agaricus*), die auch als Egerlinge oder Angerlinge bezeichnet werden. Diese Gattung umfasst über 20 verschiedene Arten, die meist sehr schwer voneinander zu unterscheiden sind, darunter auch einige beliebte Zuchtpilze. Champignons sind Saprobionten.

Ihre Lamellen sind nie rein weiß, sondern rosa, cremefarben oder braun. Die Stielknolle hat keine Hülle, also keine Scheide (Volva). Darin unterscheiden sich Champignons von einigen giftigen Doppelgängern, wie etwa den **Knollenblätterpilzen**, die zur Gattung *Amanita* gehören. Die meisten Champignons sind essbar und am angenehmen anisartigen, holzigen Geruch erkennbar. Dagegen riecht der giftige **Karbolchampignon** unangenehm nach Desinfektionsmittel. Anfänger sollten wildwachsende Champignons nur unter fachkundiger Anleitung sammeln. Die Verwechslungsgefahr mit giftigen Arten ist einfach zu groß.

Dagegen sind die großen **Schirmpilze** (*Macrolepiota, Chlorophyllum, Leucoagaricus*) recht leicht zu bestimmen und ebenfalls gute Speisepilze. Alle Arten haben einen recht langen Stiel mit verschiebbarem Ring. Der markante Hut erinnert an einen Sonnenschirm und ist mit flockigen Schuppen besetzt. Schirmpilze sind recht häufig zu finden, werden bislang jedoch nicht gezüchtet.

Bei reifen alten **Tintlingen** zerfließen Lamellen und glockenförmiger Hut durch Autolyse zu dunkelbrauner bis schwarzer Sporenflüssigkeit. Diese kann zu Tinte weiter verarbeitet werden. Der Stiel der zunächst hellhütigen Tintlinge ist innen hohl. Mikrobiologische Untersuchungen ergaben, dass viele Tintlinge eher mit anderen Arten als mit anderen Tintlingen verwandt sind, so dass man heute zwischen den vier Gattungen *Coprinus*, *Coprinellus*, *Coprinopsis* und *Parasola* unterscheidet. Einige Tintlinge, wie **Grauer** und **Glimmertintling** sollten Sie nicht mit Alkohol genießen, da es zu schwerwiegenden Vergiftungssymptomen kommen kann.

Tintlinge

Ritterlinge (*Tricholoma*) sollten Sie nur mit einem fachkundigen Experten sammeln. Die meisten Arten sind ungenießbar oder sogar tödlich giftig. Leider sind die einzelnen Arten oft nur recht schwer voneinander zu unterscheiden, so dass Anfänger diese wenigen essbaren Ritterlinge, wie etwa

Goldfell-Schüppling

den **Schwarzfaserigen Ritterling** (*Tricholoma portentosum*), besser meiden. Die Lamellen aller Ritterlinge haben kurz vor dem Stiel eine leichte Vertiefung, die als Burggraben bezeichnet wird.

Unter den **Seitlingen** (*Pleurotus*) gibt es einige sehr schmackhafte Speisepilze, wie etwa den **Austernpilz** (*Pleurotus ostreatus*), den **Zitronengelben Seitling** (*Pleurotus citrinopileatus*) oder den **Kräuterseitling** (*Pleurotus eryngii*), die sich sehr gut auch zu Hause kultivieren lassen. Der muschelartige oder ohrförmige Fruchtkörper wächst gerne in kleinen Büscheln seitlich am Substrat, bei dem es sich häufig um einen Baumstamm oder -stumpf handelt. Junge essbare Exemplare sind meist sehr saftig aromatisch. Im Handel werden einige kultivierte Seitlinge gerne unter verschiedenen Fantasienamen angeboten. Viele Seitlinge gelten wegen ihrer medizinisch wertvollen Substanzen als Heilpilze.

Kräuterseitling

Braunkappe

Die meist gelben bis bräunlichen **Schüpplinge** (*Pholiota*) erkennt man gut an ihrem beschuppten gewölbten Hut. Bei einigen Arten finden sich auffällige Schuppen auch am Stiel. Auch Schüpplinge wachsen meist büschelig an Bäumen oder anderem organischen Material.

Die meisten **Träuschlinge** (*Stropharia*) haben einen schmierig klebrigen Hut, der oft mit Flocken bedeckt ist. Am Stiel ist häufig eine Ringzone mit leicht vergänglichen Velumresten erkennbar. Lamellen sind meist graublau gefärbt. Träuschlinge, wie etwa die bekannte **Braunkappe** (*Stropharia rugosoannulata*), wachsen auf nährstoffreichen Böden und ernähren sich auch von Nematoden.

Unter den **Wulstlingen** (*Amanita*) gibt es zahlreiche giftige Exemplare, die Sie gut kennen sollten, wie etwa den recht bekannten **Fliegenpilz** (*Amanita muscaria*). Charakteristisch für diese Gattung ist das den Pilz zunächst komplett umschließende Velum „universale", das als Volva (Scheide) zurückbleibt. Wächst der Fruchtkörper, zerreißt es in kleine Teile und bleibt als Punktmuster auf dem Hut zurück. Auch an der Stielknolle bleiben häufig Reste dieses dünnen Häutchens haften, wie etwa bei den giftigen Knollenblätterpilzen.

Fliegenpilz

Zucht-champignon

(Agaricus bisporus)

Weltweit werden verschiedene Champignonarten kultiviert, die sich in Größe und Farbe unterscheiden. So gibt es weiße und braune sowie rötliche Champignons, die unter verschiedenen Namen ganzjährig im Handel zu kaufen sind. Insbesondere braune Champignons gelten als besonders aromatisch. Diese werden häufig auch als **Steinchampignon** bezeichnet, wobei der **Portobello** eine besonders große, aromatische Sorte beschreibt.

Bei jungen Exemplaren ist die Huthaut noch mit dem Stiel verwachsen. Die rosafarbenen Lamellen verfärben sich mit zunehmendem Alter dunkel, bis sie fast schwarz sind. Solche alten Exemplare sind zudem weich und sollten nicht mehr gegessen werden.

Wenn Sie ein Pilzzuchtset erwerben, können Sie diese Arten ohne großen Aufwand auch selbst zu Hause anbauen. Wie das geht, erfahren Sie in Kapitel 3. Mittlerweile haben einige Zuchtchampignons ihren Weg in die Freiheit gefunden und wachsen auch wild auf Wiesen und nährstoffreichen Böden.

Kulturchampignons bestehen zu über 90 % aus Wasser und haben nur 1 % Fett. Sie gelten als energiearm und eignen sich gut für Diäten. Dennoch ist ihr Vitamin- und Nährstoffgehalt geringer als bei ihren wilden Verwandten.

Synonyme	Kulturchampignon, Portobello, Steinchampignon, Gartenangerling, Zweisporiger Egerling
Familie	Champignonverwandte (Agaricaceae)
Gattung	Champignons (Agaricus)
Hut	Ø 4-12 cm, weiß, braun, abziehbare Huthaut, zunächst kugelig, später abgeflachte Form
Hutunterseite	Rosa, braune, später schwarze Lamellen, dicht gedrängte Lamellen
Stiel	Ø 1-2 cm, 3-5 cm hoch, weiß, rötlich über dem Ring, brüchig
Fruchtkörper	Weißes, teils rötliches Fleisch, fest, später bräunlich weich
Geruch	Mild, angenehm pilzig, nussig, nach Mandeln
Geschmack	Mild, nussig
Standort	Zuchtanlagen, Kompost, nährstoffreiche Böden, Garten, Wiese
Saison	Zuchtchampignon ganzjährig, sonst Mai bis November
Verwendbarkeit	Guter Speisepilz, auch roh essbar
Verwechslung	Knollenblätterpilz (giftig), Karbolchampignon (giftig), Wiesenchampignon (essbar)
Besonderheiten	Enthält Agaritin und gilt als Vitalpilz gegen Tumorerkrankungen.

Wiesen-champignon

(Agaricus campestris)

Ältere Exemplare des Wiesenchampignons fallen durch ihre fleischrosa Lamellen auf. Dieser Feldegerling ist ein guter Speisepilz, doch leider recht häufig von Maden der Pilzmücke befallen. Der weit verbreitete Speisepilz liebt warme, feuchte Sommer und wächst dann gerne in Gruppen und Hexenringen.

Anders als der giftige **Knollenblätterpilz** (*Amanita*) haben Wiesenchampignons keine Knolle. Nach dem Durchschneiden verfärben sie sich leicht rötlich und an der Basis gelblich. Vom ebenfalls giftigen **Karbolchampignon** (Agaricus xanthodermus) unterscheiden sie sich durch einen angenehmen, nussigen Geruch, der manchmal etwas an Anis erinnert.

Synonyme	Feldegerling, Maichampignon, Gartenangerling, Brachschwamm, Heiderling, Wegweiß, Trüschling, Weidling
Familie	Champignonverwandte (Agaricaceae)
Gattung	Champignons (Agaricus)
Hut	Ø 5-15 cm, weiß, grau, zunächst kugelig, später abgeflachte Form mit braunen Schuppen
Hutunterseite	Rosa, später braune, nie rein weiße Lamellen (!), dicht gedrängte Lamellen
Stiel	Ø 1-2 cm, 5-10 cm hoch, weiß, gelblich vor dem Hutansatz, hängender, oft verkümmerter Ring, keine Knolle, keine Volva
Fruchtkörper	Weißes Fleisch, fest, später bräunlich weich, verfärbt sich bei Verletzung oft rötlich, an der Basis leicht gelblich
Geruch	Mild, angenehm pilzig, nussig, leicht nach Anis
Geschmack	Mild, nussig
Standort	Wiese, Garten, Park, Kompost, Wald, stickstoffhaltige Böden
Saison	Juli bis November
Verwendbarkeit	Guter Speisepilz
✖ **Verwechslung**	Knollenblätterpilz, Karbolchampignon, Riesenrötling (alle giftig), andere Champignons
Besonderheiten	Gilt als Vitalpilz.

Brauner Riesenchampignon

(Agaricus augustus)

Der Braune Riesenchampignon ist eher selten und mit dem braunen, schuppigen Hut gut getarnt. Die auffallende Größe verrät ihn oft. Hut und Stiel sind recht empfindlich und gilben, wenn Sie den Riesenchampignon berühren. Auch diesen Champignon lieben die Maden der Pilzmücke.

Verwechslungsgefahr besteht mit dem stark giftigen **Spitzschuppigen Schirmling** (*Echinoderma asperum*), der jedoch unangenehm stinkt. Auch der ähnlich aussehende **Perlhuhnchampignon** (*Agaricus moelleri*) riecht unangenehm nach Desinfektionsmittel oder Schweiß.

Synonyme	Riesen-Egerling, Braunschuppiger Riesenchampignon
Familie	Champignonverwandte (Agaricaceae)
Gattung	Champignons (Agaricus)
Hut	Ø 7-22 cm, beige, später braun, zunächst kugelig, später abgeflachte, mittig eingedrückte Form und nach oben gewölbt, braune Schuppen
Hutunterseite	Rosa-graue, später rosa-braune, später dunkelbraune Lamellen, dicht gedrängte Lamellen
Stiel	Ø 1-3 cm, 10-20 cm hoch, beige, Ring, zur Basis hin verdickt, braune Schuppen
Fruchtkörper	Weiß, verfärbt sich bei Berührung gelblich, bei Verletzung rötlich, gelblich anlaufendes Fleisch, fest, später weich, genatterte Oberfläche
Geruch	Mild, angenehm pilzig, nussig, nach Anis, Mandeln
Geschmack	Mild, nussig
Standort	Unter Nadelbäumen (Fichten), Wiese, Garten, Park, stickstoffreiche, lehmige Böden
Saison	Juni bis November
Verwendbarkeit	Guter Speisepilz
✖ **Verwechslung**	Spitzschuppiger Schirmling, Perlhuhnchampignon (beide giftig), andere Champignons
Besonderheiten	Gilt als Vitalpilz.

Schaf-Champignon

(Agaricus arvensis)

Der Schaf-Champignon duftet angenehm nach Anis und wächst in Hexenringen. In Wäldern findet man ihn kaum, eher auf Wiesen, wo er angeblich das Graswachstum anregen soll. Haben Sie eine Gruppe entdeckt, ist schnell eine leckere Pilzmahlzeit zusammen.

Allerdings sollten Sie den Weißen Anis-Champignon nur in Maßen genießen, denn die Fruchtkörper reichern sich stark mit Schwermetallen an. Auf leichten Druck gilbt insbesondere der Stiel etwas, so dass auch hier die Regel gilt, dass gilbende Champignonarten oft hohe, gesundheitsschädliche Cadmium-Werte aufweisen.

Verwechselt wird der Schaf-Champignon gerne mit dem etwas kleineren **Wiesenchampignon** (*Agaricus campestris*). Dieser riecht jedoch kaum nach Anis, verfärbt sich nicht gelb-, sondern rötlich. Wegen dieser Verfärbung, kann man ihn zudem mit dem **Karbolchampignon** (*Agaricus xanthodermus*) verwechseln, der sich im Stiel jedoch deutlich intensiver gelb verfärbt und einen sehr unangenehmen Geruch verströmt. Auch mit dem **Knollenblätterpilz** sollten Sie den Anis-Champignon nicht verwechseln.

Synonyme	Weißer Anis-Champignon, Schaf-Egerling, Ackerblätterling, Psalliota arvensis
Familie	Champignonverwandte (Agaricaceae)
Gattung	Champignons (Agaricus)
Hut	Ø 5-15 cm, weiß, beige, in der Mitte gelblich, zunächst kugelig, später abgeflachte Form, eingerollter zottiger Rand
Hutunterseite	Beige (nie rein weiß!), später rosa, braune Lamellen, dicht gedrängte Lamellen
Stiel	Ø 1-3 cm, 4-10 cm hoch, beige, leicht gilbend, kräftiger weißer Ring, dickere Basis
Fruchtkörper	Beiges Fleisch, fest, später weich
Geruch	Angenehm nach Anis
Geschmack	Mild, nussig
Standort	Wiese, Viehweide, Pferdemist, Garten, Park
Saison	Juli bis November
Verwendbarkeit	Guter Speisepilz
Verwechslung	Knollenblätterpilz, Karbolchampignon, Riesenrötling (alle giftig), Wiesenchampignon (essbar), andere Champignons
Besonderheiten	Gilt als Vitalpilz.

Karbol-champignon

(Agaricus xanthodermus)

Den unangenehmen Geruch nach Phenol, einer neuen Bezeichnung für Karbol, verdankt dieser Giftpilz seinen Namen. Allerdings ist dieser Geruch bei jungen Exemplaren oft kaum wahrnehmbar. Zerreiben Sie Hut und Stiel, läuft der Karbolchampignon gelb an. Beim Kochen entfaltet der Karbolchampignon dann seine volle Pracht, läuft intensiv gelb an und auch der Geruch wird dcutlich stechender.

Magenschmerzen, Durchfall und Erbrechen sind typische Vergiftungserscheinungen. Auch Schwindel und Sehstörungen sind möglich.

Synonyme	Gift-Egerling, Weißer Giftchampignon, Tintenegerling
Familie	Champignonverwandte (Agaricaceae)
Gattung	Champignons (Agaricus)
Hut	Ø 4-14 cm, weiß, in der Mitte oft bräunlich, später braun, zunächst kugelig, später abgeflachte Form
Hutunterseite	Rosa, später braune, dicht gedrängte Lamellen
Stiel	Ø 1-3 cm, 3-12 cm hoch, weiß, Ring, brüchig, gelbe Basis
Fruchtkörper	Weißes Fleisch, fest, später weich, verfärbt sich bei Verletzung gelb
Geruch	Unangenehm, nach Desinfektionsmittel, Tinte, Phenol / Karbol, Medizin
Geschmack	Unangenehm
Standort	Wiese, Garten, Park, Wald
Saison	Mai bis Oktober
Verwendbarkeit	Giftig
Verwechslung	Knollenblätterpilz (giftig), Schaf-Champignon (essbar), andere Champignons

Jungfern-schirmling

(Leucoagaricus nympharum)

Die braunen, flockigen Schuppen sowie die braunglatte Hutmitte sind markante Ausprägungen des Jungfernschirmlings. Sein wattig anmutender Ring ist lose und kann wie bei den Riesenschirmlingen verschoben werden.

Der Jungfernschirmling galt lange Zeit als essbar und zählte zu den Zwergen unter den Riesenschirmpilzen (*Macrolepiota*). Mittlerweile gehört er jedoch zur Gattung der Egerlingschirmlinge (*Leucoagaricus*) und gilt als ungenießbar, da er Magen-Darm-Probleme verursachen kann.

Verwechseln sollten Sie den Jungfernschirmling nicht mit dem **Gift-Riesenschirmling** (*Chlorophyllum venenatum*), der an seinem sehr unangenehmen Geruch erkennbar ist und zudem bei Verletzung rötlich anläuft.

Synonyme	Nymphen-Riesenschirmpilz, Macrolepiota puellaris
Familie	Champignonverwandte (Agaricaceae)
Gattung	Egerlingsschirmlinge (Leucoagaricus)
Hut	Ø 3-10 cm, weiß, in der Mitte glatt braun, zunächst kugelig, später nach oben gewölbter Hut, kleine braune Schuppen, flockiger Rand
Hutunterseite	Weiß, später beige oder rosa, dicht gedrängte Lamellen
Stiel	Ø 1-2 cm, 4-18 cm hoch, weiß, später braun, ohne Natterung, wattig verschiebbarer Ring, brüchig, zäh
Fruchtkörper	Weißes Fleisch, fest, später weich, verfärbt sich bei Verletzung oft schwach rötlich
Geruch	Neutral
Geschmack	Mild
Standort	Unter Nadelbäumen (Fichten), saure Böden
Saison	August bis Oktober
Verwendbarkeit	Ungenießbar
Verwechslung	Safranschirmling, Parasolpilz (alle essbar), Gift-Riesenschirmling (giftig)
Besonderheiten	Galt lange als essbar, kann jedoch Magen-Darm-Probleme verursachen.

Parasolpilz

(Macrolepiota procera)

Mit dem kugeligen Kopf und dem langen Stiel sehen junge Parasole wie Paukenschlägel aus. Schirmt der Hut auf, ähnelt er einem Sonnenschirm, woher auch sein Name kommt. Dann reißt die Huthaut zu braunen, wolligen Schuppen auf. Lediglich in der Hutmitte bleibt ein brauner kompakter Rest zurück. Parasole gehören mit einem Hutdurchmesser von bis zu 30 cm zu den größten heimischen Pilzarten. Parasole wachsen gerne in kleinen Gruppen und Hexenringen und sind im Gras schon von Weitem gut erkennbar.

Der am Stiel lose zurückbleibende, wellig gezeichnete Ring ist auf der Unterseite ebenfalls geschuppt. Der Stiel ist innen hohl und oft holzig, weshalb meist nur die Pilzhüte verwendet werden. Stiele werden gerne zu Pulver verarbeitet.

Anders als beim ebenso essbaren **Safranschirmling** (*Chlorophyllum rhacodes*) bleibt das Fleisch des weit verbreiteten Parasolpilzes weiß und läuft bei Verletzung nicht rot an. Erscheinen die Lamellen rötlich, haben Sie wahrscheinlich den kleineren **Sternschuppigen Riesenschirmling** (*Macrolepiota rhodosperma*) gefunden, der ebenfalls essbar ist. Häufig hat dieser nur noch wenige der sich leicht ablösenden Hutschuppen, die zudem größer als beim Parasolpilz sind. Auch mit anderen essbaren Schirmlingsvarietäten werden Parasole gerne verwechselt. Alle haben einen beweglich lockeren Ring.

Fehlt dagegen der genatterte Stiel und riecht der Pilz sehr unangenehm, handelt es sich wohl um den **Gift-Safranschirmling** (*Chlorophyllum venenatum*), dessen Fleisch bei Verletzung rötlich anläuft. Der ebenfalls unverträgliche **Garten-Safranschirmling** (*Chlorophyllum brunneum*) sieht dem **Gift-Safranschirmling** sehr ähnlich. Der Geruch nach Stadtgas identifiziert auch den giftigen **Spitzschuppigen Stachel-Schirmling** (*Echinoderma asperum*), dessen Ring zudem fest mit dem Stiel verbunden ist.

Synonyme	Gemeiner Riesenschirmling, Schulmeisterpilz, Eulchen, Gugermukken
Familie	Champignonverwandte (Agaricaceae)
Gattung	Riesenschirmlinge (Macrolepiota)
Hut	Ø 5-30 cm, weiß, beige, in der Mitte bräunlich glatte Huthaut, zunächst kugelig, später aufgeschirmt nach oben gewölbt, braune Schuppen
Hutunterseite	Weiß, beige, eng stehende Lamellen nicht an Stiel angewachsen
Stiel	Ø 1-3 cm, 12-40 cm hoch, beige mit brauner Natterung, wattig verschiebbarer Ring, knollig verdickte Basis, innen hohl, brüchig, oft holzig
Fruchtkörper	Weißes Fleisch, fest, verfärbt sich bei Verletzung nicht
Geruch	Angenehm pilzig
Geschmack	Mild, nussig
Standort	Wiese, Garten, Park, Wald, lehmige, nährstoffreiche Böden
Saison	Juni bis November
Verwendbarkeit	Hervorragender Speisepilz
Verwechslung	Spitzschuppiger Stachel-Schirmling, Garten-Safranschirmling, Gift-Safranschirmling (alle giftig), Jungfernschirmling (ungenießbar), Safranschirmling, Sternschuppiger Riesenschirmling (alle essbar)
Besonderheiten	Kann Magen-Darm-Probleme hervorrufen.

Safranschirmling

(Chlorophyllum rhacodes)

Der essbare Safranschirmling ist etwas kleiner als der Parasolpilz und hat keinen genatterten, sondern einen eher glatten oder beflockten Stiel. Wie bei allen Schirmpilzen sitzt sein auf der Unterseite braun gefärbter Ring locker am Stiel. Charakteristisch für den Safranschirmling ist sein bei Berührung oder Verletzung rötlich anlaufendes Fleisch.

Der Safranschirmling wird gerne auch mit dem **Gift-** (*Chlorophyllum venenatum*) oder dem ebenfalls ungenießbaren **Gerandetknolligen Garten-Safranschirmlingen** (*Chlorophyllum brunneum*) verwechselt. Diese haben jedoch eine deutlich abgesetzte knollige Stielbasis und am dünneren, ebenfalls verschiebbaren Ring keine umlaufende Rille. Der giftige **Büschelige Egerschirmling** (*Leucoagaricus americanus*) wirkt gedrungener und hat einen nicht verschiebbaren Ring.

Dagegen ist der **Olivbraune Safranschirmling** (*Chlorophyllum olivieri*) ein guter Speisepilz. Bei ihm ist der Kontrast zwischen braunen Schuppen und hellem Untergrund, der eher gräulich wirkt, deutlich geringer, weshalb seine Erscheinung eher düster wirkt. Auch dieser Pilz läuft rötlich an.

Synonyme	Safran-Riesenschirmpilz, Keulenstieliger Garten-Safranschirmling, Rötender Schirmpilz, Chlorophyllum rachodes
Familie	Champignonverwandte (Agaricaceae)
Gattung	Safranschirmlinge (Chlorophyllum)
Hut	Ø 5-15 cm, beige, in der Mitte oft bräunlich, später braun, zunächst kugelig, später aufgeschirmt nach oben gewölbt, braune Schuppen, verdickte Basis
Hutunterseite	Weiß, beige, später braun, eng stehende weiche Lamellen nicht an Stiel angewachsen, laufen bei Verletzung rötlich an
Stiel	Ø 1-3 cm, 5-18 cm hoch, beige, hellbraun, keine Natterung, wattig verschiebbarer Ring, knollig verdickte Basis, innen hohl, brüchig, oft holzig
Fruchtkörper	Weißes, beiges Fleisch, weich, verfärbt sich bei Verletzung safranrot bis braun
Geruch	Angenehm pilzig
Geschmack	Angenehm pilzig
Standort	Wiese, Garten, Park, Wald (Nadelbäume), nährstoffreiche Böden
Saison	Juni bis November
Verwendbarkeit	Guter Speisepilz
Verwechslung	Gift-Schirmling, Gift-Safranschirmling, Garten-Safranschirmling, Büscheliger Egerschirmling (alle giftig), Jungfernschirmling (ungenießbar), Olivbrauner Safranschirmling, Sternschuppiger Riesenschirmling (alle essbar)
Besonderheiten	Ruft bei vielen Menschen Magen-Darm-Probleme hervor.

Schopftintling

(Coprinus comatus)

Schopftintlinge wachsen oft in kleinen Gruppen und sind an dem glockenförmigen, langgezogenen Hut gut zu erkennen. Die faserigen Schuppen stehen locker flockig von der Hutoberfläche ab. Schopftintlinge wachsen recht schnell und zerfließen im Alter zu einer schwarzen Flüssigkeit, über die sich die reifen Sporen verbreiten. Der vergängliche Pilz sollte möglichst schnell weiterverarbeitet werden. Bereits auf dem Weg nach Hause können sich Teile des Pilzes rosa bis schwarz verfärben, die dann nicht mehr genießbar sind und entfernt werden müssen.

Der noch weiße Schopftintling ist ein sehr guter Speisepilz mit einem herrlich nussigen Aroma, das besonders gut beim Frittieren zur Geltung kommt. Dieser Pilz kann nicht konserviert werden und eignet sich auch nicht zum Trocknen oder Einfrieren.

Mittlerweile wird der Schopftintling erfolgreich gezüchtet und kann in Pilzzuchtsets erworben werden. Er ist Saprobiont, kann aber auch kleine Fadenwürmer mithilfe eines über sein Myzel ausgeschiedenes Gift betäuben und anschließend verdauen. Damit zählt der Schopftintling zu den nematophagen Pilzen, von denen es etwa 160 Arten gibt.

Synonyme	Spargelpilz, Spargelkopf, Porzellantintling, Tintenpilz, Tintenschopfling, Eiertintling
Familie	Champignonverwandte (Agaricaceae)
Gattung	Tintlinge (Coprinus)
Hut	Ø 2-8 cm, 5-10 cm hoch, weiß, braune abstehende Flocken, braun glatter Scheitel, ei-, später glockenförmig langgezogen, zerfließt im Alter zu schwarzer Sporenmasse
Hutunterseite	Weiße, später rosa bis schwarze, eng stehende Lamellen, zerfließt im Alter zu schwarzer Sporenmasse
Stiel	Ø 1-2 cm, 5-20 cm hoch, weiß, oft mit Natterung, verschiebbarer Ring, knollig verdickte Basis, innen hohl, brüchig, oft holzig, zerfließt im Alter
Fruchtkörper	Weißes, dünnes Fleisch, später rötlich
Geruch	Angenehm pilzig
Geschmack	Nussig, nach Walnüssen und Esskastanien
Standort	Wiese, Waldwege, Garten, Park, nährstoffreiche Böden
Saison	April bis November
Verwendbarkeit	Sehr guter Speisepilz (solange die Lamellen weiß sind)
Verwechslung	Faltentintling (essbar, wenn Lamellen weiß sind und kein Alhohol getrunken wird!), andere Tintlinge
Besonderheiten	Pilzhut und Lamellen zerfließen zur schwarzen Sporenflüssigkeit. Junge Schopftintlinge müssen sofort nach dem Sammeln verzehrt werden. Enthält sehr geringe Mengen Coprin. Gilt als Vitalpilz.

Faltentintling

(Coprinus atramentarius)

Der Faltentintling zählt zur Gattung der Mürblingsverwandten (Psathyrellaceae), zerfließt jedoch im Alter durch Autolyse ebenfalls zu einer schwarzen Sporenmasse. Der Pilz ist gut an dem glockenförmig faltigen Hut erkennbar. Anders als beim **Schopftintling** (*Coprinus comatus*) sind seine Lamellen am Stiel angewachsen. Junge Exemplare sind essbar, sollten jedoch nicht mit Alkohol konsumiert werden.

Auch drei Tage vor- und nach der Pilzmahlzeit sollten Sie keinen Alkohol konsumieren. Der Pilz verfügt über einen recht hohen Coprin-Gehalt, der zusammen mit Alkohol Vergiftungserscheinungen hervorrufen kann. Bei diesem sogenannten Coprinus- oder Acetaldehyd-Syndrom kann sich der ganze Körper verfärben, zudem können Herzklopfen, Sprach- und Sehstörungen auftreten. Auch andere Symptome sind über mehrere Tage hinweg möglich und Sie sollten unbedingt einen Arzt aufsuchen. Auch bei anderen Tintlingen kann es gemeinsam mit Alkohol zur Vergiftung kommen. Eine Ausnahme ist der Schopftintling, dessen Coprin-Gehalt sehr gering ist.

Synonyme	Grauer Faltentintling, Knotentintling, Coprinus atramentarius
Familie	Mürblingsverwandte (Psathyrellaceae)
Gattung	Coprinopsis
Hut	Ø 3-8 cm, 3-7 cm hoch, grauweiß, braune Schuppen, ei-, später glockenförmig faltiger Hut, zerfließt im Alter zu schwarzer Sporenmasse
Hutunterseite	Weiß, grau, am Stiel angewachsene, dicht stehende Lamellen, zerfließt im Alter zu schwarzer Sporenmasse
Stiel	Ø 1-2 cm, 4-15 cm hoch, weiß, verdickte Basis mit angedeutetem Ringknoten, innen hohl, brüchig, oft holzig, zerfließt im Alter
Fruchtkörper	Weißes, graues, dünnes Fleisch, später schwarz zerfließend
Geruch	Neutral, pilzig
Geschmack	Angenehm mild
Standort	Wiese, Waldwege, Garten, Park, nährstoffreiche Böden
Saison	April bis November
Verwendbarkeit	Ohne Alkoholkonsum (!) ein guter Speisepilz (solange die Lamellen nicht schwarz verfärbt sind)
Verwechslung	Schopftintling (essbar), andere Tintlinge (teilweise auch ungenießbar oder giftig)
Besonderheiten	Pilzhut und Lamellen zerfließen zur schwarzen Sporenflüssigkeit. Enthält Coprin und kann zusammen mit Alkohol Vergiftungserscheinungen hervorrufen. Wird gerne als Würzpilz verwendet.

Spechttintling

(Coprinopsis picaceat)

Größe und Form des Spechttintlings erinnern an den Schopftintling. Der Spechttintling kann jedoch über die auffällige Hutzeichnung eindeutig identifiziert werden. Diese erinnert an das Gefieder eines Spechtes, woher auch sein Name stammt. Der Spechttintling ist recht selten und wegen seines unangenehmen Geschmacks nicht genießbar.

Synonyme	Elsterntintling, Coprinus picaceus
Familie	Mürblingsverwandte (Psathyrellaceae)
Gattung	Coprinopsis
Hut	Ø 4-8 cm, 3-7 cm hoch, kräftig dunkelbraun, weiße flockige Schuppen, glockenförmig langgezogen, zerfließt im Alter zu schwarzer Sporenmasse
Hutunterseite	Weißgrau, später rötlich, schwarz
Stiel	Ø 1-3 cm, 10-18 cm hoch, weiß, verdickte Basis, leicht genattert, innen hohl, brüchig, oft holzig, zerfließt im Alter
Fruchtkörper	Weißes Fleisch, später schwarz zerfließend
Geruch	Unangenehm
Geschmack	Unangenehm
Standort	Laubwald, Kalk-, Lehmböden
Saison	August bis Oktober
Verwendbarkeit	Ungenießbar
Verwechslung	Faltentintling (essbar, wenn Lamellen weiß sind, giftig bei zeitnahem Alkoholkonsum), andere Tintlinge
Besonderheiten	Pilzhut und Lamellen zerfließen zur schwarzen Sporenflüssigkeit.

Glimmertintling

(Coprinellus Micaceus)

Der Pilz verdankt seinen Namen den glimmerig leuchtenden Velumresten auf Hutoberseite und Stiel. Diese werden jedoch recht schnell durch den Regen weggewaschen, so dass älteren Exemplaren dieses Erkennungsmerkmal fehlt. Glimmertintlinge zerfließen kaum. Vielmehr sieht es so aus als würden sie verwelken. Glimmertintlinge wachsen gerne in teppichartigen Gruppen und büschelweise. Wegen ihres Coprin-Gehaltes sollten sie nicht mit Alkohol konsumiert werden.

Der Glimmertintling kann schnell mit anderen Varietäten verwechselt werden, da zentrale Unterschiede häufig nur unter dem Mikroskop sichtbar sind. Weil diese kleinen Mürblinge zudem einen eher geringen Speisewert haben, sind sie für Pilzsammler in der Regel uninteressant.

Familie	Mürblingsverwandte (Psathyrellaceae)
Gattung	Glimmertintlinge (Coprinellus)
Hut	Ø 1-4 cm, ocker, orange, braun, dunkler zum Scheitel hin, anfangs glimmrig leuchtende Schuppen, später dunkelbraun bis schwarz, riefig, später faltig, ei-, später glockenförmig
Hutunterseite	Weiß, beige, später grau, rötlich, schwarz, nicht am Stiel angewachsene Lamellen
Stiel	Ø 3-5 cm, 3-10 cm hoch, weiß, glänzend, oft knollig verdickte gelbliche Basis, innen hohl, brüchig, zunächst flockige, später glatte Oberfläche
Fruchtkörper	Beiges dünnes Fleisch, später schwarz absterbend
Geruch	Neutral
Geschmack	Mild, neutral
Standort	Laub-, Mischwald, Waldwege, Garten, Park, nährstoffreiche Böden, an Holz
Saison	April bis November
Verwendbarkeit	Ohne Alkoholkonsum (!) ein guter Speisepilz (solange die Lamellen nicht schwarz verfärbt sind)
Verwechslung	Überzuckerter Tintling, Haustintling, Blasser Glimmertintling, Weidentintling, Strahlfüßiger Tintling (alle essbar, jedoch giftig bei zeitnahem Alkoholkonsum), Kleiner Rausportintling (ungenießbar), andere Tintlinge
Besonderheiten	Enthält Coprin und kann zusammen mit Alkohol Vergiftungserscheinungen hervorrufen. Wird gerne in Suppen verwendet.

Violetter Lacktrichterling

(Laccaria amethystina)

Der Violette Lacktrichterling fällt durch seine intensiv violette Farbe auf. Bei trockener Witterung verblasst diese und kann fast weiß werden. Mit zunehmendem Alter mischt sich ein Grauton hinzu. Lediglich die ebenfalls lilafarbenen Lamellen verlieren ihre satte Farbe nicht.

Den Violetten Lacktrichterling finden Sie häufig an feuchten Stellen im Nadel- und Laubwald. Er hat einen eher geringen Speisewert und kann zudem krebserregende Stoffe enthalten, wie etwa Caesium oder Arsen, die er verstärkt aus der Umwelt bzw. dem belasteten Boden aufnimmt.

Mit dem tödlich giftigen **Violetten Risspilz** (*Inocybe violacea*) besteht eine gewisse Ähnlichkeit. Diesen erkennen Sie jedoch schnell an seinem unangenehm widerlichen Geruch und seinem weißen Fleisch. Weiß ist auch das Fruchtfleisch des giftigen, nach Rettich riechenden **Rettichhelmlings** (*Mycena pura*). Hut und Stiel zeigen sich oft in verschiedenen Farbvariationen. Den ungenießbaren **Violetten Dufthelmling** (*Mycena diosma*) erkennen Sie schnell an seinem angenehm nach Zigarren oder Weihrauch duftenden Geruch. Er ist deutlich bräunlicher als der Lacktrichterling und sein Hutrand zeigt oft mehrere hellere Ränder. Auch der **Violette Rötling** (*Entoloma euchroum*) lässt sich über seinen süßen Veilchenduft identifizieren. Sein Erscheinungsbild geht auch eher ins bläuliche über.

Synonyme	Lackbläuling, Bläuling, Lila Lackpilz, Amethystblauer Lacktrichterling
Familie	Heidetrüffelverwandte (Hydnangiaceae)
Gattung	Lacktrichterlinge (Laccaria)
Hut	Ø 1-6 cm, violett, später gräulich ausgebleicht, flach gewölbt, später oft wellig
Hutunterseite	Violette, weit stehende, am Stiel angewachsene, dicke Lamellen
Stiel	Ø 0,3-0,8 cm, 3-10 cm hoch, violett, oft verdreht, längs gefasert, später hohl, Myzel gut an Basis erkennbar
Fruchtkörper	Violett, dünn
Geruch	Neutral
Geschmack	Neutral, mild
Standort	Laub-, Nadelwald, Moos, sumpfige feuchte Böden
Saison	Mai bis November
Verwendbarkeit	Essbar (wie alle Lacktrichterlinge), oft jedoch erhöhte Schadstoffkonzentration, ohne großen Speisewert und wenig ergiebig
Verwechslung	Violetter Risspilz (tödlich giftig), Rettichhelmling (giftig), Violetter Dufthelmling, Violetter Rötling (beide ungenießbar)
Besonderheiten	Wird gerne in Essig eingelegt. Kann krebserregende Kakodylsäure (Arsen) anreichern und sollte nur in kleinen Mengen genossen werden.

Gemeiner Rettichhelmling

(Mycena pura)

Wegen des enthaltenen Muscarins gilt der Rettichhelmling als giftig. In großen Mengen kann Muscarin eine tödliche Herzlähmung auslösen. Hinzu kommen andere Substanzen, die Halluzinationen und Verwirrung verursachen können.

Der Rettichhelmling ist gut an seinem Geruch erkennbar. Daneben gibt es zahlreiche Varietäten in anderen Farben, etwa mit gelbem, blauem oder rosafarbenem Hut. Alle Helmlinge sind als Speisepilze nicht geeignet.

Familie	Helmlingsverwandte (Mycenaceae)
Gattung	Helmlinge (Mycena)
Hut	Ø 2-6 cm, weißlich, lila, rosa, kegelig, später gewölbt, oft längsfurchiger Rand
Hutunterseite	Weiß, lila, weit stehende, am Stiel angewachsene, dicke, in der Mitte teils unterbrochene bzw. gegabelte Lamellen
Stiel	Ø 0,5-1,5 cm, 3-8 cm hoch, weiß, violett, bräunlich, Basis dunkler mit Myzelanhaftung, später hohl, Myzel gut an verdickter Basis erkennbar
Fruchtkörper	Weiß, leicht lila, rosa, weich, dünn
Geruch	Nach Rettich
Geschmack	Mild bis scharf, nach Rettich
Standort	Laub-, Nadelwald
Saison	Mai bis November
Verwendbarkeit	Giftig
Verwechslung	Violetter Lacktrichterling (essbar), andere Helmlinge (meist giftig und ungenießbar)
Besonderheiten	Enthält Muscarin und halluzinogene Substanzen.

Gifthäubling

(Galerina marginata)

Der Gifthäubling kann schon in geringen Mengen ernsthafte Organschäden verursachen und tödlich sein. Anders als sein früher gebräuchliches Synonym Nadelholzhäubling vermuten lässt, wächst dieser Saprophyt auch auf abgestorbenem Laubholz. Er kommt einzeln oder in kleinen Gruppen vor.

Lassen Sie sich auch nicht von seinem ambivalenten Aussehen täuschen, das stark von seinem Wassergehalt bestimmt wird. Bei Trockenheit zeigt dieser hygrophane Häubling auf seinem Hut häufig unterschiedliche Farbbereiche. Andererseits wird mit ansteigender Feuchtigkeit der Hutrand zunehmend transparent, so dass die Lamellen riefig durchscheinen.

Die Verwechslungsgefahr mit dem essbaren **Stockschwämmchen** (*Kuehneromyces mutabilis*) ist extrem groß und auch Fachleute tun sich mit einer präzisen Bestimmung schwer. Zudem kann der Gifthäubling mit anderen giftigen Häublingen rasch verwechselt werden. Am besten lassen Sie alle Pilze mit einem solchen Aussehen stehen.

Synonyme	Nadelholzhäubling, Nadelholzgifthäubling
Familie	Hymenogastraceae
Gattung	Häublinge (Galerina)
Hut	Ø 1-5 cm, gelbbraun, hell-, dunkelbraun, hygrophan, Rand häufig durchscheinend gerieft, oft buckelige Form
Hutunterseite	Gelb, gelbbraun, rotbraun, gedrängt stehende Lamellen
Stiel	Ø 0,3-1 cm, 2-6 cm hoch, zunächst dieselbe Farbe wie der Hut, dann zunehmend dunkelbraun, silbrig flockig, längsfaserig, vergänglicher, oft nur angedeuteter Ring, innen hohl
Fruchtkörper	Gelbbraunes Fleisch, im Stiel braun, dunkler zur Basis hin, dünn
Geruch	Nach gammeligem Holz, unangenehm modrig
Geschmack	Ranzig, bitte nicht probieren!
Standort	Auf totem Nadel-, aber auch auf Laubholz, Rindenmulch
Saison	September bis Dezember
Verwendbarkeit	Finger weg! Dieser Pilz ist tödlich giftig!
Verwechslung	Stockschwämmchen (essbar), andere Häublinge (meist giftig bis tödlich giftig)
Besonderheiten	Aussehen kann variieren. Extrem große Verwechslungsgefahr mit dem Stockschwämmchen und kaum eindeutig zu bestimmen.

Shiitake

(Lentinula edodes)

Der Shiitake ist ein ausgezeichneter Speisepilz mit wunderbarem Aroma. Ursprünglich kommt er aus dem asiatischen Raum, wächst dort gerne am Pasania- oder Shii-Baum. Dabei handelt es sich um eine asiatische Kastanienart mit sehr hartem Holz. Der japanische Name „Take" steht übrigens einfach nur für Pilz.

Wild wächst der Shiitake bei uns in Europa leider nicht, wird aber erfolgreich gezüchtet und ist auch in getrockneter Form gut verfügbar. Im Handel können Sie außerdem Pilzkulturen für Ihren eigenen Shiitake-Anbau zuhause erwerben. Mittlerweile zählt der Shiitake neben dem Champignon zu den am häufigsten angebauten Speisepilzen.

Bei Feuchtigkeitsmangel schrumpelt der Fruchtkörper des Shiitake schnell zusammen. Ist sein Feuchtigkeitsdepot wieder gefüllt, richtet er sich rasch wieder auf und erstrahlt in alter Frische. Wegen dieser Eigenschaft zählte der Pilz lange zu der Familie der Schwindlingsverwandten, gehört heute aber mit seinen am Stiel herablaufenden Lamellen zu den Ölbaumtricherlingsverwandten.

Vegetarier und Veganer schätzen den Shiitake wegen seines hohen Eiweißgehalts. Zudem hat der Vitalpilz einige wichtige Vitamine zu bieten. Der Shiitake sollte nicht roh verzehrt werden und auch wenn Sie ihn gekocht haben, kann es zu allergischen Reaktionen kommen.

Synonyme	Shiitake, Pasaniapilz, Tung Koo, Dōnggū, König der Pilze
Familie	Ölbaumtrichterlingsverwandte (Omphalotaceae)
Gattung	Sägeblättlinge (Lentinula)
Hut	Ø 5-15 cm, hell-, dunkelbraun, zunächst eingerollter Hutrand, erst flockige, später oft rissige Oberfläche mit weißen Furchen
Hutunterseite	Weiß, beige, gelblich, später rotbraune am Stiel herablaufende Lamellen
Stiel	Ø 0,5-2 cm, 1-3 cm hoch, oft gebogene Form, oft holzig zäh
Fruchtkörper	Weiß, bräunlich, dick, lederige Konsistenz
Geruch	Angenehm pilzig, leicht nach Rettich oder Lauch
Geschmack	Aromatisch, herzhaft, würzig, pikant, fleischig (umami)
Standort	Pasaniabaum, Zucht auf hartem Laubholz (Buche, Eiche, Kastanie, Ahorn)
Saison	Ganzjährig
Verwendbarkeit	Hervorragender Speisepilz, der wegen seiner Lektine erhitzt werden sollte. Auch zum Trocknen und als Gewürzpilz hervorragend geeignet.
Besonderheiten	Gilt als bedeutender wirksamer Vitalpilz in der chinesischen Medizin. Allergische Hautreaktionen wegen des Lentanin-Gehalts möglich (Shiitake-Dermatitis).

Samtfußrübling

(Flammulina velutipes)

Seinem samtigen Stiel verdankt der Samtfußrübling seinen Namen. Dieser hat eine gummiartige Konsistenz. Drücken Sie den Stiel zusammen und lassen ihn dann los, bewegt er sich in seine ursprüngliche Form zurück. Weil er die kalte Jahreszeit liebt und frostresistent ist, wird er auch Winterpilz genannt. Er wächst gerne traubenartig in Büscheln an Laubholz.

In China wird der leicht zu kultivierende Samtfußrübling bereits seit rund 1.400 Jahren angebaut. Im Handel ist er auch unter dem Namen **Enoki** erhältlich und wichtiger Bestandteil der asiatischen Küche. Allerdings sieht er hier mit seinen langgezogenen hellen Stielen ganz anders als die Wildform aus. Diese Fruchtkörper wachsen im Dunkeln und sind deshalb langgezogen und farblos mit sehr kleinen Hüten.

Die Enoki-Wildform kann mit dem tödlich giftigen **Nadelholzhäubling** (*Galerina marginata*) verwechselt werden. Dieser ist jedoch gut an dem beringten Stiel und den bräunlichen Lamellen zu erkennen. Der Enoki hat dagegen keinen Ring. Auch der ähnlich aussehende, auf Nadelholz wachsende, giftige **Geflecktblättrige Flämmling** (*Gymnopilus penetrans*) hat einen angedeuteten Ring, ist deutlich gelbbrauner und hat ein wässriges, recht bitter schmeckendes Fruchtfleisch.

Eine Verwechslung mit dem essbaren **Stockschwämmchen** (*Kuehneromyces*) ist dagegen nicht tragisch. Daneben gibt es noch andere essbare Samtfußrüblinge, die alle gut an den weißen bis beigefarbenen Lamellen und den gummiartigen, samtigen ringlosen Stielen zu erkennen sind.

Synonyme	Enoki, Samtfuß, Winterpilz, Collybia velutipes
Familie	Physalacriaceae
Gattung	Samtfußrüblinge (Flammulina)
Hut	Ø 2-10 cm, gelb, orange, rotbraun, in der Mitte dunkler, dünn, schmierig klebrige Oberfläche
Hutunterseite	Weiß, beige, gelblich, am Stiel angewachsene Lamellen
Stiel	Ø 0,5-2 cm, 2-10 cm hoch, gelb zur Basis hin dunkelbraun bis schwarz, samtige Oberfläche, oft schmale verdrillte Form, gummiartig, faserig, im Alter innen hohl, ohne Ring
Fruchtkörper	Weißes, hellgelbes Fleisch
Geruch	Angenehm pilzig
Geschmack	Aromatisch, leicht süßlich
Standort	An toten und lebenden Laubholzstämmen, insbesondere Weide, Pappel, Esche, Ulmen, Holunder
Saison	September bis April
Verwendbarkeit	Hervorragender Speisepilz, Stiele werden gerne getrocknet und zu Pilzpulver zermahlen
Verwechslung	Andere Samtfußrüblinge, Stockschwämmchen (alle essbar), Nadelholzhäubling (tödlich giftig), Geflecktblättriger Flämmling (giftig)
Besonderheiten	Gilt als Vitalpilz und wird in der chinesischen und japanischen Medizin eingesetzt.

Fichtenzapfen-rübling

(Strobilurus esculentus)

Den Fichtenzapfenrübling finden Sie sehr früh im Jahr in Fichtenwäldern, wo er auf heruntergefallenen Fichtenzapfen wächst. Dieser sehr kleine Pilz wächst in großen Mengen und ist daher recht ergiebig. Für Pilzsuppen ist er bestens geeignet.

Sie erkennen den Fichtenzapfenrübling gut an seinem braunen Hut und den auffallend weißen Lamellen. Seinen elastischen Stiel können Sie verdrehen, ohne dass er dabei bricht.

Ebenfalls auf Fichtenzapfen wächst der ungenießbare **Fichtenzapfenhelmling** (*Mycena strobilicola*), dessen grauer Stiel jedoch eher brüchig ist. Außerdem ist er gut an seinem Chlorgeruch erkennbar. Der ebenfalls ungenießbare, recht seltene **Mäuseschwanz-Rübling** (*Baeospora myosura*) wächst auch auf anderen Zapfen, ist wesentlich kleiner und sein Stiel wird zum Hut hin nicht heller. Auf Kiefernzapfen wächst der häufig bittere und deshalb ungenießbare **Kiefernzapfenrübling** (*Strobilurus stephanocysti*).

Synonyme	Fichtenzapfen-Nagelschwamm
Familie	Physalacriaceae
Gattung	Zapfenrüblinge (Strobilurus)
Hut	Ø 1-3 cm, braun, verblasst im Alter, gewölbter Hut, später tellerförmig flach, Lamellen mit Burggraben,
Hutunterseite	Weiß, am Stiel angewachsene Lamellen
Stiel	Ø 0,3-1 cm, 1-5 cm hoch, gelbbraun, unterm Hut heller, sehr elastisch, zäh
Fruchtkörper	Weißes dünnes Fleisch
Geruch	Angenehm pilzig, mild
Geschmack	Pilzig, mild
Standort	Auf Fichtenzapfen
Saison	Februar bis Juli, vereinzelt auch im Herbst
Verwendbarkeit	Guter Speisepilz, für Pilzsuppen geeignet
Verwechslung	Fichtenzapfenhelmlinge (ungenießbar), Kieferzapfenrüblinge (essbar / ungenießbar)
Besonderheiten	Wird als Heilpilz gegen Pilzerkrankungen und als Fungizid in der Landwirtschaft verwendet.

Maipilz

(Calocybe gambosa)

Maipilze wachsen gerne in Hexenringen und kleinen Gruppen, sind standorttreu und treten vermehrt im Wonnemonat auf. In der Literatur steht häufig, er rieche nach Mehl. Tatsächlich riecht Mehl nicht. Vielmehr ist diese Beschreibung wohl historisch entstanden, und meint den modrigen Duft in alten Getreidemühlen. Dieser Duft ist ein wichtiges Erkennungsmerkmal, der bei seinen giftigen Doppelgängern fehlt.

Schneiden Sie den giftigen **Ziegelroten Risspilz** (*Inosperma erubescens*) auseinander, läuft sein Fruchtfleisch rötlich an. Verwechslungsgefahr besteht auch mit dem **Riesenrötling** (*Entoloma sinuatum*). Dieser bildet jedoch erst im August seine Fruchtkörper aus, wenn Maipilze nicht mehr zu finden sind. Seine anfänglich weißen Lamellen verfärben sich rasch gelb und rötlich. Die dünneren **Weißen Trichterlinge** (*Clitocybe dealbata*) haben herablaufende Lamellen, ohne erkennbaren Burggraben.

Synonyme	Mairitterling, Georgsritterling, Georgisschwamm, Maischwammerl, *Tricholoma Georgii*
Familie	Raslingsverwandte (Lyophyllaceae)
Gattung	Schönköpfe (Calocybe)
Hut	Ø 3 -14 cm, weiß, beige, später in der Mitte bräunlich, hygrophan, kugelig mit eingerolltem Rand, später faltig aufgeschirmt
Hutunterseite	Weiß, später gelblich, am Stiel angewachsene, eng stehende Lamellen, Zwischenlamellen, Burggraben
Stiel	Ø 1-4 cm, 3-8 cm hoch, weiß beige, faserig, ohne Ring
Fruchtkörper	Weißes dickes Fleisch, faserig
Geruch	Muffig, modrig, nach Gurke
Geschmack	Mild
Standort	Wiese, Laubwald (Buche, Pappel), alkalische Böden
Saison	März bis Juli
Verwendbarkeit	Guter Speisepilz
✖ **Verwechslung**	Ziegelroter Risspilz, Riesenrötling, Weißer Trichterling (alle giftig)
Besonderheiten	Gilt als Heilpilz

Hallimasch

(Armillaria mellea / osteyae)

Der Hallimasch ist ein guter Speisepilz, der jedoch nicht von jedem vertragen wird. Bekömmlicher wird er durch eine lange Garzeit. Ist der Hut aufgeschirmt, ist der Stiel meist zäh und sollte entfernt werden.

Zur Gattung der Hallimasche zählen verschiedene Arten. Leuchtend honiggelb kommt die Art *Armillaria mellea* daher, während *Armillaria osteyae* deutlich dunkelbraun ist. Daneben gibt es in Europa noch drei weitere, kulinarisch jedoch unbedeutende Arten. Das Myzel der Hallimasche leuchtet im Dunkeln (Biolumineszenz).

Dieser Blätterpilz befällt lebende Bäume, verursacht Kernfäule und zählt zu den größten Schädlingen unserer Wälder. Berücksichtigt man, dass Hallimasche unterirdisch etwa 3 Meter pro Jahr wachsen, kann man die gigantische Größe eines etwa 2.400 Jahre alten Honigpilzes erahnen, der als der größte Organismus der Erde gilt.

Häufig sind die Hüte tiefer wachsender Exemplare weiß bestäubt. Das ist kein Schimmel, sondern es sind die von den darüber sitzenden Fruchtkörpern freigesetzten Sporen. Dadurch unterscheiden sich die Hallimasche von den **Schüpplingen,** die braune Sporen haben. Insbesondere im **Sparrigen Schüppling** (*Pholiota squarrosa*) sehen viele einen Doppelgänger. Schaut man jedoch genauer hin, hat dieser auf dem gesamten Fruchtkörper große flockige, zottelartige Schuppen. Die Hut-Schuppen des Hallimasch sind dagegen deutlich kleiner und spärlicher.

Synonyme	Honigpilz, Stuppling, Wenzelpilz, Halamarsch, Halawatsch
Familie	Rindenschwammartige (Physalacriaceae)
Gattung	Hallimasche (Armillaria)
Hut	Ø 2-12 cm, honiggelb, braun, oft schuppig, glatter eingerollter Hutrand, später flach
Hutunterseite	Weiß, gelbbraun, am Stiel herablaufend Lamellen
Stiel	Ø 1-3 cm, 5-20 cm hoch, weiß, gelbbraun, zur Basis hin dunkler, oft gebogen und später zäh, dicker wattiger, vergänglicher Ring
Fruchtkörper	Weißes festes Fleisch
Geruch	Angenehm
Geschmack	Würzig, bitter, häufig betäubtes, astringentes Mundgefühl
Standort	Auf lebendem oder totem Laub- *(Armillaria mellea)*, Nadelholz *(Armillaria ostoyae)*, Reben, Brombeeren und andere Gehölze
Saison	Juli bis November
Verwendbarkeit	Guter Speisepilz, roh giftig (Brechreiz)
Verwechslung	Sparriger Schüppling (gegart essbar, gilt sonst als giftig)
Besonderheiten	Kochen Sie ihn mindestens 20 Minuten, um allergischen Reaktionen vorzubeugen. Der Hallimasch zählt zu den Heilpilzen.

Ziegelroter Risspilz

(Inosperma erubescens)

☠ ☠

Sammeln Sie im Frühjahr Lamellenpilze, sollten Sie den giftigen Ziegelroten Risspilz genau kennen. Bei geschwächten Menschen kann der Genuss seines Giftes Muskarin auch in kleinen Mengen bereits zum Tod führen.

Seinen Namen verdankt dieser Giftpilz dem im Alter eingerissenen, oft ziegelrot gefärbten Hut sowie seinem gleichfarbigen Stiel.

Der Ziegelrote Risspilz kann mit dem essbaren **Maipilz** (*Calocybe gambosa*) verwechselt werden, der jedoch nicht rötet, weiße Lamellen hat und etwas muffig riecht. Außerdem reißt der Hut des Mairitterlings nicht längsfaserig auf.

Synonyme	Mai-Risspilz, Inocybe erubescens
Familie	Risspilzverwandte (Inocybaceae)
Gattung	Inosperma
Hut	Ø 3-8 cm, weiß, später gelbbraun, ziegelrot (insbesondere bei Trockenheit), spitzbuckelige Form mit deutlichen Längsrissen
Hutunterseite	Weiß, später rotbraune dunkle, dicht stehende Lamellen, am Stiel angewachsen
Stiel	Ø 1-2 cm, 4-10 cm hoch, weiß, später graubraun, rot anlaufend, faserig, verdichte Basis
Fruchtkörper	Weißes Fleisch, läuft rot an
Geruch	Nach Obst, angenehm fruchtig
Geschmack	Mild, unangenehm
Standort	Laubwald (Buche, Linde), Parks, Wiesen, kalkhaltige Böden
Saison	Mai bis Juli
Verwendbarkeit	Gefährlicher Giftpilz, der zum Tod führen kann
Verwechslung	Maipilz (essbar)
Besonderheiten	Enthält Muskarin

Schwefelritterling

(Tricholoma sulphureum)

Der giftige Schwefelritterling riecht bereits unangenehm nach Schwefel und auch seine schwefelgelbe Farbe, insbesondere die der Lamellen, ist unverkennbar. Zum Hutrand hin kommen kleine, enger beieinander liegende Zwischenlamellen hinzu und gehen ineinander über. Appetit bekommt man bei diesem Pilz nicht – und das ist auch gut so.

Es gibt noch ein paar andere Arten der Schwefelritterlinge (*Tricholoma*), die jedoch alle giftig oder zumindest ungenießbar sind.

Synonyme	Gemeiner Schwefelritterling
Familie	Ritterlingsverwandte (Tricholomataceae)
Gattung	Ritterlinge (Tricholoma)
Hut	Ø 2-8 cm, gelb, gelbgrün, braun, besonders in der Mitte dunkler, zunächst halbkugelige Form mit eingerolltem Rand, später wellig, samtig-filzige Oberfläche
Hutunterseite	Schwefelgelb, auseinander stehende, tiefe, querverbundene, am Stiel angewachsene Lamellen mit Burggraben
Stiel	Ø 0,5-2 cm, 3-8 cm hoch, gelb, zur Basis hin bräunlich
Fruchtkörper	Gelbes, festes Fleisch, im Stiel längsfaserig
Geruch	Unangenehm, nach Schwefel, Stadtgas
Geschmack	Bitter, ranzig, unangenehm
Standort	Laubwald (Eichen, Buchen), Nadelwald (Tanne, Fichte, Kiefer), Sand-, Kalkböden
Saison	August bis Dezember
Verwendbarkeit	Giftig
Verwechslung	Grünling (tödlich giftig), andere Ritterlinge (meist ungenießbar oder giftig)

Tiger-Ritterling

(Tricholoma pardinum)

Die graubraunen Schuppen auf dem Hut erinnern an das Fell eines Tigers. An der Hutunterseite und dem Stiel des Tigerritterlings finden sich häufig kleine Wassertropfen, die sogenannten Guttationstropfen. Diese unterstützen den Nährstofftransport aus dem Boden. Dieser eher seltene Giftpilz kann schwere Magen-Darm-Beschwerden verursachen.

Synonyme	Tränender Ritterling, Tricholoma Pardalotum
Familie	Ritterlingsverwandte (Tricholomataceae)
Gattung	Ritterlinge (Tricholoma)
Hut	Ø 5-12 cm, weißgrau, silbergraue, graubraune Schuppen, rissige Oberfläche, halbkugelig mit eingerolltem Rand, später ausgebreitet, Delle in der Hutmitte
Hutunterseite	Weiß, gelb, dicht gedrängte Lamellen, Zwischenlamellen, Burggraben, oft tränend bzw. mit Wasserperlen
Stiel	Ø 1-5 cm, 5-10 cm hoch, grau, braun, dunklere keulenförmige Basis, feinfaserig
Fruchtkörper	Weißes, graues festes Fleisch
Geruch	Muffig
Geschmack	Mild
Standort	Laub- (Buchen), Nadelwald (Tanne, Fichte), kalkhaltige Böden
Saison	August bis Oktober
Verwendbarkeit	Stark giftig
Verwechslung	Andere Ritterlinge (meist ungenießbar oder giftig), Schwarzfaseriger Ritterling, Maipilz (beide essbar)
Besonderheiten	Verursacht schwere Magen-Darm-Beschwerden, Durchfall, Erbrechen, Kreislaufversagen

Grünling

(Tricholoma equestre)

Noch bis Anfang unseres Jahrhunderts zählte der Grünling zu den Speisepilzen und wurde sogar auf Märkten gehandelt. Mittlerweile werden zahlreiche Rhabdomyolyse-Fälle mit dem Pilz in Verbindung gebracht. Diese gehen mit Muskelschmerzen, -schwäche bzw. Muskelzerfall und Niereninsuffizienz einher und führten teilweise zum Tod.

Der Grünling hat einige sehr nah verwandte Arten und Varietäten, von denen er kaum eindeutig zu unterscheiden ist. Auch wenn nach Bundesartenschutzverordnung ausdrücklich nur der **Kiefernwaldgrünling** (*Tricholoma flavovirens*) in Deutschland geschützt ist und nicht gesammelt werden darf, sollten Sie auch andere Grünlinge wegen der hohen Verwechslungsgefahr und ihrer Giftigkeit stehen lassen.

Synonyme	Weißfleischiger Grünling, Nadelwaldgrünling, Echter Ritterling, Goldreizker, Grünreizker, Gänschen
Familie	Ritterlingsverwandte (Tricholomataceae)
Gattung	Ritterlinge (Tricholoma)
Hut	Ø 4-12 cm, gelb, grüngelb, später dunkler, braungelb, braune aufliegende Schuppen, schmierige Oberfläche, zunächst kugelig, später flach, Delle in der Hutmitte
Hutunterseite	Schwefel-, zitronengelb, dicht gedrängte Lamellen, Burggraben
Stiel	Ø 1-3 cm, 3-10 cm hoch, hellgelb, grünlich, oben weißlich, dunklere, gelbe verdickte Basis, oft rötlich, oft schuppig behaart
Fruchtkörper	Weißes, hellgelbes Fleisch
Geruch	Muffig, nach Gurke
Geschmack	Mild, nach Gurke
Standort	Mischwald (bei Nadelbäumen), nährstoffarme, oft sandige Böden
Saison	August bis November
Verwendbarkeit	(Tödlich) giftig
Verwechslung	Andere Grünlinge, Galliger Ritterling (ungenießbar), Grüner Knollenblätterpilz (tödlich giftig), Schwefelritterling (giftig)
Besonderheiten	Kann das Rhabdomyolyse-Syndrom verursachen und zum Tod führen.

Violetter Rötelritterling

(Lepista nuda)

Den häufig vorkommenden Violetten Rötelritterling erkennen Sie schnell an seiner Farbe und seinem süßlichen Geruch, der an Parfüm erinnert. Zudem sind seine Lamellen leicht vom Hutfleisch ablösbar. Er gilt als blutdrucksenkender Heilpilz, der gerne in Hexenringen wächst. Zudem ist er ein guter Speisepilz, dessen süßlicher Geschmack jedoch nicht jeder mag.

Verwechselt werden kann dieser Rötelritterling mit anderen, ebenfalls essbaren Rötelritterlingen oder dem essbaren **Violetten Schleierling** (*Cortinarius violaceus*), der jedoch kulinarisch nicht so viel zu bieten hat. Unter ähnlich aussehenden Schleierlingen, bei denen meist noch spinnwebenartige Velumreste zu sehen sind, besteht noch eine Verwechslungsgefahr mit dem giftigen, unangenehm riechenden **Bocksdickfuß** (*Cortinarius camphoratus*) sowie dem übelriechenden **Safranfleischigen Dickfuß** (*Cortinarius traganus*). Letzterer weist zudem deutlich Brauntöne auf.

Synonyme	Violetter Röteltrichterling, Blauer Rötelritterling, Nackter Rötelritterling
Familie	Ritterlingsverwandte (Tricholomataceae)
Gattung	Rötelritterlinge (Lepista)
Hut	Ø 4-18 cm, violett, später bräunlich, hygrophan, zunächst kugelig, später flach, welliger Rand, glatte Oberfläche
Hutunterseite	Lila, blaugraue, gedrängt stehende, leicht ablösbare, am Stiel angewachsene Lamellen, ausgebuchtet angewachsen, Burggraben
Stiel	Ø 1-3 cm, 3-12 cm hoch, lila, später bräunlich, weiße wattige Längsfasern, verdickte knollige Basis
Fruchtkörper	Hellviolett, in der Mitte weißes Fleisch, später bräunlich
Geruch	Würzig, süßlich
Geschmack	Mild, nussig, süßlich
Standort	Laub-, Nadelwald, Wiese, Park, Humusböden
Saison	September bis November
Verwendbarkeit	Guter Speisepilz mit umstrittenem Speisewert
Verwechslung	Andere Rötelritterlinge, Violetter Schleierling (beide essbar), Bocksdickfuß, Safranfleischiger Dickfuß (beide giftig)
Besonderheiten	Gilt als Vitalpilz, enthält Blausäure und darf nur gut gegart gegessen werden.

Nebelgrauer Trichterling

(Clitocybe nebularis)

Im Spätherbst fällt der häufig in Gruppen und Hexenringen vorkommende Nebelgraue Trichterling durch seinen großen trichterförmigen grauen Hut auf. Noch heute ist er in einigen Regionen ein beliebter Speisepilz und auch in der älteren Literatur wird er als essbar beschrieben. Mittlerweile gilt der Nebelgraue Trichterling wegen seines Nebularins jedoch als giftig und kann schwere Magen-Darm-Probleme verursachen.

Es gibt einige Varietäten, bei denen Hut- und Stielfarbe variieren, wie etwa bei der **Weißen Nebelkappe** (*Clitocybe nebularis var. Alba*). Die übrigen Eigenschaften sind jedoch identisch.

Synonyme	Nebelkappe, Graukappe, Herbstblattl, Lepista nebularis
Familie	Ritterlingsverwandte (Tricholomataceae)
Gattung	Trichterlinge (Clitocybe)
Hut	Ø 5-20 cm, hell-, dunkelgrau, bei Feuchtigkeit bräunlich, zunächst halbkugelig, später aufgeschirmt mit trichterförmiger Vertiefung und welligem Rand, radial faserig
Hutunterseite	Weiß, gelblich, dicht gedrängte, am Stiel herablaufende, angewachsene, leicht ablösbare Lamellen
Stiel	Ø 1-5 cm, 5-12 cm hoch, weiß, beige, hellgrau, bräunliche Längsfasern, knollige Basis, im Alter oft hohl
Fruchtkörper	Weißes, dickes, faseriges Fleisch, fest, später weich
Geruch	Angenehm würzig, süßlich
Geschmack	Mild, säuerlich
Standort	Laub- (Buche, Eiche), Nadelwald (Fichte, Tanne), Wiese, Garten, Lehmböden
Saison	Oktober bis November
Verwendbarkeit	Gilt mittlerweile als Giftpilz
Verwechslung	Riesenrötling, Tiger-Ritterling (beide tödlich giftig), andere Ritterlinge und Trichterling (oft ungenießbar und giftig), Würziger Rötelritterling (essbar)
Besonderheiten	Kann allergische Reaktionen verursachen, enthält Nebularin und Muskarin

Schwarzfaseriger Ritterling

(Tricholoma portentosum)

Diesen eher seltenen Ritterling erkennen Sie an den auf der Hutoberfläche eingewachsenen dunkelbraunen bis schwarzen Fasern. Sie finden ihn noch recht spät im Jahr, auch wenn es bereits Frost gibt.

Synonyme	Schnee-Ritterling, Rußkopf
Familie	Ritterlingsverwandte (Tricholomataceae)
Gattung	Ritterlinge (Tricholoma)
Hut	Ø 4-12 cm, grau, graubraun, mittig dunkler, feucht schmierige, glänzende Oberfläche, kugelig, später flach gewölbt, buckelig, schwarze Fasern
Hutunterseite	Weiß, später gelbgrün, dicht gedrängte Lamellen, später fleckig, Zwischenlamellen, Burggraben
Stiel	Ø 1-3 cm, 5-10 cm hoch, weiß, grüngelb, feinfaserig, später hohl
Fruchtkörper	Weißes, graues festes Fleisch
Geruch	Nach Gurke, leicht muffig
Geschmack	Mild, muffig
Standort	Nadel- (Kiefer, Fichte, Tanne), Laubwald (Birke, Espe), kalkhaltige Böden
Saison	September bis Dezember
Verwendbarkeit	Guter, aber seltener Speisepilz
Verwechslung	Tigerritterling (giftig), andere Ritterlinge (meist ungenießbar oder giftig)
Besonderheiten	Gilt als Vitalpilz.

Riesenrötling

(Entoloma sinuatum)

Der eher seltene Riesenrötling enthält einige starke Giftstoffe, die tödlich sein können. Dieser massiv wirkende, recht große Blätterpilz riecht wie der ähnlich aussehende **Maipilz** (*Calocybe gambosa*) muffig nach Gurke, hat jedoch nicht so eng stehende, dünne Lamellen. Zudem bildet der Maipilz deutlich früher seine Fruchtkörper aus, während die Fruktuationszeit des Riesenrötlings eher mit der vieler Champignonarten mit ähnlichem Aussehen zusammenfällt. Diese riechen jedoch sehr angenehm pilzig.

Familie	Rötlingsverwandte (Entolomataceae)
Gattung	Rötlinge (Entoloma)
Hut	Ø 4-20 cm, beige, graubraun, rotgrau, glänzende, netzartig, abziehbare Huthaut, lange eingerollter, später welliger Hutrand
Hutunterseite	Weiß, dann gelblich, rosa, kurze, miteinander verbundene Lamellen, Zwischenlamellen
Stiel	Ø 0,5-4 cm, 4-15 cm hoch, weiß, gelblich, fest, faserige, glänzende Oberfläche, später innen hohl, verdickte Basis
Fruchtkörper	Weißes, festes dickes Fleisch, später schwammig
Geruch	Muffig, modrig, nach Gurke oder Rettich, manchmal süßlich
Geschmack	Faulig, säuerlich, nach Gurke oder Rettich, manchmal süßlich
Standort	Laubwald (Buche, Eiche), kalkhaltige Böden, Lehmböden
Saison	Juni bis November
Verwendbarkeit	Tödlich giftig, bei häufig langer Latenzzeit
Verwechslung	Maipilz (essbar), Nebelgrauer Trichterling (giftig), andere Trichterlinge, Champignon (essbar)
Besonderheiten	Enthält das Gift Vinylglycin.

Orange-fuchsiger Schleierling

(Cortinarius orellanus)

Der orangefuchsige Schleierling ist wegen seiner langen Inkubationszeit äußerst gefährlich. Oft setzt die Giftwirkung erst nach Tagen oder gar Wochen ein, wenn niemand mehr an die Pilzmahlzeit denkt. Häufig ist es dann zu spät und Nieren sowie andere Organe sind schon zu stark geschädigt. Wegen des zellzerstörenden Gifts nennt man dies Orellanus-Syndrom.

Bei allen jungen Schleierlingen umschließt ein schleierartiger Filz die Hutunterseite, der erst allmählich aufreißt. Unter den Schleierlingen finden sich auch viele andere gefährliche Giftpilze, wie etwa der ähnlich aussehende **Spitzbucklige Schleierling** (*Cortinarius rubellus*), weshalb wir vom Genuss dieser Pilze generell abraten.

Synonyme	Orangefuchsiger Raukopf, Orangefuchsiger Hautkopf
Familie	Schleierlingsverwandte (Cortinariaceae)
Gattung	Schleierlinge (Cortinarius)
Hut	Ø 2-8 cm, rotbraun, rund, später flach, meist buckelig, filzig schuppige Oberfläche, Rand oft eingerissen
Hutunterseite	Rotbraun, gelbbraun, entfernt stehende Lamellen mit Zwischenlamellen
Stiel	Ø 1-2 cm, 4-10 cm hoch, gelb, orange, braun, oft mit weißlichen Fasern besetzt, im Alter oft hohl
Fruchtkörper	Gelb, orange, bräunlich, fest, faserig
Geruch	Nach Rettich
Geschmack	Mild, bitte nicht probieren!
Standort	Laubwald, Sandböden
Saison	Juni bis Oktober
Verwendbarkeit	Tödlich giftig
Verwechslung	Pfifferling, Hallimasch (beide essbar)
Besonderheiten	Enthält Orellanin, lange Inkubationszeit, Giftwirkung tritt erst nach Wochen ein

März-schneckling

(Hygrophorus marzuolus)

Den Märzschneckling findet man bereits nach der Schneeschmelze und er ist damit ein sehr früher, allerdings auch sehr seltener Speisepilz, der in Deutschland nicht gesammelt werden darf. Dieser Symbiosepilz wächst gerne in kleinen Kolonien in der Nähe von Weißtannen und anderen Nadelbäumen. Anders als bei den meisten Schnecklingen ist seine Oberfläche nicht schmierig-schleimig. Auffällig ist sein dicker Stiel, der nur wenig vom Hut überragt wird.

Synonyme	Märzellerling, Schneepilz
Familie	Schnecklingsverwandte (Hygrophoraceae)
Gattung	Schnecklinge (Hygrophorus)
Hut	Ø 4-12 cm, dunkelgrau, anthrazit, später weiße, grün-, bräunliche Flecken, eingerollter Rand, später unregelmäßig gewellt
Hutunterseite	Weißgrau, hellgrau, auseinander stehende Lamellen, Zwischenlamellen
Stiel	Ø 2-5 cm, 2-8 cm hoch, weiß, grau, unterm Hut dunkler, schuppig, verdickte Basis, im Alter schief verdreht, faserig
Fruchtkörper	Weiß, grau, fest
Geruch	Angenehm pilzig
Geschmack	Mild
Standort	Nadelwald (Weißtanne, Kiefer, Fichte), Mischwald
Saison	Manchmal schon Januar, oft März bis Mai
Verwendbarkeit	Guter Speisepilz
Verwechslung	Ähnlich aussehende Pilze gibt es zu dieser Jahreszeit nicht.

Austernpilz

(Pleurotus ostreatus)

Der Austernseitling ist ein sehr beliebter Zuchtpilz, den Sie in Europa auch in der Natur finden können. Er wächst büschelig an totem Laubholz, ernährt sich aber auch von Fadenwürmern und Bakterien. Damit der wilde Austernpilz Fruchtkörper ausbildet, benötigt er Temperaturen unter 11°C und zählt damit zu den Winterpilzen. Dagegen kommt die hellere „Florida"-Zuchtform ohne diesen Kältereiz aus, schmeckt jedoch weniger aromatisch.

Der deutlich hellere und nach Anis riechende **Sommerausternseitling** (*Pleurotus pulmonarius*) ist ein wilder, ebenfalls essbarer Verwandter mit dünnerem Fruchtfleisch, der wärmere Temperaturen liebt. Verwechslungsgefahr besteht auch mit anderen Seitlingen, wie dem essbaren **Rillstieligen Seitling** (*Pleurotus cornucopiae*), dessen Lamellen jedoch bis zur Stielbasis herunterlaufen. Der essbare **Taubenblaue Seitling** (*Pleurotus columbinus*) wächst meist auf Nadelholz und wird ebenfalls kultiviert. Sie erkennen ihn gut an seiner graublauen Farbe.

Ein gelber Stiel mit herunterlaufenden, deutlich abgegrenzten Lamellen sind wesentliche Kennzeichen des **Gelbstieligen Muschelseitlings** (*Sarcomyxa serotina*). Dieser Seitling schmeckt bitter und gilt mittlerweile als ungenießbar, weil er – sich im Körper anreichernde – Giftstoffe enthält. Der giftige, stiellose **Ohrförmige Weißseitling** (*Pleurocybella porrigens*) wächst ausschließlich auf Nadelholz. Generell sollten Sie bei stiellosen Seitlingen sehr vorsichtig sein!

Synonyme	Austernseitling, Kalbfleischpilz, Muschelpilz, Silberauster
Familie	Seitlingsverwandte (Pleurotaceae)
Gattung	Seitlinge (Pleurotus)
Hut	Ø 3-18 cm, hellgrau, gelbbraun, dunkelgrau, glatt, oft glänzende Oberfläche, zunächst eingerollter Rand, später lappig eingerissen
Hutunterseite	Weiß, beige, gedrängt stehende, am Stiel weit herablaufende Lamellen
Stiel	Ø 1-3 cm, 1-8 cm hoch, weiß, oft seitlich unterm Hut sitzend, gebogen, filzig
Fruchtkörper	Weißes, festes Fleisch, zungenförmiges, später muschelartiges Aussehen, zart, später oft zäh
Geruch	Angenehm würzig, später oft muffig
Geschmack	Herb mild, nach Kalbfleisch
Standort	Auf lebendem, meist totem Laubholz (Buche), wird auf Kaffeesatz, Stroh, Weizenkörnern, Papier kultiviert
Saison	Oktober bis Mai
Verwendbarkeit	Gegart sehr guter Speisepilz
✖ **Verwechslung**	Rillstieliger Seitling, Taubenblauer Seitling, Zitronenseitling (alle essbar), Gelbstieliger Muschelseitling (ungenießbar), Ohrförmiger Weißseitling (tödlich giftig)
Besonderheiten	Einer der wenigen Pilze, die auch im Winter gefunden werden. Zählt zu den Heilpilzen. Enthält Pleurotolysin, das die Zellen der roten Blutkörperchen zerstört. Durch Erhitzen wird dieses Hämolyse-Gift zerstört.

Limonenpilz

(Pleurotus citrinopileatus)

Der leuchtend gelben Hutfarbe und dem fruchtig aromatischen Geschmack verdankt der Limonenpilz seinen Namen. Beheimatet ist dieser in großen büscheligen Pilztrauben wachsende Seitling in Asien. Fruchtkörper bilden sich erst bei konstanten Temperaturen über 20°C und hoher Luftfeuchtigkeit. In Europa wird er zunehmend gezüchtet und in zahlreichen leichten Gerichten verwendet. Wegen seines fruchtigen Geschmacks wird roher Zitronenseitling gerne Salaten beigemischt. Beim Erhitzen wird aus der leuchtend gelben Farbe ein beiges Braun.

Der essbare **Rillstielige Seitling** (*Pleurotus cornucopiae*) sieht wie der Doppelgänger des Zitronenseitlings aus. Dagegen ist der essbare, oft nach Anis riechende **Sommerausternseitling** (*Pleurotus pulmonarius*) deutlich heller mit flacherem Hut. Da bei uns nur gezüchtete Limonenpilze zu bekommen sind, ist eine Verwechselung mit dem tödlich giftigen **Ohrförmigen Weißseitling** (*Pleurocybella porrigens*) ausgeschlossen.

Synonyme	Limonen-Seitling, Zitronen-Seitling, Zitronengelber Seitling
Familie	Seitlingsverwandte (Pleurotaceae)
Gattung	Seitlinge (Pleurotus)
Hut	Ø 2-7 cm, zitronengelb, goldgelb, gelbbraun, samtige Oberfläche, eingerollter, glatter, später welliger Hutrand, trichterförmige Vertiefung in der Mitte
Hutunterseite	Weiß, beige, gelb, dicht stehende, am Stiel herablaufende Lamellen
Stiel	Ø 0,5-1 cm, 2-8 cm hoch, weiß, gelblich, mittig oder seitlich unterm Hut sitzend, meist gebogen, filzig
Fruchtkörper	Weißes, dünnes Fleisch, Fruchtköper sind oft miteinander verwachsen
Geruch	Fruchtig
Geschmack	Fruchtig, nussig, säuerlich, roh bitter
Standort	Tote Laubbäume (Buche, Ulme, Ahorn, Esche, Weide, Pappel), Stroh, Sägemehl
Saison	April bis Oktober, Temperaturen über 20°C
Verwendbarkeit	Guter Speisepilz, roh essbar
✖ **Verwechslung**	(Sommer-) Austernseitling, Rillstieliger Seitling (alle essbar), Ohrförmiger Weißseitling (tödlich giftig)
Besonderheiten	Verwendung in der chinesischen und japanischen Medizin

Kräuterseitling

(Pleurotus eryngii)

Der Kräuterseitling ernährt sich von den Wurzeln verschiedener Doldenblütler, insbesondere des tiefwurzelnden Feld-Mannstreus (*Eryngium campestre*), und kommt in Deutschland eher selten vor. Dieser schmackhafte sehr gute Speisepilz lässt sich recht leicht kultivieren. Auffallend sind der zu Beginn recht dicke Stiel und der verhältnismäßig kleine Hut, der erst später an Größe zunimmt. Wegen ihres hohen Proteingehalts werden Kräuterseitlinge von Vegetariern und Veganern besonders geschätzt.

Im Handel sind häufig verschiedene Varietäten erhältlich, die an unterschiedlichen Doldenblütlern schmarotzen, und als Kräuterseitlinge angeboten werden. Hierzu gehört beispielsweise der **Fenchelseitling** (*Pleurotus ferulae*), der in Südeuropa den Riesenfenchel befällt.

Synonyme	Brauner Kräuterseitling, Königsausternpilz, Mannstreuseitling, Fenchelseitling
Familie	Seitlingsverwandte (Pleurotaceae)
Gattung	Seitlinge (Pleurotus)
Hut	Ø 2-15 cm, braun, weiß-, gelblich, eingerollter, später welliger Rand, ledrig-filzige Oberfläche
Hutunterseite	Weiß, gelblich, gräulich, weit stehende, am Stiel herablaufende, netzartig verbundene Lamellen (Anastomosen)
Stiel	Ø 2-8 cm, 5-9 cm hoch, beige, gelblich
Fruchtkörper	Weißes, dickes, festes Fleisch, später zäh
Geruch	Angenehm pilzig, erinnert an Steinpilz
Geschmack	Aromatisch nussig, mild, ähnlich wie Steinpilz
Standort	Bei Doldenblütlern (Feld-Mannstreu, Fenchel, Laserkraut), Zucht auf Stroh, Sägemehl
Saison	Juli bis Oktober, gezüchtet ganzjährig
Verwendbarkeit	Sehr guter Speisepilz, roh essbar
Verwechslung	(Sommer-) Austernseitling, Rillstieliger Seitling (alle essbar), Ohrförmiger Weißseitling (tödlich giftig)
Besonderheiten	Gilt als Vitalpilz, hoher Proteingehalt

Südlicher Ackerling

(Cyclocybe cylindracea)

Der Südliche Ackerling wird im Handel gerne unter seinem italienischen Namen **Piopparello** oder **Pioppino** angeboten und gilt als Delikatesse. Er wurde bereits von den alten Römern kultiviert. Dieser wärmeliebende Pilz wächst gerne büschelig an Pappeln. Sein Hut reißt oft stellenweise auf, so dass das weiße Hutfleisch darunter sichtbar wird.

Der Südliche Ackerling kann mit dem **Pappel-Schüppling** (*Pholiota Populnea*) verwechselt werden, der jedoch rasch an seinem zotteligen Hut und Stiel bestimmt werden kann.

Synonyme	Südlicher Schüppling, Samthäubchen, Piopparello, Pioppino, Yanagi-Matsutake, Agrocybe aegerita
Familie	Träuschlingsverwandte (Strophariaceae)
Gattung	Cyclocybe
Hut	Ø 5-12 cm, braun-weiß, halbkugelig, später flach mit dunklerer Mitte, samtig-matte, feldrig aufgerissene Oberfläche,
Hutunterseite	Weißlich, später braune, gedrängt stehende Lamellen, oft fleckig
Stiel	Ø 1 cm, 4-10 cm hoch, weiß, später bräunlich, Ring in Hutnähe
Fruchtkörper	Weißes, festes Fleisch, Basis oft bräunlich
Geruch	Aromatisch, neutral
Geschmack	Aromatisch, nach Rettich
Standort	An Laubbäumen (Pappel)
Saison	Mai bis Oktober, wird ganzjährig kultiviert.
Verwendbarkeit	Sehr guter Speisepilz, roh essbar
✖ **Verwechslung**	Pappel-Schüppling (ungenießbar), Sommer-Austernseitling (essbar)

Spitzkegelige Kahlkopf

(Psilocybe semilanceata)

Mit dem Sammeln dieses Rauschpilzes verstoßen Sie bereits gegen das Betäubungsmittelgesetz. Der spitzkegelige Kahlkopf kann schwere Halluzinationen, Kreislaufstörungen hervorrufen und leicht mit ähnlich aussehenden tödlich giftigen Kleinpilzen verwechselt werden.

Synonyme	Blauender Kahlkopf, Little-Brown-Mushroom
Familie	Träuschlingsverwandte (Strophariaceae)
Gattung	Psilocybe
Hut	Ø 1-2 cm, gelblich, braun, grünlich, hygrophan, riefiger Rand und nippelige Spitze oft dunkler, glockenförmig, spitzkegelig, bei Feuchtigkeit schmierige Oberfläche, leicht abziebare Huthaut
Hutunterseite	Braun-graue, später lila-schwarze Lamellen
Stiel	Ø 0,5-1 cm, 4-12 cm hoch, beige, gelblich braun, oft dunkle bläuliche Basis, gekrümmt, elastisch
Fruchtkörper	Hellgelb, bräunlich, sehr dünn, läuft unter Druck nach einiger Zeit blau-grün an
Geruch	Nach Gras, Rettich
Geschmack	Neutral, mild
Standort	Wiesen, nährstoffreicher Bode, nicht auf Dung
Saison	September bis November
Verwendbarkeit	Kein Speisepilz, ruft Halluzinationen aus
✖ **Verwechslung**	Kegeliger Düngerling, Halbkugeliger Träuschling (ungenießbar), Rauköpfe, Düngerlinge (meist tödlich giftig), Grünroter Risspilz (tödlich giftig).
Besonderheiten	Enthält das Halluzinogen Psilocybin bzw. sein Hydrolyse-Produkt Psilocin

Goldfell-Schüppling

(Pholiota aurivella)

Aus verletzter Rinde und Astabbrüchen von Laubbäumen wächst in Büscheln der Goldfell-Schüppling, dessen leuchtend goldgelber Hut bereits von Weitem auffällt. Kulinarisch hat dieser Pilz leider wenig zu bieten. Der Goldfell-Schüppling hat einen schleimigen Hut, aber einen trockenen Stiel sowie angedrückte Schuppen. Über diese Merkmale kann er am besten von anderen Schüpplingen unterschieden werden.

Die aufgerichteten Schuppen des sehr ähnlich aussehenden ungenießbaren **Pinselschüpplings** (*Pholiota jahnii*) erinnern an gemalte Pinselstriche. Sein Hut ist auch bei Feuchtigkeit nicht schleimig. Der **Schleimige Schüppling** (Pholiota adiposa) hat einen schleimigen Hut und auch einen schleimigen Stiel. Der giftige **Hochthronende Schüppling** (*Pholiota limonella*) ist weniger leuchtend gelb und wächst auf Nadelholz.

Synonyme	Goldfell
Familie	Träuschlingsverwandte (Strophariaceae)
Gattung	Schüpplinge (Pholiota)
Hut	Ø 4-12 cm, leuchtend goldgelb, zottig dunkle Schuppen, bei Feuchtigkeit sehr schleimige Oberfläche, zunächst kugelig, später gewölbt,
Hutunterseite	Gelb, rotbraun, gedrängt stehende, ausgebuchtete Lamellen, Burggraben
Stiel	Ø 1-2 cm, 5-10 cm hoch, goldgelb, etwas heller als der Hut, nicht schleimig, angedeuteter Ring, darunter schuppig
Fruchtkörper	Weißes, gelbliches Fleisch, zäh, fest
Geruch	Neutral, leicht nach Rettich
Geschmack	Mild
Standort	Auf lebendem oder totem Laubholz (Buche, Weide, Birke)
Saison	September bis November
Verwendbarkeit	Essbar, jedoch zähe Konsistenz
Verwechslung	Pinselschüppling, Schleimiger Schüppling (beide ungenießbar), Hochthronender Schüppling (giftig), Sparriger Schüppling (giftig, gegart essbar)

Sparriger Schüppling

(Pholiota squarrosa)

Der Sparrige Schüppling hat zottig abstehende, fest angewachsene und gleichmäßig verteilte Schuppen an Hut und Stiel. Mittlerweile gilt er als giftig, kann aber gut gegart gegessen werden. Alkohol sollten Sie jedoch meiden, da dies verstärkt zu Magen-Darm-Problemen führen kann.

Der Sparrige Schüppling ist der klassische Doppelgänger des **Hallimaschs** (*Armillaria mellea / osteyae*). Dieser hat jedoch kleinere Schüppchen, hauptsächlich auf dem Hut, und riecht nicht nach Rettich. Verwechselt werden kann der Sparrige Schüppling auch mit anderen Schüpplingen, wie etwa dem giftigen **Hochthronenden Schüppling** (*Pholiota limonella*), dessen Oberfläche jedoch eher schmierig ist.

Familie	Träuschlingsverwandte (Strophariaceae)
Gattung	Schüpplinge (Pholiota)
Hut	Ø 2-10 cm, gelb, hellbraun, grünlich, rund später gewölbt, zottige, abstehende gelbe Schuppen auf Oberfläche
Hutunterseite	Hellgelb, später bräunlich, herablaufende, gedrängt stehende Lamellen
Stiel	Ø 1-3 cm, 3-20 cm hoch, weiß, hellgelb, hellbraun, rotbraune Schuppen unterhalb der Ringzone, darüber glatt
Fruchtkörper	Beiges, hellgelbes Fleisch, faserig, wächst in Büscheln, trockene Oberfläche
Geruch	Nach Rettich
Geschmack	Nach Rettich
Standort	Auf totem oder lebendem Laubholz, manchmal auch Nadelholz (Fichte)
Saison	September bis November
Verwendbarkeit	Gut gegart essbar, sonst giftig, Alkohol meiden
Verwechslung	Hallimasch (giftig, nach Behandlung essbar), Goldfell-Schüppling (essbar), Pinselschüppling, Schleimiger Schüppling (beide ungenießbar), Hochthronender Schüppling (giftig)

Graublättriger Schwefelkopf

(Hypholoma capnoides)

Der Graublättrige Schwefelkopf sondert Blausäure ab und schützt sich damit vor Schnecken und anderen Insekten. Er riecht nach Marzipan und seine Lamellen sind immer grau ohne Gelb- oder Grüntöne.

Der bitter schmeckende, stark giftige **Grünblättrige Schwefelkopf** (*Hypholoma fasciculare*) sieht ähnlich aus, kann jedoch durch seinen Grünstich und die leuchtend gelben Lamellen gut von dem Graublättrigen unterschieden werden. Die deutlich rote Hutfarbe des **Ziegelroten Schwefelkopfes** (*Hypholoma lateritium*) enttarnt diesen Doppelgänger.

Synonyme	Honigköpfchen, Rauchblättriger Schwefelkopf, Milder Schwefelkopf
Familie	Träuschlingsverwandte (Strophariaceae)
Gattung	Schwefelköpfe (Hypholoma)
Hut	Ø 2-8 cm, gelb, gelbbraun, rötlich dunkler Buckel, Rand oft heller, gewölbt, später flach, oft mit Schleierresten
Hutunterseite	Hellgrau, später dunkler, graulila, gedrängt stehende Lamellen, Zwischenlamellen
Stiel	Ø 0,5-2 cm, 3-8 cm hoch, beige, gelb, bräunlich zur Basis hin, meist gebogen, innen hohl, oft angedeutete Ringzone
Fruchtkörper	Weiß, gelblich, weiches faseriges Fleisch, büschelig
Geruch	Angenehm, nach Marzipan
Geschmack	Mild, nussig, aromatisch
Standort	Auf Nadelholz, selten auf Laubholz (Buche)
Saison	September bis Dezember
Verwendbarkeit	Essbar (wenn gegart), getrocknet als Würze
✖ **Verwechslung**	Stockschwämmchen (essbar), Grünblättiger Schwefelkopf, Ziegelroter Schwefelkopf (beide giftig)
Besonderheiten	Scheidet Blausäure aus, die rasch verfliegt.

Stockschwämmchen

(Kuehneromyces mutabilis)

Ihr ambivalentes farbliches Aussehen verdanken Stockschwämmchen ihrer Hygrophanität, weshalb sie bei Feuchtigkeit und unterschiedlicher Wassersättigung oft fleckig erscheinen. Echte Stockschwämmchen werden mittlerweile gezüchtet und sind hervorragende Speisepilze. Stockschwämmchen enthalten einige Substanzen, die erst durch Erhitzen unschädlich werden. Diesen Blätterpilz sollten Sie daher niemals roh essen.

Im Handel werden oft eingemachte **Japanische Stockschwämmchen** (*Pholiota nameko*) angeboten, die geschmacklich jedoch nicht viel zu bieten haben. In Europa kommt diese Art in der Natur nicht vor.

Das **Glattstielige Stockschwämmchen** (*Kuehneromyces lignicola*) ist eine weitere Art dieser Gattung, gilt jedoch als ungenießbar. An seinem glatten Stiel fehlt der Ring. Das Sammeln in der Natur ist nur etwas für echte Kenner, denn es besteht eine extrem große Verwechslungsgefahr mit dem tödlich giftigen **Gifthäubling** (*Galerina marginata*), früher irreführend **Nadelholzhäubling** genannt, der einen silbrig glänzenden und weiß faserigen Stiel hat. Auch mit verschiedenen Schwefelköpfen besteht große Verwechslungsgefahr. Darunter sind einige Arten sehr giftig.

Synonyme	Gemeines Stockschwämmchen, Echtes Stockschwämmchen, Stockschüppchen, Europäisches Stockschwämmchen
Familie	Träuschlingsverwandte (Strophariaceae)
Gattung	Stockschwämmchen (Kuehneromyces)
Hut	Ø 1-10 cm, gelbbraun, braun, in der Mitte oft heller, hygrophan, glänzend, schuppig, buckelige Form
Hutunterseite	Hellbraun, dicht gedrängt stehende Lamellen am Stiel angewachsen, Zwischenlamellen
Stiel	Ø 0,5-2 cm, 1-12 cm hoch, beige, grau, braun, gelbbraun, sichtbarer oder angedeuteter vergänglicher Ring, darunter weißliche oder bräunliche Schuppen (nicht silbrig glänzend), mittig unter Hut, oft zäh
Fruchtkörper	Gelbes, hellbraunes dünnes Fleisch, zur Basis hin dunkler
Geruch	Angenehm pilzig
Geschmack	Würzig nussig, angenehm pilzig
Standort	Totes Laubholz (Buche, Eiche, Weide, Birke, Pappel, Erle, Kastanie), manchmal auch Nadelholz
Saison	April bis November
Verwendbarkeit	Essbarer Speisepilz
✖ **Verwechslung**	Gifthäubling (tödlich giftig), Grünblättrige und andere Schwefelköpfe (viele Arten sind giftig), Hallimasch (giftig, nach Behandlung essbar), Sparriger Schüppling (giftig), verschiedene Häublinge (meist giftig)
Besonderheiten	Gilt als Vitalpilz, nur gegart genießen

Grünspan-Träuschling

(Stropharia aeruginosa)

Wegen der schleimig-klebrigen Hutoberfläche und des geringen Speisewertes sammeln viele Pilzsammler den Günspan-Träuschling nicht. Zudem kann er Magen-Darm-Probleme verursachen. Dennoch wird er in Mischpilzgerichten geschätzt, da er den Geschmack anderer Pilze übernimmt.

Die grauen Lamellen des ähnlich aussehenden **Grünblauen Träuschling** (*Stropharia caerulea*) haben keinen Blau-Violett-Stich. Zudem ist der Ringbereich bei diesem Doppelgänger kaum ausgeprägt. Der giftige **Grünspan-Schirmling** (*Lepiota grangei*) ist gut an den weißen Lamellen und der trockenen Hutoberfläche erkennbar.

Familie	Träuschlingsverwandte (Strophariaceae)
Gattung	Träuschlinge (Stropharia)
Hut	Ø 3-8 cm, grünblau, graugrün, später gelblich, weiße abstehende Schuppen, später glatt, buckelige Form, später flach, schleimige, dicke Huthaut, leicht abziehbar
Hutunterseite	Hellgrau, graublau, violett, bräunlich, am Stiel angewachsene Lamellen mit weißen Scheiden
Stiel	Ø 0,5-1 cm, 4-8 cm hoch, weiß, bläulich, grünlich, oft verdickte Basis, graublauer Ring, schuppig weiße Oberfläche unter Ring, darüber glatt, oft hohl
Fruchtkörper	Weiß, beige mit Grünstich
Geruch	Angenehm
Geschmack	Mild, neutral
Standort	Unter Laub-, Nadelbaum, saurer, nährstoffarme Böden
Saison	September bis November
Verwendbarkeit	Essbar, geringer Speisewert, die schmierige Huthaut sollten Sie abziehen
✖ **Verwechslung**	Grünblauer Träuschling (essbar), Grünspanschirmling (tödlich giftig)

Braunkappe

(Stropharia rugosoannulata)

Auch wenn die Braunkappe kulinarisch wenig zu bieten hat und einige Menschen nach einer Pilzmahlzeit sogar mit Unwohlsein reagieren, wird er gerne auf Stroh gezüchtet, wohl weil dies recht einfach funktioniert. Ohnehin ernährt sich dieser Blätterpilz von verrottenden Pflanzen, aber auch von Nematoden.

Synonyme	Rotbrauner Riesen-Träuschling, Riesen-Träuschling, Kultur-Träuschling
Familie	Träuschlingsverwandte (Strophariaceae)
Gattung	Träuschlinge (Stropharia)
Hut	Ø 3-18 cm, rotbraun, dunkelbraun, matte trockene Oberfläche, feucht oft schmierig, Oberfläche oft rissig, eingerollter Rand, später flach aufgeschirmt
Hutunterseite	Grauviolett, violettbraun, dicht gedrängt stehende Lamellen, Zwischenlamellen
Stiel	Ø 1-3 cm, 5-15 cm hoch, weiß, beige, bräunlich, Ring, später oft hohl, glatte Oberfläche
Fruchtkörper	Weißes, festes Fleisch, Hut faserig
Geruch	Neutral, angenehm, nach Rettich
Geschmack	Mild, nach Rettich
Standort	Wiese, Acker, nährstoffreiche Böden, Humus, Strohkultur
Saison	März bis Juni, September bis November, kultiviert ganzjährig
Verwendbarkeit	Essbar, individuelle Unverträglichkeit, allergische Reaktionen möglich
Verwechslung	Marone (essbar)
Besonderheiten	Wird auf Stroh gezüchtet. Ernährt sich auch von Nematoden.

Fliegenpilz

(Amanita muscaria)

☠

Der Fliegenpilz ist wohl der bekannteste Pilz überhaupt, so dass es kaum zu Verwechslungen kommt. Gut erkennbar ist sein roter Hut mit weißen Tupfen, die jedoch rasch vom Regen abgewaschen werden und bei älteren Exemplaren oft fehlen.

In Milch und Zucker eingelegter Fliegenpilz soll gegen Fliegen und andere Insekten helfen. Tatsächlich betäubt dieses Insektizid diese nur kurzzeitig. Unbestritten ist dagegen seine psychotische Rauschwirkung. Eine Fliegenpilzvergiftung hat nahezu die gleichen Symptome wie ein übermäßiger Alkoholkonsum. Noch heute setzen einige Kulturen auf die Rauschwirkung dieses Giftpilzes. In diesem Zusammenhang ist auch seine Bedeutung als Glückspilz zu sehen. Auch wenn der Fliegenpilz nicht tödlich giftig ist, kann er ernste Kreislaufprobleme verursachen. Wir raten von dem Konsum ausdrücklich ab.

Während die orangefarbene Varietät *formosa* kaum noch (gelbe) Flocken besitzt, hat der Typus *aureola* keine. Auch der **Braune Königsfliegenpilz** (*regalis*) gehört zu diesen Giftpilzen.

Verwechselt werden kann ein flockenloser Fliegenpilz rasch mit dem essbaren **Kaiserling** (*Amanita caesarea*), der ebenfalls einen roten Hut hat, dessen Volva jedoch auch im Alter sehr gut entwickelt ist. Junge Exemplare des **Perlpilzes** (*Amanita Rubescens*) sehen dem Fliegenpilz ebenfalls ähnlich. Im Zweifel lieber stehen lassen.

Synonyme	Fliegenteufel, Mückenschwamm, Mückenpfeffer, Krötenstuhl, Rabenbrot, Glückspilz
Familie	Wulstlingsverwandte (Amanitaceae)
Gattung	Wulstlinge (Amanita)
Hut	Ø 4-20 cm, rot, weiße Punkte bzw. Schuppen, die später oft weggewaschen sind, kugelig, später flach, nach oben gewölbt
Hutunterseite	Weiß, beige, hellgelb, weiche, dicht stehende Lamellen
Stiel	Ø 1-4 cm, 5-20 cm hoch, weiß, hellgelb, beflockte Knolle, oft bräunliche Basis mit mehreren Velumzonen, Ring, faserig
Fruchtkörper	Weißes Fleisch, unter Huthaut gelblich bis gelbrot, weich
Geruch	Neutral, pilzig
Geschmack	Mild
Standort	Laubwald (unter Birken), Nadelwald (unter Fichten, Kiefern, Tannen), saure Böden
Saison	Juni bis Oktober
Verwendbarkeit	Stark giftig
✖ **Verwechslung**	Kaiserling, Perlpilz, Parasol (alle essbar), andere Fliegenpilz-Varietäten (alle giftig)
Besonderheiten	Enthält giftige Ibotensäure (Muscimol), Muskarin und andere Gifte, die Leberschäden verursachen können. Dennoch zählt er zu den Vitalpilzen, u. a. gegen Nervenleiden.

Gelber Knollenblätterpilz

(Amanita citrina)

☠

Der Gelbe Knollenblätterpilz enthält geringe Mengen des Giftes Bufotenin, das Rauschzustände und Halluzinationen auslöst. Es zerfällt beim Kochen. Der Pilz ist also nur roh giftig. Wegen seines unangenehmen Geschmacks zählt er jedoch nicht zu den Speisepilzen. Der Varietät *alba* fehlen die typischen Gelbtöne. Sie ist elfenbeinweiß.

Der Gelbe Knollenblätterpilz kann schnell mit seinen tödlich giftigen Verwandten, dem **Grünen** (*Amanita phalloides*) oder dem **Weißen Knollenblätterpilz** (*Amanita phalloides var. alba*) verwechselt werden.

Synonyme	Gelber Wulstling, Zitronengelber Knollenblätterpilz, Amanita mappa
Familie	Wulstlingsverwandte (Amanitaceae)
Gattung	Wulstlinge (Amanita)
Hut	Ø 3-10 cm, beige, hellgelb, gelbgrün, klebrige Oberfläche, oft mit Flocken besetzt
Hutunterseite	Weiß, beige, nicht am Stiel angewachsene Lamellen
Stiel	Ø 1-2 cm, 5-14 cm hoch, weiß, gelblich, hohl, Ring, knollige Basis, abgesetzte Scheide
Fruchtkörper	Weiß, beige, fest
Geruch	Muffig, nach Kartoffelkeller
Geschmack	Unangenehm, nach Rettich
Standort	Laub- (Rotbuche, Eiche, Birke), Nadelwald (Fichte, Kiefer), sandige nährstoffarme Böden
Saison	Juni bis November
Verwendbarkeit	Schwach giftig (roh)
✖ **Verwechslung**	Grüner Knollenblätterpilz, Weißer Knollenblätterpilz (beide tödlich giftig), Champignon (essbar)
Besonderheiten	Enthält das Gift Bufotenin, das Halluzinationen verursacht und den Kreislauf anregt.

Grüner Knollenblätterpilz

(Amanita phalloides)

☠ ☠

Der Grüne Knollenblätterpilz zählt zu den giftigsten Pilzen überhaupt. Bereits eine kleine Kostprobe kann tödlich sein. Dabei setzt die Giftwirkung nicht sofort ein, sondern kann noch ein bis zwei Tage später Leberinsuffizienz und Organversagen verursachen. Sie sollten die Merkmale dieses Knollenblätterpilzes also genau kennen.

Wichtigstes Merkmal ist die Stielknolle. Diese steckt in einer deutlich ausgeprägten Scheide, die häufig im Boden verborgen ist. Die Lamellen sind weiß, ebenso der vergängliche Ring.

Auch bei diesem Knollenblätterpilz gibt es eine reinweiße *alba*-Varietät. Der ebenfalls weiße **Kegelhütige Knollenblätterpilz** (*Amanita virosa*) hat die gleichen Merkmale, jedoch einen auffallend wollig-faserigen Stiel, der dem Pilz ein zerbrechliches Aussehen verleiht. Dagegen ist der ebenfalls tödlich giftige **Frühlingsknollenblätterpilz** (*Amanita verna*) kleiner. Der Stiel ist nicht genattert und sein Geruch ist neutral.

Synonyme	Knolli, Schierlingspilz, Schierlingschampignon, Grüner Wulstling, Grüner Gift-Wulstling, Grüngelber Knollenblätterpilz, Death Cap
Familie	Wulstlingsverwandte (Amanitaceae)
Gattung	Wulstlinge (Amanita)
Hut	Ø 4-12 cm, grünlich, grüngelb, braungelb, grüngrau, weiß, Hutrand häufig heller, glatte glänzende Oberfläche, feucht schmierig, radialfaserig
Hutunterseite	Rein weiße, dicht stehende Lamellen, frei
Stiel	Ø 1-3 cm, 5-12 cm hoch, weiß, beige, grünlich, genattert, Knolle, ausgeprägte Volva, weißlicher Ring, massiv, später oft hohl
Fruchtkörper	Weiß, unter Huthaut gelbgrün, fest, faseriges Fleisch, nicht brüchig
Geruch	Angenehm, süßlich, später nach Aas
Geschmack	Mild, würzig, süßlich (bitte keine Geschmacksprobe durchführen, auch nicht mit kleinen Mengen)
Standort	Laubwald (Eiche, Buche, Kastanie), selten Nadelbaum, nährstoffreiche basische Böden
Saison	Juli bis Oktober
Verwendbarkeit	Tödlich giftig
✖ **Verwechslung**	Champignon, Frauentäubling (essbar), Frühlings- und andere Knollenblätterpilze (tödlich giftig)
Besonderheiten	Enthält hitzestabile Amatoxine und Phallotoxine

Pantherpilz

(Amanita pantherina)

☠ ☠

Dieser Symbiosepilz enthält die gleichen Gifte wie der Fliegenpilz (*Amanita muscaria*) und fällt mit seinem dunkelbraunen, weiß beflockten Hut auf. Weißer Stiel, Manschette und Knolle sind weitere wichtige Merkmale des Pantherpilzes. Über der scharf abgegrenzten Knolle ist ein ringähnliches Gebilde erkennbar, das als Gürtelzone, Kinder- oder Bergsteigersöckchen bezeichnet wird.

Der Pantherpilz wird leicht mit dem essbaren, kräftigeren **Perlpilz** (*Amanita rubescens*) verwechselt. Dieser hat jedoch einen dickeren Stiel mit oft rötlichen Farben, in denen auch der Hut und Fruchtfleisch erscheinen können. Auch der gegart essbare **Graue Wulstling** (*Amanita excelsa*) sieht ähnlich aus. Seine unter dem Hut platzierte Manschette zeigt jedoch deutliche Längsriefen und auf dem ungerieften Hut liegen die Schuppen flächig auf. Diesem Wulstling fehlen Gürtelzone über einer nicht abgesetzten Stielknolle sowie eine Scheide.

Synonyme	Pantherwulstling
Familie	Wulstlingsverwandte (Amanitaceae)
Gattung	Wulstlinge (Amanita)
Hut	Ø 3-12 cm, braun, ocker, weiße, leicht abwaschbare Velum-Flocken, glänzende Oberfläche, oft riefiger Rand, kugelig, später aufgeschirmt
Hutunterseite	Rein weiße, beige, dicht stehende Lamellen, abgerundet, frei
Stiel	Ø 1-3 cm, 5-12 cm hoch, weiß, später gelblich, schuppig, breiter Ring ohne Längsfurchen, Knolle mit Scheide, Gürtelzone darüber, faserig, später meist hohl
Fruchtkörper	Weißes, später gelbliches Fleisch, nicht gelb unter der Huthaut, weich
Geruch	Nach Rettich
Geschmack	Mild, nussig, süßlich (bitte keine Geschmacksprobe durchführen, auch nicht mit kleinen Mengen)
Standort	Mischwald, Sandböden
Saison	Juli bis November
Verwendbarkeit	Tödlich giftig
✖ **Verwechslung**	Perlpilz, Grauer Wulstling (essbar), Fliegenpilz, Gelber Knollenblätterpilz (alle giftig)
Besonderheiten	Enthält u. a. Ibotensäure (Muscimol)

Grauer Wulstling

(Amanita excelsa)

Der Graue Wulstling ist roh giftig und zählt nur gut gegart zu den Speisepilzen. Allerdings ist sein Speisewert eher gering.

Große Verwechslungsgefahr besteht mit dem tödlich giftigen **Pantherpilz** (*Amanita pantherina*). Jedoch hat der Graue Wulstling einen gerieften Ring und keine Kindersöckchen. Zudem sind seine flockigen Velumreste großflächiger auf dem graubraunen Hut. Der Hut des Pantherpilzes zeigt keine Grautöne. Ähnlich sieht ebenfalls der **Perlpilz** (*Amanita rubescens*) aus, dessen Fleisch bei Verletzung jedoch rot anläuft, was bereits bei Schneckenfraß gut erkennbar ist.

Synonyme	Eingesenkter Wulstling, Grauer Fliegenschwamm, Grauer Perlpilz, Schäler, Gedrungener Wulstling, Amanita spissa
Familie	Wulstlingsverwandte (Amanitaceae)
Gattung	Wulstlinge (Amanita)
Hut	Ø 3-18 cm, graubraun, weiße, graubraune, leicht abwaschbare Flocken, halbkugelig, später aufgeschirmt, Rand ohne Riefen
Hutunterseite	Weiße, dicht gedrängt stehende, am Stiel angewachsene Lamellen, weich
Stiel	Ø 1-4 cm, 8-12 cm hoch, weiß, später gräulich, unter dem breiten gerieften Ring bräunlich, Ringgürtel, abgesetzte Knolle, faserig
Fruchtkörper	Weißes, gräuliches Fleisch, läuft bei Verletzung braun an
Geruch	Nach Rettich, Kartoffeln, unangenehm muffig
Geschmack	Nach Rettich, bitter, herb
Standort	Mischwald (Buche, Eiche, Fichte, Tanne, Kiefer), saure Böden
Saison	Mai bis November
Verwendbarkeit	Gegart essbar, geringer Speisewert
Verwechslung	Pantherpilz, Fliegenpilz (beide giftig), Perlpilz (essbar), andere Wulstlinge

Perlpilz

(Amanita rubescens)

Der Perlpilz ist roh giftig, gegart aber essbar und gut an seinen rötlichbraunen Farbtönen erkennbar. Er wird jedoch recht häufig von Maden befallen. Weil sein Fleisch bei Verletzung rötlich anläuft, können Sie deren Fraßgänge gut ausmachen.

Durch seine Rottöne ist der Perlpilz gut von seinem tödlich giftigen Doppelgänger, dem **Pantherpilz** (*Amanita pantherina*), zu unterscheiden. Auch fehlt dem Perlpilz der Rettichgeruch und sein Stiel geht direkt in die wulstige Knolle über.

Der Perlpilz hat wie die meisten Wulstlinge weiße Punkte auf der Hutoberfläche, die recht leicht vom Regen abgewaschen werden und kein eindeutiges Erkennungsmerkmal darstellen.

Synonyme	Rötender Wulstling
Familie	Wulstlingsverwandte (Amanitaceae)
Gattung	Wulstlinge (Amanita)
Hut	Ø 4-15 cm, rotbraun, gelbbraun, gräulich, weißgraue Flocken, kugelig, später aufgeschirmt
Hutunterseite	Rein weiße, dicht stehende Lamellen
Stiel	Ø 1-3 cm, 8-18 cm hoch, weiß, braun, rötlich, riefiger Ring, unterm Ring schuppig, verdickte, nicht abgesetzte Knolle, mit Warzen besetzt, später hohl
Fruchtkörper	Weißes Fleisch, läuft bei Verletzung rot an, unter Huthaut rotbraun, zerbrechlich
Geruch	Neutral
Geschmack	Süßlich
Standort	Laub- (Buche, Eiche), Nadelwald (Fichte, Tanne, Kiefer), Park
Saison	Juni bis November
Verwendbarkeit	Gegart essbar, roh giftig, häufig von Maden befallen
Verwechslung	Pantherpilz, Fliegenpilz (beide giftig), Grauer Wulstling (gegart essbar)

Kaiserling

(Amanita caesarea)

Der wärmeliebende Kaiserling gilt als außergewöhnlich wohlschmeckender Speisepilz, darf in Deutschland jedoch nicht gesammelt werden. Sie erkennen ihn an seinem leuchtenden orangeroten Hut. Anders als der giftige **Fliegenpilz** (*Amanita muscaria*) hat der Kaiserling gelbe Lamellen und einen gelblichen Stiel.

Synonyme	Kaiserpilz, Orangegelber Wulstling
Familie	Wulstlingsverwandte (Amanitaceae)
Gattung	Wulstlinge (Amanita)
Hut	Ø 3-15 cm, orangerot, goldgelb, gelblich geriefter Rand, feucht schmierig, weiße Velumreste
Hutunterseite	Gelbe Lamellen
Stiel	Ø 2-3 cm, 8-15 cm hoch, gelb, Knolle, weiße Volva, gelber Ring, flockige Oberfläche
Fruchtkörper	Weiße Fleisch, unter Huthaut gelblich bis gelbrot
Geruch	Angenehm
Geschmack	Mild, nussig
Standort	Laub- (Buche, Eiche, Kastanie), Nadelwald (Kiefer),
Saison	Juni bis Oktober
Verwendbarkeit	Hervorragender Speisepilz, in Deutschland geschützt
✖ **Verwechslung**	Fliegenpilz, Knollenblätterpilz (alle giftig)

2.7.3 Lamellenpilze: Die Ordnung der Dickröhrlingsartigen (Boletales)

Schmierlinge und einige andere der hier vorgestellten Lamellenpilze, wie Samtfuß-, Kahler Kremling oder der Falsche Pfifferling, gehören zur Ordnung der Dickröhrlingsartigen (*Boletales*). Das mag etwas verwirrend sein, doch die mikrobiologischen Merkmale rechtfertigen jeweils diese Einteilung.

Alle fünf in Europa vorkommenden **Schmierlinge** sind essbar, auch wenn ihr Schleim für viele erst mal eklig ist. Dieser kann recht einfach mit der Huthaut entfernt werden. Das **Kuhmaul** (*Gomphidius glutinosus*) ist einer der bekannten Vertreter dieser Gattung.

Neben den hier kurz skizzierten Lamellenpilzarten und Gattungen gibt es weitere, die Sie der jeweiligen Pilzbeschreibung entnehmen können. Eine detaillierte Erläuterung würde den Rahmen dieses Buches sprengen.

Rosa Schmierling *(Gomphidius roseus)*

Kuhmaul *(Gomphidius glutinosus)*

Falscher Pfifferling *(Hygrophoropsis aurantiaca)*

Samtfußkrempling

(Tapinella atrotomentosa)

Zur Gattung der Holzkremplinge (*Tapinella*) gehören weltweit nur vier Arten. Eine davon ist der Samtfußkrempling. Sein Stiel ist auffallend dunkelbraun samtig und hebt sich deutlich von den hellen, herablaufenden Lamellen ab. Auch seine Hutoberfläche erinnert in Farbe und Textur an Wildleder. Der Samtfußkrempling ist ein Saprobiont, der sich von totem Nadelholz ernährt.

Obwohl es sich um einen Lamellenpilz handelt, gehört die Gattung der Holzkremplinge zur Familie der Dickröhrlingsverwandten (*Boletales*). Er schmeckt zwar nicht, enthält jedoch zahlreiche Vitamine und Nährstoffe, so dass er mit entsprechender Zubereitung in schlechten Zeiten essbar ist. Man nennt ihn daher auch Kriegs- oder Wurstsalatpilz.

Synonyme	Samtfuß-Holzkrempling, Wurstsalatpilz, Kriegspilz
Familie	Holzkremplingsverwandte (Tapinellaceae)
Gattung	Holzkremplinge (Tapinella)
Hut	Ø 4-20 cm, dunkelbraun, wellig muschelförmig gelappt, samtige Oberfläche, eingerollter Rand, später rissig glatt
Hutunterseite	Weiß, beige, gelb, gegabelte, am Stiel herablaufende, schmale, engstehende Lamellen, bei Druck braun anlaufend
Stiel	Ø 2-4 cm, 4-8 cm hoch, dunkelbraun, schwarz, samtige Oberfläche, meist seitlich unterm Hut
Fruchtkörper	Weißes, gelbliches, bräunlich, dickes Fleisch, fest, zäh
Geruch	Neutral, säuerlich
Geschmack	Säuerlich, bitter
Standort	Auf toten Nadelholzstümpfen
Saison	August bis Oktober
Verwendbarkeit	Wegen des unangenehmen Geschmacks ungenießbar, gut gegart gelten junge Exemplare als essbar mit geringem Speisewert
Verwechslung	Kahler Krempling (giftig)
Besonderheiten	Enthält blauviolette Farbstoffe, die zum Färben von Textilien verwendet werden.

Kahler Krempling

(Paxillus involutus)

☠ ☠

Der Kahle Krempling zählte früher zu den Speisepilzen, bis man feststellte, dass er besonders tückische Antigene enthält, die sich im Körper mit jeder Mahlzeit anreichern. Ist eine bestimmte Menge erreicht, treten ernsthafte allergische Reaktionen auf, bei denen rote Blutkörperchen zerstört werden und Nierenversagen eine Folge ist. Dieses sogenannte **Paxillus-Syndrom** kann zum Tod führen. Der rohe Genuss kann zudem zu ernsten Magen-Darm-Problemen führen.

Auch dieser Lamellenpilz gehört zur Ordnung der Dickröhrlingsartigen (*Boletales*). Er lebt in Symbiose mit dem Wurzelwerk verschiedener Laub- und Nadelbäume und ist gut an braun anlaufenden Druckstellen erkennbar.

Synonyme	Verkahlender Krempling, Empfindlicher Krempling
Familie	Kremplingsverwandte (Paxillaceae)
Gattung	Echte Kremplinge (Paxillus)
Hut	Ø 4-10 cm, braun, gelbbraun, Mitte zuerst buckelig, später vertieft, eingerollter filziger Rand, später aufgeschirmt, glatt glänzend, bei Feuchtigkeit schmierig
Hutunterseite	Braun, gelbbraun, später olivbraun, am Stiel herablaufende, eng stehende Lamellen, verfärben sich bei Druck braun, leicht vom Hutfleisch ablösbar
Stiel	Ø 1-3 cm, 3-8 cm hoch, beige, braungrau, gelbbraun, rotbraun, meist gebogen, verfärbt sich bei Druck braun
Fruchtkörper	Hellbraunes dickes Fleisch, läuft bei Verletzung braun an
Geruch	Säuerlich, süßlich
Geschmack	Säuerlich, mild
Standort	Laub- (Birke, Buche), Nadelbaum (Fichte, Kiefer), Park, Wegrand, Moor
Saison	Juni bis November
Verwendbarkeit	Giftig! Durch Erhitzen werden Pilzgifte zerstört. Verbleibende Allergene bleiben weiterhin wirksam und können das Paxillus-Syndrom auslösen, gilt daher als giftig.
Verwechslung	Samtfußkrempling (essbar)
Besonderheiten	Allergische Reaktionen durch das Paxillus-Syndrom möglich.

Kuhmaul

(Gomphidius glutinosus)

Den Großen Gelbfuß kennen viele nur unter dem Namen „Kuhmaul“, den er wegen seiner extrem schleimigen Hutüberfläche bekommen hat. Damit diese Schmierlinge nicht miteinander verkleben, sollten Sie die leicht zu lösende Huthaut bereits beim Sammeln komplett abziehen. Diese könnte zudem andere gesammelte Pilze dunkel verfärben, was nicht besonders appetitlich aussieht. Der Geschmack leidet darunter nicht. Gelbfuß heißt er wegen seiner im Inneren gelben Stielbasis. Der Große Gelbfuß ist ein recht guter und häufig vorkommender Speisepilz aus der Ordnung der Dickröhrlingsartigen (*Boletales*). Er benötigt feuchte Witterung und ist ab Juli in Nadelwäldern zu finden.

Synonyme	Großer Schmierling, Großer Gelbfuß, Gelbfuß, Großer Keilpilz, Schleimpilz, Rotzer, Rotznase
Familie	Schmierlingsverwandte (Gomphidiaceae)
Gattung	Schmierlinge (Gomphidius)
Hut	Ø 3-12 cm, violett, graubraun, dunkelbraun, kugelig gewölbt, später flach mit trichterartiger Vertiefung, glatte, stark schleimige Oberfläche
Hutunterseite	Weiße, graue, später dunkle violettgraue, entfernt stehende, am Stiel weit herablaufende, gegabelte Lamellen, werden nach Druck dunkler, zunächst mit Schleim überzogen
Stiel	Ø 1-3 cm, 4-12 cm hoch, weiß, leuchtend gelbe Basis, über Ringzone trocken, darunter schleimig
Fruchtkörper	Weißes, in Stielbasis leuchtend gelbes Fleisch, unter Huthaut braun, massig, dick, weich, verfärbt sich nicht
Geruch	Neutral
Geschmack	Mild
Standort	Nadelwald (Fichte, Kiefer, Tanne), saurer Boden
Saison	Juli bis November
Verwendbarkeit	Guter Speisepilz
Verwechslung	Rosenroter Schmierling, Fleckender Lärchen-Schmierling andere Schmierlinge (alle essbar)

Rosa Schmierling

(Gomphidius roseus)

Der essbare **Rosenrote Schmierling** ist gut an seinem roten Hut erkennbar. Er ist ein Parasit, der auf dem Myzel des **Kuhröhrlings** (*Suillus bovinus*) wächst. Seine Hutoberfläche ist lediglich etwas schmierig, aber nicht so schleimig wie die des **Kuhmauls** (*Gomphidius glutinosus*).

Verwechslungsgefahr besteht mit anderen rothütigen Pilzen, wie etwa dem giftigen **Rosa Saftling** (*Porpolomopsis calyptriformis*), dessen Hut jedoch eine ausgeprägte Kegelform hat. Zudem fehlt diesem Lamellenpilz die Ringzone. Ein Geruch nach Rettich identifiziert den giftigen **Rosa Rettichhelmling** (*Mycena rosea*). Sein hygrophaner, leicht buckeliger Hut ist meist heller. Fehlende Ringzone und filzige, nicht schmierige Oberfläche sind weitere Merkmale dieses Helmlings. Den extrem scharf schmeckenden **Birkenspeitäubling** (*Russula Betularum*) finden Sie unter Birken. Er hat beige Lamellen und einen ringlosen, brüchigen Stiel. Den essbaren **Rosenroten Schönkopf** (*Rugosomyces persicolor*) erkennen Sie an den blasseren Rosatönen, in denen auch die Stieloberfläche erscheint.

Synonyme	Rosenroter Gelbfuß, Rosenroter Schmierling
Familie	Schmierlingsverwandte (Gomphidiaceae)
Gattung	Schmierlinge (Gomphidius)
Hut	Ø 2-8 cm, rosa, rot, kugelig, später trichterförmig aufgeschirmt, filzig, schmierige Oberfläche
Hutunterseite	Weiße, später graue, entfernt stehende, am Stiel herablaufende Lamellen
Stiel	Ø 1-3 cm, 4-12 cm hoch, weiß, spitze Basis, flauschig verdickte Ringzone, schmierige Oberfläche
Fruchtkörper	Weißes, im Stiel gelb-rötliches Fleisch
Geruch	Neutral
Geschmack	Neutral, mild
Standort	Kiefernwald, zwischen Heidekraut, bei Kuhröhrlingen, saurer saure Böden, Sandböden
Saison	Juli bis November
Verwendbarkeit	Essbar
Verwechslung	Rosa Saftling, Rosa Rettichhelmling, Birkenspeitäubling (alle giftig), Rosenroten Schönkopf (essbar)

Falscher Pfifferling

(Hygrophoropsis aurantiaca)

Der Falsche Pfifferling ist der klassische Doppelgänger des **Echten Pfifferlings** (*Cantharellus cibarius*), einem Leistenpilz. Der symmetrisch aufgebaute Falsche Pfifferling hat jedoch leicht vom Hutfleisch ablösbare Lamellen, eine deutlich intensivere orangerote Farbe und ist elastisch biegsam. Er zählt zur Ordnung der Dickröhrlingsartigen (Boletales).

Der Falsche Pfifferling kann noch mit weiteren ähnlich aussehenden Lamellenpilzen verwechselt werden: Den giftigen, bräunlichen **Ölbaumpilz** (*Omphalotus olearius*) finden Sie eher in wärmeren Gegenden. Er wächst an Laubbäumen und leuchtet bei Dunkelheit (Biolumineszenz). Den giftigen **Braunen Afterleistling** (*Hygrophoropsis rufa*) finden Sie dagegen auch in Laubwäldern kälterer Regionen. Sein deutlich dickerer Stiel ist jedoch schuppig und meist hohl. Der aromatisch duftende **Rosa Afterleistling** (*Aphroditeola olida*), mit seinem meist in Rot- und Brauntönen erscheinenden Hut, sollte ebenfalls nicht in großen Mengen gegessen werden.

Der essbare **Ockerbraun Trichterling** (*Infundibulicybe gibba*) hat auffallend weiße Lamellen und im Alter meist einen hohlen Stiel. Auch der essbare **Fuchsige Röteltrichterling** (*Paralepista flaccida*) hat eine gewisse Ähnlichkeit, jedoch einen deutlich braunen Hut, riecht muffig herb, leicht säuerlich.

Synonyme	Gabelblättling, Orangebrauner, Gemeiner Afterleistling
Familie	Afterleistlingsverwandte (Hygrophoropsidaceae)
Gattung	Afterleistlinge (Hygrophoropsis)
Hut	Ø 2-8 cm, orangerot, gelb, samtig trockene Oberfläche, oft eingerollter Rand
Hutunterseite	Orange, gelb, stark gegabelte, eng stehende, am Stiel herablaufende Lamellen, leicht vom Hutfleisch entfernbar
Stiel	Ø 0,5-1 cm, 2-7 cm hoch, orangerot, gelb, konisch zulaufende Basis
Fruchtkörper	Gelb-, orangefarbenes, weißliches Fleisch, weich, zäh, elastisch
Geruch	Neutral, säuerlich
Geschmack	Neutral
Standort	Nadelwald, Totholz, Heidekraut / Erika, nährstoffarmer saurer Boden, selten Laubwald
Saison	August bis November
Verwendbarkeit	Essbar, mit geringem kulinarischem Wert, wird in Mischpilzgerichten verwendet, schwer verdaulich
Verwechslung	Pfifferling, Ockerbrauner Trichterling, Fuchsiger Röteltrichterling (alle essbar), Ölbaumpilz, Brauner Afterleistling, Rosa Afterleistling (alle giftig)

2.7.4 Lamellenpilze: Täublinge und Milchlinge (Russulales)

Milchlinge (*Lactarius, Lactifluus*), auch Milchkappen genannt, sondern bei Verletzung eine Flüssigkeit ab. Diese Milch ist bei wertvollen Arten orange bis weinrot, wie etwa bei den schmackhaften Reizkern. Reizker sind bestens zum Braten geeignet. In der chinesischen und japanischen Medizin werden ihnen Vitalkräfte zugeschrieben. Dagegen sollten Sie Milchlinge mit weißer oder gelblicher Milch meiden. Diese ist in der Regel brennend scharf, was den Pilz ungenießbar macht. Die meisten Milchlinge sind roh giftig.

Fichtenreizker
(Lactarius deterrimus)

Zur Gattung der **Täublinge** (*Russula*) gehören etwa 750 Pilzarten. Anders als die verwandten Milchlinge sondern sie keine Flüssigkeit ab. Ihre leuchtend bunte Hutfarbe fällt meist schon von Weitem auf. Dagegen erscheint der ringlose Stiel meist unspektakulär in weiß oder beige, ebenso das Fruchtfleisch. Dieses ist spröde und brüchig, genau wie die Lamellen, die bei Berührung leicht abbrechen. Man nennt sie daher auch Sprödblättler. Täublinge haben keine Stielknolle. In Europa leben alle Täublinge in Symbiose mit Bäumen bzw. Pflanzen und sind von großer ökologischer Bedeutung. Gefährliche Giftpilze gibt es unter den Täublingen nicht, allerdings einige bittere und brennend scharf schmeckende Arten. Auch sind individuelle Unverträglichkeiten und Magen-Darmstörungen möglich.

Wolliger Milchling
(Lactifluus vellereus)

Die hier beschriebene Ordnung der **Täublingsartigen** (*Russulales*) umfasst noch weitere Familien, die jedoch nicht die täubling-typischen Erscheinungsmerkmale aufweisen. In diesem Buch stellen wir Ihnen Vertreter der **Schafporlingsverwandten** (*Albatrellaceae*) und der **Stachelbartverwandten** (*Hericiaceae*) vor. Da in diesem Buch die Pilze nach ihrem mit bloßem Auge sichtbaren Erscheinungsbild sortiert sind, und Schafporlingsverwandte eher an Röhrenpilze erinnern, finden Sie diese am Ende des Kapitels Röhrlinge (*Boletales*) (Seite 43). Dagegen erinnern einige Stachelbartverwandten an Korallen, von denen Kapitel Korallen und Schweinsohren (*Gomphales*) einige vorstellt (ab Seite 153).

Apfel-Täubling
(Russula paludosa)

Birkenmilchling

(Lactarius torminosus)

Dieser Mykorrhizapilz wächst ausschließlich unter Birken. Bei Verletzung sondert er eine stechend scharfe weiße Milch ab, die den Pilz ungenießbar macht. In einigen osteuropäischen Ländern gilt er nach entsprechender Behandlung dennoch als Speisepilz. Dabei wird der Milchling in Wasser zuerst eingeweicht und anschließend in frischem Wasser ausgekocht.

Viele kennen den Birkenmilchling unter seinem alten Namen „Birkenreizker". Strenggenommen handelt es sich aber nicht um einen Reizker, da diese nur rote Milch absondern.

Der ähnlich aussehende, ebenfalls eine weiße Milch absondernde, ungenießbare **Eichenmilchling** (*Lactarius mairei*) wächst unter Eichen. Dagegen finden Sie den giftigen **Blassen Birkenmilchling** (*Lactarius Pubescens*) am gleichen Standort. Sein Hut ist heller und flaumiger behaart. Die Milch des ebenfalls ungenießbaren, nach Zitrone riechenden **Fransenmilchlings** (*Lactarius citriolens*) ist beige bis hellgelb.

Synonyme	Birkenreizker, Zottiger Reizker
Familie	Täublingsverwandte (Russulaceae)
Gattung	Milchlinge (Lactarius)
Hut	Ø 4-12 cm, rosa, dunkle und helle ringförmige Zonen, filzige Oberfläche, eingerollter filzig-zottiger Rand, später trichterförmig aufgeschirmt, bei Feuchtigkeit schmierig
Hutunterseite	Weiß, beige, lachsfarben, eng stehende, nahe Stiel gegabelte, angewachsene Lamellen
Stiel	Ø 1-2 cm, 2-8 cm hoch, rosa, gelbbraun, oft fleckig, später hohl
Fruchtkörper	Weißes, rötliches Fleisch, fest, brüchig
Milch	Weiß
Geruch	Nach Obst, fruchtig, unangenehm
Geschmack	Brennend scharf
Standort	Unter Birken
Saison	August bis Oktober
Verwendbarkeit	Roh giftig, ungenießbar, nur nach entsprechender Behandlung essbar
Verwechslung	Fichtenreizker, Kiefernblutreizker (alle essbar), Flaumiger Birkenmilchling, Fransenmilchling (alle giftig), Eichenmilchling (ungenießbar)
Besonderheiten	Enthält Terpene, die zu Magen-Darm-Problemen führen können.

Eichenmilchling

(Lactarius quietus)

Dieser häufig vorkommende Milchling lebt in Symbiose mit Eichen. Neben dem Standort ist seine braun bis rotbraune Hutfarbe ein gutes Erkennungsmerkmal. Bei Verletzung sondert er eine helle, an Sahne erinnernde Milch zunächst in großen Mengen ab. Der unangenehme Geruch des Eichenmilchlings wird häufig mit dem von Blattwanzen verglichen.

Ebenfalls unter Eichen wächst der übel riechende, jedoch ebenfalls essbare **Wässrige Milchling** (*Lactarius serifluus*), dessen Hut jedoch deutlich kleiner ist. Sein Fruchtfleisch ist nicht weiß, sondern gelbbraun.

Im Nadelwald, aber auch unter Birken und Buchen finden Sie den ähnlich aussehenden, **Rotbraunen Milchling** (*Lactarius rufus*). Sein Hutrand ist oft heller. Auch dieser Pilz ist bedingt essbar. Unter Buchen finden Sie den essbaren **Süßlichen Buchenmilchling** (*Lactarius subdulcis*), der jedoch ebenfalls nur für Mischpilzgerichte geeignet erscheint. Dagegen wird der in Mischwäldern zu findende **Kampfermilchling** (*Lactarius camphoratus*) von einigen als aromatischer Würzpilz gelobt. Sein Kampfergeruch erinnert auch an Eukalyptus, Zimt oder Maggikraut.

Synonyme	Orangefuchsiger Eichenmilchling, Eichenreizker, Braunzottiger Milchling, Borstiger Milchling
Familie	Täublingsverwandte (Russulaceae)
Gattung	Milchlinge (Lactarius)
Hut	Ø 3-11 cm, braun, rotbraun, dunkle Flecken, bereift, konzentrisch helle Kreiszonen, eingerollter Rand, gewölbt, später aufgeschirmt, mittig vertieft, feucht schmierig, glänzend glatte Oberfläche
Hutunterseite	Weiß, beige, später rotbraun, dicht stehende, am Stiel gegabelte, angewachsene Lamellen, Zwischenlamellen
Stiel	Ø 0,5-1 cm, 3-6 cm hoch, braun, rotbraun, dunkler zur Basis hin, später meist hohl
Fruchtkörper	Weiß, im Stiel oft rotbraunes Fleisch, fest, läuft unter Druck bräunlich an
Milch	Beige, gelblich, getrocknet grünlich
Geruch	Herb, süßlich, wie Blattwanzen, unangenehm
Geschmack	Mild, herb, bitter, scharf
Standort	Unter Eichen, häufiges Vorkommen
Saison	Juli bis November
Verwendbarkeit	Essbar (in Pilzmischgerichten), wegen bitterem Geschmack für viele jedoch ungenießbar
Verwechslung	Wässriger Milchling, Rotbrauner Milchling, Süßlicher Buchenmilchling, Kampfermilchling (essbar, empfinden viele jedoch als ungenießbar)

Fichtenreizker

(Lactarius deterrimus)

Der Fichtenreizker ist eine der häufigsten Pilzarten, die ausschließlich unter Fichten wächst. Seine blassen Orangetöne und die schmutzig grünen Verfärbungen verleihen ihm ein markantes Aussehen. Sammeln Sie nur junge Exemplare. Ältere sind meist sehr stark von Maden befallen.

Verwechslungsgefahr besteht insbesondere mit dem **Kiefernblutreizker** (*Lactarius deliciosus*), der jedoch ausschließlich unter Kiefern wächst. Der Fichtenreizker ist dagegen farbloser und weniger kontrastreich auf Hut und Stiel gezeichnet. Auch eine Verwechslung mit dem **Spangrünen Kiefernreizker** (*Lactarius semisanguifluus*) ist denkbar, aber unkritisch.

Synonyme	Nadelwaldreizker, Blut-Reizker
Familie	Täublingsverwandte (Russulaceae)
Gattung	Milchlinge (Lactarius)
Hut	Ø 4-12 cm, orange, später verblasst, grüne Flecken, konzentrische Kreise, eingerollter, meist weißer Rand, später trichterförmig aufgeschirmt, feucht schmierig, glänzende Oberfläche
Hutunterseite	Orangerot, dicht stehende, am Stiel gegabelte, angewachsene Lamellen, Zwischenlamellen, verfärben sich bei Verletzung schmutzig rot bis graugrün
Stiel	Ø 1-3 cm, 3-10 cm hoch, orange, weißlich, kaum fleckig, hohl, meist verdickte Basis, weiße Zone am Lamellenansatz
Fruchtkörper	Orangerot, im Stiel weißliches Fleisch, brüchig, läuft bei Berührung grünlich an
Milch	Orangerot, nach ca. 15 Minuten dunkelrot, nach Stunden grün
Geruch	Herb, nach Obst
Geschmack	Mild, herb, bitter
Standort	Unter Fichten, häufiges Vorkommen
Saison	Juni bis November
Verwendbarkeit	Essbar, kann Unverträglichkeit hervorrufen
Verwechslung	Kiefernblutreizker (essbar), andere Reizker mit orangeroter Milch (essbar)
Besonderheiten	Ältere Exemplare sind häufig stark von Maden befallen. Bei übermäßigem Konsum verfärbt sich der Urin rot, was keine gesundheitlichen Auswirkungen hat.

Kiefernblut-reizker

(Lactarius deliciosus)

Der eher seltene Kiefernblutreizker gilt als der wohlschmeckendste unter den Reizkern. Auffallend sind seine orangeroten Farbtöne, der ebenfalls orangerote Milchsaft, das gezonte Hutmuster sowie sein fleckig hohler Stiel.

Verwechslungsgefahr besteht mit dem essbaren **Spangrünen Kiefern-Reizker** (*Lactarius semisanguifluus*), dessen Hut meist grünlich erscheint. Seine orangerote Milch verfärbt sich nach etwa 15 Minuten weinrot und ist nach Stunden grünlich. Ähnlich verhält es sich mit dem **Wechselblauen Edel-Reizker** (*Lactarius quieticolor*), dessen blasser Hut eher gräulich und später deutlich bläulich erscheint. Auch der **Weinrote Kiefern-Reizker** (*Lactarius sanguifluus*) ist rasch über seine Tönung bestimmt.

Synonyme	Edelreizker, Echter Reizker, Blut-Reizker, Rötling
Familie	Täublingsverwandte (Russulaceae)
Gattung	Milchlinge (Lactarius)
Hut	Ø 4-12 cm, orangerot, ocker, weiß bereifte Oberfläche, konzentrisches Fleckenmuster, eingerollter, meist welliger Rand, später trichterförmig aufgeschirmt, feucht schmierig, glänzende Oberfläche
Hutunterseite	Orangerot, dicht stehende, am Stiel gegabelte, angewachsene Lamellen, Zwischenlamellen, verfärben sich bei Verletzung schmutzig blass grün
Stiel	Ø 1-2 cm, 3-6 cm hoch, orange, weißlich, fleckig, innen wattig, später hohl
Fruchtkörper	Orangerot, fest, brüchig, läuft bei Verletzung grünlich an
Milch	Orangerot, nach einiger Zeit verblassend
Geruch	Herb, nach Obst, süßlich
Geschmack	Mild
Standort	Unter Kiefern, Nadelbäumen
Saison	August bis November
Verwendbarkeit	Essbar, kann Unverträglichkeit hervorrufen
Verwechslung	Fichtenreizker (essbar), andere Reizker mit orangeroter Milch (alle essbar)
Besonderheiten	Ältere Exemplare sind häufig stark von Maden befallen. Bei übermäßigem Konsum verfärbt sich der Urin rot, was keine gesundheitlichen Auswirkungen hat.

Brätling

(Lactifluus volemus)

Anders als die bisher vorgestellten Milchlinge hat der Brätling keinen zonierten, schmierigen Fruchtkörper. Damit gehört dieser Milchling in die zweite Gattung *Lactifluus*. Kenner bezeichnen ihn als einen der besten Speisepilze.

Wie der Name vermuten lässt, eignet sich dieser Symbiosepilz sehr gut zum Braten, wo er sein volles Aroma entfaltet. Damit keine Pilzmilch beim Ernten verloren geht, drehen fachkundige Sammler den Pilz lediglich aus der Erde und schneiden ihn nicht.

Wegen seines fischigen Geruchs ist der Brätling kaum mit anderen Pilzen zu verwechseln.

Synonyme	Milch-, Goldbrätling, Birnen-, Brot-Milchling, Milchpilz, Erdgürtel, Halbblutreizker
Familie	Täublingsverwandte (Russulaceae)
Gattung	Milchlingen (Lactifluus)
Hut	Ø 5-15 cm, orange, rotbraun, gelb, mittig vertieft mit rotbraunen Flecken, leicht eingerollter Rand, samtige, später rissige Oberfläche
Hutunterseite	Gelb, beige, gelbbraun, gedrängt stehende, Lamellen, leicht an Stiel herablaufend, Zwischenlamellen, braunrote Flecken bei Druck
Stiel	Ø 2-4 cm, 5-10 cm hoch, orange, rot-, fuchsbraun, gelb, heller als Hut, schmale Basis, dunkelbraune Flecken bei Druck, leicht gepuderte Oberfläche
Fruchtkörper	Weiß, fest, sondert bei Verletzung / Bruch eine weiße Milch ab, läuft bei Verletzung bräunlich an
Milch	Weiß, wird rasch braun
Geruch	Nach Fisch
Geschmack	Mild, angenehm, Milch schmeckt mild bis leicht bitter
Standort	Laubwald, Mischwald, manchmal Nadelwald,
Saison	Juli bis Oktober
Verwendbarkeit	Ausgezeichneter Speisepilz, junge Exemplare sind roh essbar (Achtung Fuchsbandwurm!)
Verwechslung	Eichenmilchling (essbar)
Besonderheiten	Ist geschützt, darf in geringen Mengen gesammelt werden.

Wolliger Milchling

(Lactifluus vellereus)

Dieser häufig in Gruppen anzutreffende, wärmeliebende Riesenpilz entwickelt seinen Hut bereits im Erdboden und schiebt sich regelrecht nach oben. Er wird deshalb auch Erdschieber genannt und auf seinem massigen, trichterförmigen Hut kleben oft Erdkrümel, Blätter oder Nadeln. Er wächst gerne gesellig in Gruppen. Junge Exemplare sondern bei Verletzung deutlich mehr weiße, eher mild schmeckende Milch ab als ältere. Dagegen schmeckt der Fruchtkörper brennend scharf, so dass der Wollige Milchling nur nach entsprechender Vorbehandlung als genießbar bezeichnet werden kann. Auch durch scharfes Anbraten soll sein scharfer Geschmack gemindert werden.

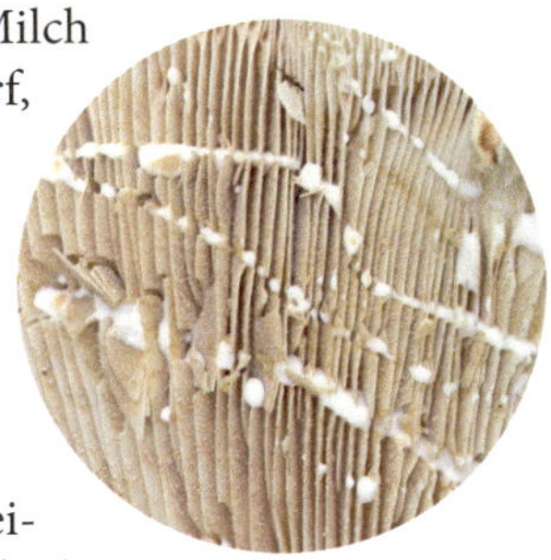

Deutlich langstieliger ist der ebenfalls bedingt essbare und sehr scharf schmeckende **Pfeffermilchling** (*Lactarius piperatus*). Ihm fehlt der wollige Flaum auf Hut und Stiel. Seine Lamellen sind deutlich feiner und engstehender als die des Wolligen Milchlings. Ein weiterer Erdschieber ist der **Blaublättrige Weißtäubling** (*Russula delica*), der jedoch keine Milch abgibt.

Die Milch des seltenen, aber sehr ähnlich aussehenden **Scharfen Wollmilchlings** (*Lactifluus bertillonii*) ist deutlich schärfer, weshalb er ungenießbar ist. Sie erkennen ihn gut an dem fischig-stinkenden Geruch.

Synonyme	Samtiger Milchling, Erdschieber, Wollschwamm
Familie	Täublingsverwandte (Russulaceae)
Gattung	Milchlingen (Lactifluus)
Hut	Ø 6-20 cm, weiß, beige, hellgelb, oft bräunlich Flecken, eingerollter Rand, später trichterförmig aufgeschirmt, filzig-wollige Oberfläche, am Rand dichter
Hutunterseite	Weiß, später gelb-, rötlich, dicht, später entfernt stehende, gegabelte Lamellen, leicht an Stiel herablaufend
Stiel	Ø 2-5 cm, 2-6 cm hoch, weiß, beige, braun-gelbe Flecken, wollige Härchen, später glatt
Fruchtkörper	Weiß, zerbrechlich, fest, zäh, sondert bei Verletzung / Bruch eine weiße Milch ab
Milch	Weiß, eingetrocknet gelbbraun
Geruch	Angenehm, später nach Fisch
Geschmack	Brennend scharf, Milch schmeckt eher mild bis bitter
Standort	Laub- (Buche), Nadelwald (Fichte), basische Böden
Saison	Juli bis November
Verwendbarkeit	Ungenießbar, wegen seiner brennenden Schärfe, essbar nach scharfem Anbraten oder wenn mehrere Tage in Salz eingelegt, Magen-Darm-Probleme möglich
Verwechslung	Langstieliger Pfeffermilchling, Blaublättriger Weißtäubling (bedingt essbar), Scharfer Wollmilchling (ungenießbar)
Besonderheiten	Zählt in Osteuropa meist zu den Speisepilzen.

Apfel-Täubling

(Russula paludosa)

Dieser Mykorrhiza-Pilz ist einer der größten Täublinge Europas. Sein auffallend roter, leicht glänzender Hut erinnert an rote Äpfel.

Das Fleisch des ebenfalls schmackhaften **Orangeroten Graustiel-Täubling** (*Russula decolorans*) verfärbt sich bei Verletzung rot und wird später grau. Ähnlich verhält sich der essbare **Weinrote Graustiel-Täubling** (*Russula obscura*), dessen Stiel sich sogar schwarz verfärben kann. Seine Lamellen sind von Anfang an hellgelb. Den essbaren **Roten Heringstäubling** (*Russula xerampelina*) erkennen Sie an seinem fischigen Geruch.

Dagegen sollten Sie den Apfel-Täubling nicht mit dem ungenießbaren roten **Kiefern-Speitäubling** (*Russula silvestris*) verwechseln, dessen Huthaut deutlich stärker glänzt. Eine vorsichtige Geschmacksprobe mit der Zunge identifiziert diesen brennend scharf schmeckenden Pilz schnell. In größeren Mengen ist dieser Pilz leicht giftig.

Auch beim süßlich riechenden **Flammenstiel-Täubling** (*Russula rhodopus*) mit seiner glänzenden Oberfläche und dem rot geflammten Stiel liefert eine Geschmacksprobe Gewissheit. Wie auch der **Blutrot-Täubling** (*Russula sanguinaria*), dessen Stiel meist rosa ist, ist er wegen seiner Bitterkeit ungenießbar.

Familie	Täublingsverwandte (Russulaceae)
Gattung	Täublinge (Russula)
Hut	Ø 5-15 cm, rot, später gelblich, hellorange, mittig oft dunkler, kugelig, später trichterförmig aufgeschirmt, feucht schmierig, glänzend glatte, unebene Oberfläche, Rand später etwas riefig
Hutunterseite	Weiß, später beige, gelb, dünne, dicht stehende, ausgebuchtete, am Stiel angewachsene Lamellen, Zwischenlamellen
Stiel	Ø 1-3 cm, 3-10 cm hoch, weiß, rote Tönung, später von unten her grau, später hohl, weich
Fruchtkörper	Weiß, später bräunlich, grau, unter Huthaut rötliches Fleisch, spröde, fest
Geruch	Neutral, pilzig, getrocknet nach Apfel
Geschmack	Mild, bitter, süßlich
Standort	Nadelwald (Fichte, Kiefer, Tanne), nährstoffarme, feucht-saure Böden, Sandböden
Saison	Juni bis Oktober
Verwendbarkeit	Guter Speisepilz
Verwechslung	Andere Graustiel-Täublinge (alle essbar), Kiefern-Speitäubling (giftig, ungenießbar), Flammenstiel-Täubling, Blutrot-Täubling (beide ungenießbar)

Frauentäubling

(Russula cyanoxantha)

Dieser Symbiosepilz ist einer der besten Täublinge. Seine Hutfarbe variiert zwischen violett grau und grün, wobei der Rand meist violette und die Hutmitte oft grüne Farbtöne zeigt. Anders als bei den Täublingen üblich, brechen seine weißen Lamellen nicht, wenn Sie mit dem Finger darüberfahren.

Tödliche Verwechslungsgefahr besteht mit dem **Grünen Knollenblätterpilz** (*Amanita phalloides*) mit ähnlicher Hutfarbe. Dieser hat eine Volva und einen Ring an einem häufig grünlich getönten Stiel.

Ähnlichkeit besteht auch mit dem ungenießbaren **Wechselfarbigen Speitäubling** (*Russula fragilis*). Berühren Sie mit der Zungenspitze vorsichtig die Schnittstelle, schmeck diese extrem scharf.

Synonyme	Violettgrüner Frauentäubling, Blautäubling, Blauling, Grüntäubling, Colombina, Charcoal Burner
Familie	Täublingsverwandte (Russulaceae)
Gattung	Täublinge (Russula)
Hut	Ø 5-15 cm, violett, grau, blaugrün, Rand oft lila, Mitte oft grünlich vertieft, kugelig, später aufgeschirmt, matte Oberfläche, feucht schmierig glänzend, Rand später etwas riefig, radial faserig (Huthaut kann max. bis zur Hälfte abgezogen werden)
Hutunterseite	Weiß, dicht stehende, gerade am Stiel angewachsene, dünne, biegsame, oft gegabelte Lamellen, fühlen sich fettig an
Stiel	Ø 1-4 cm, 5-15 cm hoch, weiß, manchmal mit rot-violetter Tönung, fest, spitze Basis, ohne Ring, keine Knolle
Fruchtkörper	Weißes, unter Huthaut violettes Fleisch, dick, fest, brüchig
Geruch	Neutral
Geschmack	Mild, nussig
Standort	Laub- (Buche, Eiche), Nadel- (Tanne, Fichte), Mischwald, Park
Saison	Juni bis November
Verwendbarkeit	Guter Speisepilz
Verwechslung	Grüner Knollenblätterpilz (tödlich giftig), Wechselfarbiger Speitäubling (ungenießbar)
Besonderheiten	Biegbare Lamellen

Stachelbeer-täubling

(Russula queletii)

Der Stachelbeertäubling fällt durch seine roten und violetten Farbtöne an Hut und Stiel auf und unterscheidet sich damit von anderen Täublingen, bei denen der Stiel weiß ist. Wegen seines rötlichen Stiels wird er auch Säufernase genannt. Er schmeckt sehr scharf und kann ernsthafte Magen-Darmstörungen auslösen, weshalb er als giftig gilt.

Laufen die Lamellen bei Druck bzw. Verletzung nicht grünlich an, kann es sich um den etwas dunkleren **Dunkelroten Stachelbeer-Täubling** (*Russula fuscorubroides*) handeln. Dieser ebenfalls giftige Täubling riecht nach Geranienblättern.

Synonyme	Säufernase
Familie	Täublingsverwandte (Russulaceae)
Gattung	Täublinge (Russula)
Hut	Ø 5-8 cm, purpur, weinrot, violett, später gelbgrün, kugelig, später aufgeschirmt, Mitte oft vertieft, manchmal buckelig, matte Oberfläche, feucht schmierig glänzend, Rand riefig, radial faserig (Huthaut kann min. bis zur Hälfte abgezogen werden)
Hutunterseite	Weiß, beige, sehr dicht stehende, brüchige Lamellen, laufen bei Verletzung grün an
Stiel	Ø 0,5-2 cm, 4-8 cm hoch, weiß, rötlich, purpur, weich, ohne Ring, keine Knolle
Fruchtkörper	Weißes, unter Huthaut violettes Fleisch, bei hoher Feuchtigkeit graues Fleisch, dick, brüchig
Geruch	Nach Stachelbeer- oder Apfelkompott, fruchtig
Geschmack	Sehr scharf
Standort	Nadelwald (Fichte), kalkhaltige Böden
Saison	Juli bis Oktober
Verwendbarkeit	Leicht giftig
✖ **Verwechslung**	Dunkelroter Stachelbeer-Täubling (giftig)
Besonderheiten	Verursacht heftige Magen-Darm-Probleme

2.7.5 Leisten- und Stoppelpilze (Cantharellales)

Pfifferlinge sind wohl die bekanntesten Speisepilze unter den **Leistlingen** (*Cantharellus*). Ihre glatte Fruchtschicht ist zu einzelnen Falten bzw. Leisten aufgewölbt. Alle Leistlinge sind essbar.

Die Zellen der Leistenpilze vermehren sich ständig, bis zu ihrem Tod. Die einzelne Zellgröße verändert sich dabei nicht. Bei anderen Pilzen vermehren sich die Zellen dagegen nur bei jungen Exemplaren. Später füllen sich diese dann nur noch mit Wasser und werden größer. In der Natur kann man dies nachvollziehen. Während beispielsweise ein Steinpilz einen im Weg liegenden Ast im Laufe der Zeit wegdrückt, wird dieser von einem ständig wachsenden Pfifferling umschlossen.

Pfifferling
(Cantharellus cibarius)

Dank dieser dichten Zellstruktur werden diese Pilzarten kaum von Maden befallen und auch im Kochtopf bleibt die Pilzmenge fast unverändert. Allerdings gelten Leistenpilze deswegen auch als schwerer verdaubar und liegen schwer im Magen.

Bei den **Trompeten** oder **Kraterellen** (*Craterellus*) bildet die glatte Fruchtschicht oft nur kleine Runzeln aus. Diese Pilze haben einen trichterförmigen, oft eingerollten Hut. Ihr schlanker Stiel ist meist hohl. Herbsttrompeten und Trompetenpfifferlinge lernen Sie in diesem Buch näher kennen.

Trompetenpfifferling
(Craterellus tubaeformis)

Auch **Stoppelpilze** (*Hydnum*) können von Anfängern eindeutig bestimmt werden, weil sie gut an ihren kleinen Stacheln auf der Hutunterseite zu erkennen sind. Diese sind sehr empfindlich und brechen bei Berührung leicht.

Pilze der Ordnung *Cantharellales* sind unter Laub- und Nadelbäumen zu finden, leben meist in Symbiose oder als Saprobiont. Sie haben kein Velum und damit auch keinen Ring am Stiel.

Einige **Keulen- und Korallenpilze** (*Clavulina*) gehören ebenfalls zur Ordnung *Cantharellales*, haben jedoch kaum einen Speisewert.

Semmelstoppelpilz
(Hydnum repandum)

Pfifferling

(Cantharellus cibarius)

Die leuchtend gelben Pfifferlinge haben ihren Namen wegen ihres leicht pfeffrigen Geruchs und Geschmacks erhalten. Caratinoide sorgen für die Farbe. Dabei unterscheidet man zwischen einer Nadelwald- und helleren Laubwaldform. Der Echte Pfifferling gilt wegen seines hohen Vitamin- und Mineraliengehalts als Vitalpilz.

Nach der Bundesartenschutzverordnung dürfen Pfifferlinge nur in geringen Mengen und für den eigenen Bedarf gesammelt werden. Kommerzielle Sammler dürfen Pfifferlinge nur mit einer Ausnahmegenehmigung vermarkten. Im Handel finden sich darum kaum heimische, sondern fast ausschließlich Pfifferlinge aus Osteuropa.

Der beliebte Echte Pfifferling kann mit dem **Falschen Pfifferling** (*Hygrophoropsis aurantiaca*) verwechselt werden. Dieser ist essbar, hat geschmacklich aber nicht viel zu bieten und kann in größeren Mengen zu Magen-Darm-Problemen führen. Der falsche Pfifferling hat Lamellen, riecht kaum und sein Hut ist eher symmetrisch rund. Seine Farbe leuchtet weniger als die des Echten Pfifferlings.

Vom Echten Pfifferling gibt es verschiedene Varietäten, wie etwa den **Violettschuppigen** (*Cantharellus amethysteus*), den **Samtigen** (*Cantharellus friesii*) oder den **Rostfleckigen Pfifferling** (*Cantharellus ferruginascens*). Diese ähneln dem Echten Pfifferling sehr und sind von ihm kaum zu unterscheiden. Alle Arten sind essbar.

Synonyme	Echter Pfifferling, Eierschwamm, Eierschwämmli, Eierleistling, Rehling, Gelböhrchen, Gelbchen, Gelbbrättriger Pfifferling
Familie	Stoppelpilzverwandte (Hydnaceae)
Gattung	Pfifferlinge (Cantharellus)
Hut	Ø 2-10 cm, gelb, orange, beige (Laubwaldform), wellig gelappte Oberfläche, Hutrand zunächst oft eingerollt, trichterförmig
Hutunterseite	Gegabelte Leisten, gelb, orange, beige, am Stiel herablaufend
Stiel	Ø 1-2 cm, 2-6 cm hoch, Farbe wie Hut
Fruchtkörper	Weiß, gelb, fest, brüchiges Fleisch
Geruch	Würzig, nach Pfeffer, nach Aprikosen
Geschmack	Leicht nach Pfeffer, angenehm würzig
Standort	Laub-, Nadelwald, Heidekraut / Erika
Saison	Juni bis Oktober
Verwendbarkeit	Hervorragender Speisepilz
Verwechslung	Falscher Pfifferling (essbar)

Trompetenpfifferling

(Craterellus tubaeformis)

Trompetenpfifferlinge gehören zu den Kraterellen und haben einen von oben bis unten „durchbohrten“ hohlen Fruchtkörper. Hier finden sich oft Schnecken und andere Insekten oder deren Eier.

Die dünnfleischigen Herbstpfifferlinge wachsen in Gruppen und sind recht häufig zu finden, weshalb sie gerne als Ersatz für die **Echten Pfifferlinge** verwendet werden. Ihr Geschmack reicht jedoch nicht an deren Aroma heran.

Der **Gelbstielige Trompetenpfifferling** ist eine leicht zu verwechselnde, ebenfalls essbare Varietät mit deutlich gelberen Farbtönen. Auch der **Starkriechende Trompetenpfifferling** (*Craterellus lutescens*) wird gerne gesammelt. Er riecht nach Mirabellen. Bei ihm sind die Leisten weniger ausgeprägt. Daneben gibt es eine weiße bis hellgelbe Form.

Verwechselt werden kann der Trompetenpfifferling auch mit der ebenfalls essbaren **Krausen Kraterelle** (Craterellus sinuosus), die gerne unter Buchen wächst. Sie ist zwischen dem trockenen Laub schwer zu erkennen und zeichnet sich durch einen wellig geformten Hutrand aus. Weil sie innen nicht hohl ist, wird sie auch **Vollstieliger Leistling** genannt.

Ist der gefundene „Trompetenpfifferling“ eidottergelb und verfärbt er sich bei Verletzung schwarz, handelt es sich um den **Schwärzenden Pfifferling** (*Craterellus melanoxeros*). Dieser ist auch als **Schwärzender Leistling** oder **Schwärzende Kraterelle** bekannt. Wie alle Leistlinge ist auch er essbar. Allerdings ist er extrem selten und Sie sollten ihn besser stehen lassen.

Nicht verwechseln sollten Sie den Trompetenpfifferling mit dem giftigen **Gallertkäppchen** (*Leotia Lubrica*), das jedoch gut an dem schmierigen kugeligen Hütchen erkennbar ist. Auch sind sie nicht hohl und haben eine gummiartige Konsistenz. Lamellen oder Leisten sind hier nicht erkennbar.

Gallertköpfen sind giftig.

Synonyme	Herbstpfifferling, Durchbohrter Leistling, Hohlstieliger Leistling, Cantharellus infundibuliformis
Familie	Stoppelpilzverwandte (Hydnaceae)
Gattung	Kraterellen (Craterellus)
Hut	Ø 1-7 cm, graugelb, braungelb, wellig, trichterförmig, Loch in der Mitte
Hutunterseite	Graugelbe, graubraune, gegabelte Leisten, am Stiel herablaufend
Stiel	Ø 0,2-0,8 cm, 2-10 cm hoch, gelb, eingebuchtet, hohl
Fruchtkörper	Gelblich, dünn, faserig, weich, hohl
Geruch	Leicht fruchtig bis neutral
Geschmack	Mild
Standort	Unter Fichten, Tannen, auf sauren feuchten Böden, oft im Moos, bei Heidelbeeren
Saison	August bis November
Verwendbarkeit	Guter Speisepilz, zum Trocknen gut geeignet
Verwechslung	Starkriechender Trompetenpfifferling, Krause Kraterelle (alle essbar), Gallertkäppchen (giftig)

Herbsttrompete

(Craterellus cornucopioides)

Im Wald braucht man schon ein geübtes Auge, um die dunkle Herbsttrompete zu erkennen, die wegen ihrer Farbe auch Totentrompete genannt wird. Sie kommt häufig in größeren Gruppen vor.

Ihr trichter- bzw. trompetenförmiger Fruchtkörper ist nicht eindeutig in Hut und Stiel gegliedert. Weil der Pilz innen hohl ist, hat er ein sehr dünnes Fleisch. Damit ist er bestens zum Trocknen geeignet und wird als Pulver gerne zum Würzen von Soßen und Suppen verwendet. Die Herbsttrompete ist ein hervorragender Speisepilz mit intensivem Aroma. Wegen des hohen Vitamin-B12-Gehalts sind Herbsttrompeten besonders für Veganer interessant.

Bei jungen Exemplaren ist das Fleisch eher brüchig, bei älteren dagegen zäh mit weniger intensivem Geschmack. Zu alte Exemplare sollten Sie nicht verwenden, da hier das Eiweiß bereits in die Zersetzung übergegangen und damit giftig sein könntc.

Verwechselt werden kann die Herbsttrompete mit der ebenfalls essbaren **Grauen Kraterelle** (*Craterellus cinereus*), die mittlerweile als stark gefährdet eingestuft ist. Dieser **Graue Pfifferling** ist deutlich in Hut und Stiel gegliedert und zeigt klar ausgeprägte Leisten.

Synonyme	Totentrompete, Füllhorn, Kraterpilz
Familie	Stoppelpilzverwandte (Hydnaceae)
Gattung	Kraterellen (Craterellus)
Hut	Ø 3-10 cm, schwarz, dunkelgrau, braunschwarz, trompetenartig umgewölbt, filzig
Hutunterseite	Weißgrau, glatt mit kleinen Runzeln, filzig
Stiel	Ø 1-3 cm, 3-12 cm hoch, weißgrau, geht direkt in den Hut über, Basis schwarz
Fruchtkörper	Grau, dünnfleischig, zunächst brüchig, später etwas zäh und biegsam, hohl
Geruch	Angenehm pilzig, leicht fruchtig-süß
Geschmack	Würzig
Standort	Unter Rot-, Hainbuchen, Eichen, auf nährstoffarmen basischen Böden
Saison	August bis November
Verwendbarkeit	Hervorragender Speisepilz, für Würzpulver gut geeignet
Verwechslung	Graue Kraterelle, Krause Kraterelle (beide essbar)

Semmel-stoppelpilz

(Hydnum repandum)

Der Semmelstoppelpilz ist ein beliebter Speisepilz, der eindeutig über seine Stacheln an der Hutunterseite bestimmt werden kann. Diese sind bei jungen Exemplaren noch hell und werden im Alter zunehmend dunkler. Alte Semmelstoppelpilze sind oft bitter und sollten nicht mehr gesammelt werden. Sollten Sie dennoch einen mitgenommen haben, kann das Kochen den bitteren Geschmack mindern.

Semmelstoppelpilze wachsen häufig in Hexenringen und größeren Mengen. Von Maden sind sie sehr selten befallen, was das Putzen deutlich erleichtert. Ältere und lange Stacheln sollten Sie entfernen. Diese könnten bitter sein.

Der Semmelstoppelpilz kann wegen seiner goldgelben Hutfarbe schnell mit dem Pfifferling verwechselt werden, der auf der Hutunterseite jedoch Leisten hat. Daneben gibt es verschiedene essbare Varietäten des Semmelstoppelpilzes, die sich hauptsächlich farblich unterscheiden und ansonsten die gleichen Eigenschaften haben, wie etwa der **Weißliche Stoppelpilz** (*Hydnum Repandum var albidum*). Der seltene **Genabelte Stoppelpilz** (*Hydnum umbilicatum*) hat in der Hutmitte eine trichterförmige Einbuchtung.

Eine Ausnahme bildet der **Widerstichliche Stachling** (*Hydnum Leucopus*). Wie sein Name vermuten lässt, riecht er unangenehm sauer oder sogar nach Aas. Seine Farben sind eher bräunlich. Wegen des bitteren Geschmacks ist er ungenießbar.

Synonyme	Semmler, Semmelgelber Stacheling, Schafsfuß, Stachelschwamm, Schaumpilz
Familie	Stoppelpilzverwandte (Hydnaceae)
Gattung	Stoppelpilze (Hydnum)
Hut	Ø 5-12 cm, weißgelb, orange, ocker, trocken matte, glatte, oft rissige Oberfläche
Hutunterseite	2-7 mm lange weiße, gelbe bis orangene Stacheln, die an Stiel herunterlaufen
Stiel	Ø 1-3 cm, 2-8 cm hoch, weiß, orange, oft nicht mittig unter Hut
Fruchtkörper	Weiß, spröde, brüchig, bei Verletzung oft rosabraun verfärbt, fest, später zäh
Geruch	Aromatisch pilzig
Geschmack	Leicht fruchtig-süß, nussig, mild, ältere Exemplare manchmal bitter
Standort	Buchen, Hainbuchen, Eichen, Fichten, Tannen, Kiefern
Saison	Juli bis November
Verwendbarkeit	Sehr guter Speisepilz
Verwechslung	Pfifferling, andere wohlriechende Stachelpilze (alle essbar), Widerlicher Stachling (ungenießbar)

Habichtspilz

(Sarcodon imbricatus)

Der Habichtspilz erinnert mit seinen fedrig braunen Schuppen auf der Hutoberseite an das Federkleid des gleichnamigen Greifvogels. Dieser Mykorrhizapilz wächst häufig in Gruppen, bei denen mehrere Fruchtkörper an der Basis miteinander verwachsen und die in Hexenringe angeordnet sind.

Der Habichtspilz ist nur im jungen Stadium genießbar. Sein Hut ist dann oft auch noch eingerollt, breitet sich später aus und ist dann in der Mitte trichterförmig vertieft. Die Stacheln auf der Hutunterseite können recht lang werden und brechen leicht ab.

Der Habichtspilz wird gerne getrocknet und zu Würzpulver zermahlen, das Sie jedoch sehr vorsichtig dosieren sollten. Ältere Exemplare sind bitter und ungenießbar.

Je nach Standort unterscheidet man verschiedene Varietäten, wie den **Fichten-** (*Sarcodon impricatus*) oder **Kiefernhabichtspilz** (*Sarcodon squamosus*). Die Eigenschaften sind vergleichbar.

Im sandigen Nadelwald kann der Habichtspilz mit dem ungenießbaren **Gallenstachling** (*Sarcodon scabrosum*) verwechselt werden. Dessen Stielbasis ist schwarz. Machen Sie eine Geschmacksprobe, indem Sie die Schnittstelle vorsichtig mit der Zunge berühren. Schmeckt der Pilz bitter oder riecht er unangenehm streng, nehmen Sie ihn nicht mit nach Hause. Den **Widerlichen Stachling** (*Hydnum Leucopus*) erkennen Sie auf diese Weise ebenfalls.

Synonyme	Habichts-Stacheling, Fichtenhabichtspilz, Habichtsstoppelpilz, Rehpilz
Familie	Weißsporstachelingsverwandte (Bankeraceae)
Gattung	Braunsporstachelinge (Sarcodon)
Hut	Ø 5-18 cm, grauweiß, hellbraun, zunächst kugelig eingerollt, später leicht wellig aufgeschirmt, dunkelbraune Schuppen
Hutunterseite	2-15 mm lange graue, später braune Stacheln, die an Stiel herunterlaufen
Stiel	Ø 2-5 cm, 5-8 cm hoch, weißgrau, später bräunlich, keulige Basis
Fruchtkörper	Weiß, später grau, braun, fest, zäh
Geruch	Würzig
Geschmack	Sehr würzig, ältere Exemplare bitter
Standort	Unter Buchen, Tannen, Fichten, auf nährstoffarmen trockenen Böden
Saison	August bis November
Verwendbarkeit	Essbar, für Würzpulver gut geeignet (nur junge Exemplare)
Verwechslung	Gallenstachling, Widerlicher Stachling (alle bitter und ungenießbar)

2.7.6 Porlinge, Baumschwämme (Polyporales) und Ohrlappenpilze (Auriculariales)

Die meisten Pilze der Ordnung der **Stielporlingsartigen** (*Polyporales*) wachsen auf Holz und ernähren sich als Saprophyten oder Parasiten von diesem.

Der sichtbare Fruchtkörper der **Porlinge** ist meist ohne Stiel und fächer-, lappen- bzw. zungenförmig. Ihr Name stammt von den großen Poren auf der Fruchtkörperunterseite. Diese Großpilze sind meist hart und holzig und wegen der enthaltenen Bitterstoffe meist ungenießbar.

Eine kissenartige Gestalt haben dagegen die **Schwämme**, zu denen auch die begehrte **Krause Glucke** (*Sparassis crispa*) zählt. Dabei handelt es sich oft um filigrane, mehrfach gewundene Verästelungen, bei denen die Fruchtschicht an mehreren Seiten ausgebildet sein kann.

Stielporlinge sind oft standortstreu, wachsen also über mehrere Jahre fast immer an der gleichen Stelle. Dabei kann der Fruchtkörper auch in der kalten Jahreszeit zu sehen sein.

Korallen sehen zwar ähnlich aus, gehören jedoch einer anderen Ordnung an – der Ordnung der **Schweinsohrartigen** (*Gomphales*). Ein paar Vertreter stellen wir Ihnen in Kapitel *Korallen und Schweinsohren (Gomphales)* (ab Seite 153) vor.

Ohrlappenpilze (*Auriculariales*) haben scheibenförmige Fruchtkörper und wachsen ebenfalls auf Holz. Beliebte Speisepilze finden sich hauptsächlich in der Gattung *Auricularia*, wobei das Judasohr wohl der bedeutendste Vertreter ist, den wir hier vorstellen.

Der Rotrandige Baumschwamm *(Fomitopsis pinicola)* wächst mehrjährig an totem oder lebendem Holz.

Krause Glucke

(Sparassis crispa)

Mit ihren zahlreichen Verästelungen erinnert die Krause Glucke an eine brütende Henne, weshalb sie auch **Fette Henne** genannt wird. Aus der Nähe erinnert sie eher an einen Badeschwamm. Der Schmarotzer dringt über das Wurzelgeflecht in Nadelbäume, vorzugsweise Kiefern, ein und bildet an deren Stamm seinen Fruchtkörper aus. Auch saprophytische Lebensformen sind zu beobachten.

Die Krause Glucke ist ein ausgezeichneter Speisepilz mit einem herrlich nussigen Aroma, der mehrere Kilogramm auf die Waage bringen kann. Im Kühlschrank bleibt sie mehrere Tage frisch. Getrocknet wird sie gerne zu Würzpulver verbreitet. Ältere Exemplare sind deutlich brauner gefärbt und können bitter schmecken.

Die dickfleischige Basis erinnert an den Strunk eines Blumenkohls und kann bei einigen Menschen Unverträglichkeiten hervorrufen, weswegen Sie diese besser nicht verwenden sollten. Wegen der zahlreichen Verästelungen ist die Fette Henne schwer zu reinigen. Nadeln und Sand entfernen Sie am besten, indem Sie den Pilz zuvor in etwa 2 cm dicke Scheiben schneiden. Auch das kurze Eintauchen in kochendes Wasser erleichtert das Reinigen, da der Pilz dann elastischer ist.

Verwechselt werden kann die Krause Glucke mit der ebenfalls essbaren **Eichenglucke** (*Sparassis brevipes*), die jedoch primär an Laubbäumen zu finden ist und deutlich strukturierter wirkt.

Synonyme	Fette Henne, Bärenschädel, Pilzkönig, Blumenkohlpilz, Echte Holzhühner
Familie	Gluckenverwandte (Sparassidaceae)
Gattung	Glucken (Sparassis)
Fruchtkörper	Ø 10-40 cm, 8-20 cm hoch, beige, gelb, ocker, hellbraun, kraus gewundene Struktur, dicke Strunkbasis, gelbweißes Fleisch
Geruch	Würzig nussig
Geschmack	Nussig, ältere Exemplare oft bitter
Standort	Unter Kiefern, Fichten, Lärchen, andere Nadelbäume
Saison	Juli bis Dezember
Verwendbarkeit	Ausgezeichneter Speisepilz, Strunk kann unverträglich sein
Verwechslung	Eichenglucke, Gelbe Koralle, Zitronengelbe Koralle, Eichhase (alle essbar)
Besonderheiten	Sehr ergiebig

Eichhase

(Polyporus umbellatus)

Den wärmeliebenden, schnell verderbenden Eichhasen finden Sie auf kalkhaltigen Böden in Laubwäldern, wo er als Parasit oder Saprobiont lebt. Mit dem Eichhasen haben Sie eine ordentliche Pilzmahlzeit zusammen, denn er wiegt häufig mehrere Kilogramm. Dabei verästelt sich der Strunk wie bei einem Blumenkohl in mehrere kleine Röschen, die in kleinen Pilzhütchen enden.

Der Strunk mündet unter der Erde in ein **Sklerotium**, eine mit dunkler Rinde umgebene pilzliche Biomasse, die wie eine Knolle aussieht und an Trüffel erinnert. Riecht der Eichhase unangenehm, handelt es sich um ein altes Exemplar ohne kulinarischen Wert. Als Heilpilz ist er dann nicht zu gebrauchen und Sie sollten ihn stehen lassen. Das nicht schmackhafte Sklerotium soll sich in Symbiose mit dem Hallimasch entwickeln und wertvolle Inhaltsstoffe für verschiedene Extrakte zur Behandlung verschiedener Krankheiten enthalten (vgl. Kapitel 1.4). Mittlerweile wird der Eichhase auch gezüchtet. Allerdings sollen in Wildpilzen einige Substanzen konzentrierter sein.

Auf den ersten Blick könnten Sie den Eichhasen mit der sehr schmackhaften **Krausen Glucke** (*Sparassis crispa*) verwechseln. Verwechslungsgefahr besteht auch mit dem **Klapperschwamm** (*Grifola frondosa*), auch **Laubporling** oder **Maitake** genannt. Bei diesem ebenfalls essbaren Vitalpilz gehen die einzelnen Hüte seitlich in die einzelnen Stiele über. Dagegen ist beim Eichhasen eine Trennung in Hut und mittig darunter angeordnetem Stiel gut erkennbar.

Synonyme	Ästiger Büschel-Porling, Schweinepilz, Blumenpilz, Zhu Ling, Chorei Maitake, Cladomeris umbellata, Dendropolyporus umbellatus, Polypilus umbellatus
Familie	Stielporlingsverwandte (Polyporaceae)
Gattung	Stielporlinge (Polyporus)
Hut	Mehrere trichterförmige Hütchen, Ø 1-5 cm, gelb, graubraun, Vertiefung in der Mitte, welliger Rand
Hutunterseite	Weiße Röhren, am Stiel herablaufend
Stiel	Aus einem Strunk wachsen mehrere Stiele, braunschwarzes Sklerotium unter der Erde
Fruchtkörper	Ø 10-40 cm, 10-25 cm hoch, weißes Fleisch, faserig, brüchig
Geruch	Angenehm pilzig, später abstoßend
Geschmack	Nussig, später bitter
Standort	Unter Eichen, Laubwald, auf kalkhaltigen Böden, Symbiose mit Hallimasch
Saison	Juni bis Oktober
Verwendbarkeit	Guter Speisepilz, Vitalpilz
Verwechslung	Krause Glucke, Klapperschwamm (beide essbar)
Besonderheiten	Sehr ergiebig

Schwefelporling

(Laetiporus sulphureus)

Der Schwefelporling wächst in dachziegelartig angeordneten Konsolen aus dem Holz seines Wirts, von dem er sich als Parasit ernährt. Ist der Wirtsbaum abgestorben, zersetzt der Schwefelporling das verbleibende Holz.

Wächst der Schwefelporling an Eiben oder anderen giftigen Bäumen, nimmt er deren Giftstoffe auf und ist dann ebenfalls giftig. Ebenso können andere benachbarte giftige Pflanzen, wie etwa Goldregen, giftige Substanzen übertragen. Wächst der Schwefelporling an Eichen, übernimmt er deren bittere Gerbstoffe. Schauen Sie sich darum unbedingt die Umgebung genau an! Ohnehin sollten Sie nur die äußeren 4 cm des Hutes ernten.

Der Schwefelporling gilt als Vitalpilz und wird wegen seines ungewöhnlichen Geschmacks besonders von Veganern geschätzt. Allerdings enthält er Oxalsäure, die nicht jeder verträgt.

Der **Riesenporling** (*Meripilus giganteus*) sieht ähnlich aus, hat jedoch braune Farbtöne und ist ebenfalls essbar. Bei Druck werden dessen Poren schwarz.

Im Nadelwald finden Sie einen weiteren essbaren Doppelgänger mit den gleichen Eigenschaften, den **Nadelholzschwefelporling** (*Laetiporus Montanus*). Hier wächst auch der seltene **Leuchtende Weichporling** (*Pycnoporellus fulgens*). Dieser riecht jedoch unangenehmen säuerlich und ist ungenießbar. Den **Duftenden Goldporling** (*Auriporia Aurulenta*) mit seinem süßen Vanille-, Anis- oder Aprikosengeruch sollten Sie ebenfalls meiden.

Tödlich giftig ist der **Zimtfarbene Weichporling** (*Hapalopilus nidulans*), den Sie an seiner rot- bis gelbbraunen, recht homogenen Farbe erkennen. Er enthält Polyporsäure. Wenn Sie diesen Pilz kochen, verfärbt sich das Wasser rötlich.

Zimtfarbene Weichporlinge sind tödlich giftig.

Synonyme	Eierporling, Chicken of the Woods
Familie	Stielporlingsverwandte (Polyporaceae)
Gattung	Schwefelporlinge (Laetiporus)
Hut	Schwefelgelb, orange, fächerförmig, heruntergezogener Rand, filzig
Hutunterseite	Schwefelgelb, gelbbraun, später weiß, Röhren, häufig Guttationstropfen
Stiel	Nicht vorhanden
Fruchtkörper	Ø 5-30 cm, gelb, orange, gelbbraun, später weiß, zunächst weich, später spröde
Geruch	Aromatisch, fruchtig
Geschmack	Nach Hühnchen und Krabben, übernimmt Geschmacksstoffe des Wirts (Eiche= bitter, Birke = mild, Weide = mild)
Standort	Unter Eichen, Pappeln, Weiden, Robinien, Lärchen, Koniferen
Saison	Mai bis Oktober
Verwendbarkeit	Junge Exemplare sind essbar, ältere dagegen zäh, nimmt Substanzen aus der Umgebung auf und kann giftig sein!
Verwechslung	Nadelholzschwefelporling, Riesenporling (alle essbar), Leuchtender Weichporling, Duftender Goldporling (beide ungenießbar), Zimtfarbener Weichporling (tödlich giftig)
Besonderheiten	Kann Gifte seines Wirts (z. B. Eibe) übernehmen und ist dann ebenfalls giftig! Individuelle Unverträglichkeit, Erbrechen und Durchfall möglich. Vitalpilz

Judasohr

(Auricularia auricula-judae)

Das Judasohr wird gerne in der asiatischen Küche verwendet und gilt zudem als Heilpilz. Seine lappenartige Pilzform erinnert an eine Ohrmuschel, die sich bei Berührung wie eine wabbelige Silikonmatte verhält. Der Wildpilz ist kälteresistent und ganzjährig auf totem Laubholz zu finden und kann auch in gefrorenem Zustand gesammelt werden. Auch wenn er roh essbar ist, sollten Sie ihn, wie alle anderen Wildpilze, erhitzen und dadurch Keime und Krankheitserreger abtöten.

Gerichten verleiht das Judasohr eine besondere, mit Meeresalgen vergleichbare Konsistenz. Dabei wird er gerne als Füllpilz verwendet, der das Aroma anderer Pilze und Zutaten übernimmt.

Im Handel sind importierte, getrocknete Judasohren erhältlich, die in der Regel gezüchtet sind. Diese sind sehr hart und werden vor der weiteren Verarbeitung in Wasser eingeweicht. Die aufgequollenen Pilze haben dann das Volumen oft mehr als verdoppelt.

Giftige Doppelgänger sind nicht bekannt. Eine seltene, ungenießbare Varietät ist das **Weiße Judasohr** (*Auricularia auricula-judae var. lactea*), weshalb es auch als **Albino-Judasohr** bezeichnet wird. Eine helle, fast weiße Unterseite hat auch das ungenießbare **Kleine Judasohr** (*Schizophyllum Amplum*). Zudem ist seine Fruchtkörperunterseite haarig filzig. Da dieser Pilz Pappeln, aber auch Weiden zersetzt, ist er auch unter dem Namen **Pappel-Becherrindenschwamm** bekannt. Der **Gezonte Ohrlappenpilz** (*Auricularia mesenterica*) ist ebenfalls kein Speisepilz und gut an den farblich abgesetzten, parallel zum Rand verlaufenden Zonen, der dunkleren Unterseite und der deutlich filzigeren Oberfläche erkennbar.

Stoppeliger Drüsling
(Exidia glandulosa)

Der **Stoppelige Drüsling** (*Exidia glandulosa*) hat einen fast schwarzen Fruchtkörper, so dass auch hier eine Verwechslung ausgeschlossen ist. Anders sieht es beim **Rotbraunen Zitterling** (*Phaeotremella Fimbriata*) aus, der ebenfalls eine gummiartige Struktur aufweist. Allerdings ist dieser in Büscheln wachsende Pilz eher graubraun und auch seine Ohrform ist weniger ausgeprägt. Wie das Judasohr ist auch dieser Ohrlappenpilz essbar.

Synonyme	Holunderschwammpilz, Wolkenohrenpilz, Mu-Err, Chinesische Morchel, Black Fungus, Auricularia auricula, Auricularia sambucina, Hirneola auricula-judae
Familie	Ohrlappenpilzverwandte (Auriculariaceae)
Gattung	Ohrlappenpilze (Auricularia)
Stiel	Sehr kurz, oft nur angedeutet oder fehlend
Fruchtkörper	Ø 1-15 cm, 1-2 mm dick, rotbraun, später dunkelbraun, Ohrmuschelform, aderige, runzlige, filzige Oberfläche, glatte gräuliche Unterseite, zähes, gelatineartiges Fleisch
Geruch	Erdig, neutral
Geschmack	Mild, neutral (nimmt Geschmack von anderen Zutaten an)
Standort	An abgestorbenem oder geschwächtem Laubholz (Holunder, Birken, Robinien, Ulmen, Weide, etc.), selten an Nadelbäumen
Saison	Ganzjährig, Januar bis Dezember
Verwendbarkeit	Auch roh essbarer Speisepilz, Verwendung als Füllpilz und in der asiatischen Küche
✖ **Verwechslung**	Becherlinge (teilweise auch ungenießbar oder giftig)
Besonderheiten	Wird in der chinesischen und japanischen Medizin als Vitalpilz eingesetzt

Leberreischling

(Fistulina hepatica)

Mit dem Rückgang der Eichenwälder ist auch der Leberreischling immer seltener und gilt in einigen Ländern bereits als gefährdet. Dieser Baumpilz befällt zunächst das tote Kernholz und wächst langsam nach außen. Dabei verfärbt sich das Holz und bildet schließlich eine Braunfäule aus, die den Baum zerstört.

Das Aussehen dieses Baumpilzes erinnert an eine warzige Zunge, weshalb er auch Ochsenzunge genannt wird. Junge Exemplare sondern häufig ein rotes Sekret ab. Dieser Baumpilz „blutet" auch, wenn Sie ihn durchschneiden.

Weil der Lebereischling die Gerbsäure der Eiche aufnimmt, sollten Sie ihn nur in geringen Mengen genießen. Einige Pilzsammler kochen ihn deshalb in Wasser aus, bevor sie ihn braten, wobei jedoch auch andere Geschmacksstoffe verloren gehen.

Das gemaserte Fruchtfleisch erinnert an Rindfleisch, weshalb der Pilz auch Beefsteak-Pilz genannt wird. Dieser Eindruck wird durch das „blutende", gelatineartige Fleisch verstärkt, weshalb die Ochsenzunge gerne als Carpaccio serviert wird.

Synonyme	Eichen-Leberreischling, Ochsenzunge, Poor men's beefsteak, Beefsteak-Pilz, Leberpilz
Familie	Leberreischlingsverwandte (Fistulinaceae)
Gattung	Leberreischlinge (Fistulina)
Stiel	Sehr kurz, oft nur angedeutet oder fehlend
Fruchtkörper	Ø 5-25 cm, 5-8 mm dick, blutrot, orange, braunrot, röhrenartige Unterseite, beige, später rötlich, gelatineartige Konsistenz, warzig, sondert rote Flüssigkeit ab, schleimige Oberfläche, glatter, später welliger, weißlicher Rand,
Geruch	Pilzig
Geschmack	Säuerlich
Standort	An Eichen, selten an anderen Laubbäumen
Saison	Juni bis November
Verwendbarkeit	Junge Exemplare sind auch roh essbar, wegen der enthaltenen Gerbsäure schwer verdaulich und nur in kleinen Mengen genießbar, wird gerne zu Pilzpulver oder Pilz-Carpaccio verarbeitet (junge Exemplare essbar, wenn ihn keine giftigen Substanzen umgeben; dann ebenfalls giftig!)
✖ **Verwechslung**	Schwefelporling (nimmt Substanzen aus der Umgebung auf und kann giftig sein)
Besonderheiten	Hinweise auf Heilwirkungen, wirkt antibakteriell und antioxidativ

2.7.7 Korallen und Schweinsohren (Gomphales)

Gelbe Koralle *(Ramaria flava)*

Korallen der Ordnung der **Schweinsohrartigen** (*Gomphales*) sind aufgrund ihrer namensprägenden Form recht leicht zu erkennen. Sie haben weder Hut noch Stiel, sondern feine Ästchen, die aus einem Strunk wachsen. Korallen sollten Sie nur mit detaillierter Fachkenntnis sammeln, denn die Verwechslungsgefahr ist hier besonders hoch. Anfänger erfreuen sich besser nur an ihrem hübschen Aussehen und lassen Korallen besser stehen. Einige Unterschiede sind oft nur unterm Mikroskop erkennbar.

Ebenfalls zur Ordnung *Gomphales* gehören die **Schweinsohren**. Diese werden wegen ihrer prägenden Hutunterseite auch **Purpurleistlinge** genannt und sind in diesem Buch bei den Leistlingen zu finden.

Schweinsohr *(Gomphus clavatus)*

Gelbwerdende Koralle *(Ramaria Flavescens)* ist giftig!

Gelbe Koralle *(Ramaria flava)*

Dorniger Stachelbart *(Hericium cirrhatum)*

Goldgelbe Koralle

(Ramaria aurea)

Die Goldgelbe Koralle verdankt den Namen ihrer intensiv leuchtenden Farbe. Bei dieser charakteristischen Korallenform wachsen verschiedene Äste in Büscheln aus einem Strunk und gabeln sich an der Spitze. Der gesamte Fruchtkörper kann einen Durchmesser von bis zu 20 cm haben. Diese Koralle schmeckt leicht bitter.

Die goldgelbe Koralle wird häufig mit der **Gelben Koralle** (*Ramaria flava*) verwechselt. Dies ist nicht weiter tragisch, da auch sie zu den wenigen essbaren Korallen zählt.

Anders sieht es mit der giftigen **Gelbwerdenden** (*Ramaria Flavescens*) und der ebenfalls giftigen **Blassen Koralle** (*Ramaria Mairei*) aus, die beide Magen-Darm-Probleme verursachen können.

Die folgende Tabelle zeigt die wichtigsten Unterschiede.

Bezeichnung	Goldgelbe Koralle (Ramaria aurea)	Gelbe Koralle (Ramaria flava)	Gelbwerdende Koralle (Ramaria Flavescens)	Blasse Koralle (Ramaria Mairei)	Gelbrußige Koralle (Ramaria Fennica)
Synonyme	Ziegenbart, Gelbe Bärentatze, Bocksbart, Astlschwamm, Keulenpilz, Mauspfoten	Zitronen-gelbe Koralle, Schwefelgelbe Koralle,Trau-ben-Ziegenbart	Rosagelbe Koralle, Gelbliche Koralle	Bauchweh Koralle	
Familie	Schweinsohrverwandte (Gomphaceae)				
Gattung	Korallen (Ramaria)				
Äste	Ø 0,5-1 cm, 1-8 cm hoch				
	Gegabelte Spitzen			Rundliche Spitzen	
	Goldgelb	Weißlich, später gelb, grüngelb	Gelb, rötlich	Braun, gelb, rötliche Spitzen	Weiß, gelb, weißviolett, gelbgrün
	Glatt			Leichte Längsfurchen	Parallel nach oben gewachsen
Strunk	Ø 3-8 cm, 2-4 cm hoch				
	Gelb	Weiß	Gelborange, gelb, weiß	Beige, rötlich	Weiß, rötlichweiß, violettrot
Fleisch	Weiß marmoriert, beiges Fleisch im Strunk	Weißlich, marmoriert im Strunk	Weißlich, marmoriert, weißes Fleisch im Strunk	Beige, weißbraun, rötlich	Weiß
	Wässrig	Weich, brüchig, feste Basis		Fest	Zäh
Verfärbung				Läuft bei Druck braun, rotbraun an	
Geruch	Grasig, holzig	Würzig, herb	Grasig	Säuerlich, seifig	Neutral
Geschmack	Mild, später bitter	Neutral	Mild, später bitter		
Standort unter...	Buchen, Fichten, Kiefern	Buchen, Fichten, kalkhaltigen Böden	Buchen, Fichten, Kiefern	Buchen, andere Laubbäume, Nadelwald möglich	Nadelwald
Saison	Juli bis Oktober				
Verwendbarkeit	Essbar		Giftig		Ungenießbar

Schweinsohr

(Gomphus clavatus)

Die seltenen Schweinsohren haben zwar Leisten auf der Hutunterseite, gehören mittlerweile jedoch zur Gattung der Schweinsohren und sind damit Verwandte der Korallen. Sie sind die einzige Art der Gattung *Gomphus.*

Schweinsohren sind kreiselförmig und gut an der hellen violetten Farbe zu erkennen, die später gelbbraun wird. Sie wachsen gerne gesellig in Gruppen, die einen Hexenring bilden.

Synonyme	Purpurleistling, Keulenkraterelle, Keulenpfifferling, Cantharellus brevipes
Familie	Schweinsohrverwandte (Gomphaceae)
Gattung	Schweinsohren (Gomphus)
Hut	Ø 3-10 cm, violett, später ocker, gelbgrün, trichterförmig vertieft, ohrenförmig ausgezogen, unregelmäßiger Rand
Hutunterseite	Leisten, violett, später ockergrau, gelbgrün, trichterförmig, am Stiel herablaufend
Stiel	Ø 4-6 cm, 6-10 cm hoch, keulenförmig, zur Basis verjüngt, glatt, geht direkt in den Hut über
Fruchtkörper	Weißes Fleisch, weich
Geruch	Neutral, würzig
Geschmack	Würzig mild, später bitter
Standort	Nadelwald, teilweise auch Mischwald, kalkhaltige Böden
Saison	September bis November
Verwendbarkeit	Sehr guter Speisepilz
Verwechslung	Krause Kraterelle (essbar)

Igel-Stachelbart

(Hericium erinaceus)

Der Igel-Stachelbart zählt zur Ordnung der **Täublingsartigen** (*Russulales*). Ihr Äußeres erinnert jedoch eher an Korallen, weswegen wir diesen Speisepilz hier einsortieren. Die Wildform ist recht selten, wird aber gezüchtet und unter dem Namen **Pom-Pom** im Handel vertrieben. Am besten verarbeiten Sie ihn ungewaschen, denn er saugt sich wie ein Schwamm mit Wasser voll.

Verwechselt werden könnte der wild wachsende Igel-Stachelbart mit dem auf Nadelholz wachsenden, ungenießbaren **Korallenstachelpilz** (*Mucronella bresadolae*), wäre dieser nicht deutlich kleiner. Die hängenden Stacheln dieses Pilzes treten einzeln oder in Gruppen auf.

Dagegen wächst der essbare **Buchenstachelbart** (*Hericum ramosum*) ebenfalls an Laubholz. Mit seinen nach oben gerichteten Verästelungen ähnelt er jedoch mehr den Korallen. Lediglich im Alter hängen diese. Verwechslungsgefahr besteht auch mit dem **Tannenstachelbart** (*Hericium flagellum*), der jedoch auf totem Nadelholz, gerne Tanne, wächst.

Synonyme	Löwenmähne, Affenkopf, Pom-Pom blanc, Yamabusshiitake, HouTouGu
Familie	Stachelbartverwandte (Hericiaceae)
Gattung	Stachelbärte (Hericium)
Fruchtkörper	Ø 2-30 cm, weiß, beige, später rotbraun, büschelige 2-6 cm lange Stacheln an kurzen Ästen (Ø 1-3 cm, 2-6 lang), gemeinsamer Strunk, weißes, faseriges Fleisch
Geruch	Neutral
Geschmack	Nach Kalbfleisch, leicht fruchtig, mild
Standort	Verletztes oder totes Laubholz (Eiche, Buche), kultivierbar
Saison	Zuchtform ganzjährig, sonst Juni bis Oktober
Verwendbarkeit	Essbar
✖ **Verwechslung**	Korallenstachelpilz (ungenießbar), Tannenstachelbart, Buchenstachelbart (beide essbar)
Besonderheiten	Gilt als Vitalpilz, enthält viele essenzielle Aminosäuren

Dorniger Stachelbart

(Hericium cirrhatum)

Der Dornige Stachelbart zählt zur Ordnung der **Täublingsartigen** (*Russulales*). Die lappig-förmigen Hüte sind konsolen- oder dachziegelartig angeordnet. Die recht kurzen Stacheln dieses Saprobionten laufen senkrecht nach unten. Junge Exemplare gelten als essbar, aufgrund ihrer Seltenheit sollten Sie jedoch geschützt werden.

Beim ebenfalls seltenen, jedoch ungenießbaren **Nördlichen Stachelseitling** (*Climacodon septentrionalis*) sind die einzelnen Hüte dicht dachziegelartig übereinander angeordnet. Ein Stiel fehlt und sein recht hartes und dennoch biegsames Fleisch ist eher zäh.

Synonyme	Dorniger Stachelseitling
Familie	Stachelbartverwandte (Hericiaceae)
Gattung	Stachelbärte (Hericium)
Fruchtkörper	Ø 5-20 cm, weiß, beige, später gelb, rötlich, unter einzelnen dachziegelartig oder konsolenartig angeordneten, lappigen Hüten (Ø 5-15 cm) sitzen weiße, gelbe kurze Stacheln, weiß-gelbliches, brüchiges, zähes Fleisch, das bei Verletzung gelblich anläuft
Geruch	Angenehm
Geschmack	Mild
Standort	Verletztes oder totes Laubholz (Birke, Buche, Eiche), kultivierbar
Saison	Zuchtform ganzjährig, sonst Juni bis November
Verwendbarkeit	Essbar, aber sehr selten und schützenswert
Verwechslung	Korallenstachelpilz, Nördlicher Stachelseitling (beide ungenießbar), Tannenstachelbart, Igel-Stachelbart, Ästiger Stachelbart (alle essbar),
Besonderheiten	Gilt als Vitalpilz, enthält viele essenzielle Aminosäuren

2.7.8 Stäublinge (Lycoperdon), Boviste (Bovista) und Erdsterne (Geastrales)

Bei dieser Pilzgruppe reifen die Sporen im Innern der Fruchtkörper heran. Die Pilze sind an der meist kugeligen Form recht einfach erkennbar. Früher bezeichnete man Vertreter dieser Gruppe als Bauchpilze, was die Erscheinungsform ganz gut trifft. Nach der neueren Systematik gehören diese Pilze zu den Ständerpilzen.

Stäublinge haben eine birnenartige Form mit einem massiven Stiel und einem Kopf, in dem die Fruchtmasse (*Gleba*) heranreift bzw. in dem die Sporen produziert werden. Man spricht hier auch von einem sterilen Stiel und einem fertilen Kopfteil. Die Hülle (*Perridie*) des Fruchtkörpers besteht aus mehreren Schichten, wobei die äußere meist stachelig, warzig oder schuppig ist. In der Zubereitung sollten Sie die Außenhaut stets entfernen.

Mit zunehmendem Alter verfärbt sich der reifende Fruchtkörper braun und es bildet sich eine Öffnung in der Scheitelmitte des Kopfes. Nun genügt eine leichte Berührung durch Wind, Regentropfen oder Tiere, um die Sporen durch dieses Loch aus dem Innern des Pilzes nach außen zu schleudern. Es kann eine regelrechte Staub- bzw. Sporenwolke entstehen, die bei einigen Menschen Allergien auslösen kann.

Flaschenstäubling *(Lycoperdon perlatum)*

Erdstern *(Geastrum)*

Auch die markant aussehenden **Erdsterne** vermehren sich auf diese Weise.

Bei den **Bovisten** liegen die Sporen ebenfalls im Innern des Fruchtkörpers. Sie haben jedoch keinen Stielbereich und die Sporen werden freigesetzt, wenn der Fruchtkörper zerfällt. Dabei kann sich die Pilzkugel auch vollständig vom Myzel trennen und vom Wind fortgetragen werden.

Riesenbovist
(Calvatia gigantea)

Einige Stäublinge werden gerne auch als Boviste bezeichnet, was aufgrund ihrer Erscheinungsmerkmale jedoch nicht ganz korrekt ist. Dennoch werden gängige Synonyme hier teilweise aufgegriffen. Bei dieser Pilzgruppe handelt es sich um bodenbewohnende Saprobionten, die gut an trockene Lebensräume angepasst sind.

Die goldene Sammlerregel für Stäublinge und Boviste lautet:
Solange das innere Fleisch rein weiß ist, sind die meisten Stäublinge und Boviste essbar. Dunkle Fruchtkörper deuten auf reife Sporen hin. Damit ist der Pilz ungenießbar.

Im Innern dürfen keine Lamellenansätze erkennbar sein. Es könnte sich um den giftigen **Weißen Knollenblätterpilz** oder den ebenfalls giftigen **Fliegenpilz** handeln! Schneiden Sie darum den Pilz immer durch!

Beutelstäubling

(Lycoperdon excipuliforme)

Der Beutelstäubling reichert in seinem Fruchtfleisch wertvolle Mineralien, wie Eisen, Magnesium oder Zink an und gilt daher als gesunder Speisepilz. Allerdings nur, wenn sein Fleisch noch leuchtend weiß ist (siehe Sammlerregel links). Bei älteren, nicht mehr genießbaren Exemplaren ist dieses bräunlich verfärbt.

Der kräftig lange, leicht gefurchte Stiel des Beutelstäublings geht direkt in den kugeligen Kopf über. Er hat eine körnige Außenhülle, die mit zunehmendem Alter eintrocknet, schließlich aufreißt und den reifen Sporenstaub freigibt. Dabei zerfällt der Kopfbereich komplett, so dass nur noch der pergamentartig eingetrocknete Stiel den Winter überdauert. Dieser erinnert dann an einen Zigarrenstummel.

Der **Schlanke Ockerstäubling** (*Lycoperdon excipuliforme forma elata*) wird von vielen als Varietät des Beutelstäublings betrachtet. Er ist ebenfalls essbar, jedoch sehr selten und sieht dem Beutelstäubling zum Verwechseln ähnlich. Darüber hinaus sind Verwechslungen mit dem **Hasen-** (*Lycoperdon utriforme*) und dem **Flaschenstäubling** (*Lycoperdon perlatum*) denkbar. Der Hasen-Stäubling ist kaum gestielt und verfärbt sich früher. Der Flaschenstäubling lässt sich gut an den körnigen Kopfstacheln erkennen.

Synonyme	Groß-Stäubling, Calvatia excipuliformis, Calvatia saccata, Handkea excipuliformis
Familie	Champignonverwandte (Agaricaceae)
Gattung	Stäublinge (Lycoperdon)
Kopfteil	Kopfansatz leicht gefurcht, bei älteren Exemplaren meist dunkler als Stielteil
Stielteil	Leicht gefurcht
Fruchtkörper	Ø 2-10 cm, 4-25 cm hoch, grauweiß, später braun bis grünbraun, raue körnige Außenhaut, die später trocken aufreißt und zerfällt
Fleisch	Schneeweiß, später braun, fest, später weich und breiig
Geruch	Angenehm pilzig
Geschmack	Mild
Standort	Laub-, Nadelwald, Wiesen
Saison	Juli bis November
Verwendbarkeit	Essbar (weiße Gleba / solange das Fleisch rein weiß ist)
Verwechslung	Schlanker Ockerstäubling, Hasenstäubling, Flaschenstäubling (alle essbar, wenn das Fleisch weiß ist)

Flaschenstäubling

(Lycoperdon perlatum)

Die umgedrehte Flaschenform gab dem Flaschenstäubling seinen Namen. Er zählt zu den am häufigsten vorkommenden Stäublingen.

Die kegelförmigen, kompakten Stacheln können Sie leicht ablösen und es bleibt ein netzartiges Muster zurück. Der Flaschenbovist wächst gerne in kleinen Gruppen.

Junge Exemplare sind schneeweiß, haben eine feste Konsistenz und sind sogar roh essbar. Einige farbliche Varianten zeigen Brauntöne bereits im jungen Stadium. Damit Sie diese nicht mit dem giftigen **Kartoffelbovist** (*Scleroderma citrinum*) verwechseln, lassen Sie solche Exemplare besser stehen.

Ältere, nicht essbare Exemplare haben eine Öffnung in der Scheitelmitte, durch die die Sporen hinausgeschleudert und verbreitet werden.

Der Flaschenstäubling kann mit dem **Weißen Igelstäubling** (*Lycoperdon caudatum*) verwechselt werden. Dieser ist ebenfalls essbar, wenn er innen weiß ist. Bei ihm sind jedoch mehrere Stacheln an der Spitze beisammen. Der **Birnenstäubling** (*Apioperdon Pyriforme*) ist trotz seines unangenehmen Geruchs essbar und wird daher nur in schlechten Zeiten verspeist, weshalb er auch **Kriegspilz** genannt wird.

Synonyme	Flaschenbovist, Warzenstäubling, Warziger Staubbuff, Nonnefürzli, Lycoperdon gemmatum
Familie	Champignonverwandte (Agaricaceae)
Gattung	Stäublinge (Lycoperdon)
Kopfteil	Weiß, später gelb, graubraun, kegelförmige Stacheln auf Oberfläche, die eine Netzstruktur zurücklassen, bei älteren Exemplaren oft dunkler als Stielteil
Stielteil	Weiß, später gelb, graubraun, Warzen auf Oberfläche, die zur Basis kleiner werden
Fruchtkörper	Ø 2-6 cm, 3-8 cm hoch
Fleisch	Weiß und fest, später gelbbraun und breiig
Geruch	Würzig
Geschmack	Würzig, mild
Standort	Laub-, Nadelwald, Wiesen
Saison	Juni bis Oktober
Verwendbarkeit	Essbar (weiße Gleba / solange das Fleisch rein weiß ist), roh essbar, wird beim Kochen zäh, darum besser anbraten
Verwechslung	Weißer Igelstäubling, Birnenstäubling (alle essbar)

Hasenstäubling

(Lycoperdon utriforme)

Der Hasenstäubling wird etwas größer als eine Kartoffel, hat oft nur noch einen sehr kurzen Stielbereich und sieht aus wie der kleine Bruder des Riesenbovisten. Der junge Fruchtkörper hat eine tafelartige Oberfläche, wobei diese Platten mit fortschreitendem Alter verschwinden. Gleichzeitig reißt die äußere Haut auf und gibt die Innenhaut frei, die später ebenfalls einreißt, damit die Sporen nach außen gelangen können. Die zurückbleibenden aufgerissenen Fruchtkörper sind häufig noch im nächsten Frühjahr zu finden.

Der Hasenstäubling ist mittlerweile recht selten geworden und gilt als gefährdet. Er kann auch noch mit dem **Weißen Großstäubling** (*Calvatia Cadida*) verwechselt werden, der jedoch eine gehirnartige Struktur aufweist. Der **Violette Stäubling** (*Calvatia Cyathiformis*) hat später violette Sporen. Ihm fehlen ebenfalls die plattenförmigen Erhebungen. Der recht kleine **Wiesenstaubbecher** oder **Wiesenstäubling** (*Lycoperdon Pratense*) ist eher birnenförmig zur Basis hin verjüngt. Da all diese Doppelgänger essbar sind, ist eine Verwechslung nicht tragisch.

Synonyme	Getäfelter Großstäubling, Hasenbovist, Gemeiner Stäubling, Ausgestochener, Calvatia triformis, Handkea utriformis
Familie	Champignonverwandte (Agaricaceae)
Gattung	Stäublinge (Lycoperdon)
Fruchtkörper	Ø 4-16 cm, 2-14 cm hoch, weiß, später grau, beige, braun, plattenförmige Erhebungen, später mosaikartig raue Oberfläche
Fleisch	Weiß und schwammig, später grünbraun und pulverig
Geruch	Angenehm pilzig
Geschmack	Mild, später oft phenolartig / nach Desinfektionsmittel
Standort	Wiesen, sandige, lehmige Böden, Waldränder
Saison	Juni bis Oktober
Verwendbarkeit	Guter Speisepilz (weiße Gleba / solange das Fleisch rein weiß ist)
Verwechslung	Beutelstäubling, Violetter Stäubling, Wiesenstäubling, Riesenbovist (alle essbar)

Riesenbovist

(Calvatia gigantea)

Der kugelige Riesenbovist kann über 10 Kilogramm auf die Waage bringen. Er hat keinen Stiel und ist damit ein echter Bovist. Die Bezeichnung Riesenstäubling ist also nicht korrekt. Am unteren Teil des Fruchtkörpers wachsen wurzelartige, dicke Myzelstränge.

Der große Fruchtkörper ist bei jungen, essbaren Exemplaren weiß und ledrig fest. Er hat wenig Eigengeschmack und wird gerne in Scheiben geschnitten und paniert gebraten. Der Geschmack erinnert dann an Kalbsschnitzel. Wird der Gigant gelblich, ist er nicht mehr genießbar, worauf auch sein unangenehmer Geruch schließen lässt. Er zerfällt dann bald zu einer braunen Sporenmasse.

Kleine Riesenboviste können mit anderen weißen Pilzen, wie Champignons, Knollenblätterpilzen oder verschiedenen Wulstlingen und Stäublingen, verwechselt werden. Schneiden Sie kleine Boviste daher immer auf und betrachten Sie den Pilz ganz genau. Sind keine Lamellen erkennbar und ist das Fruchtfleisch einheitlich schneeweiß, handelt es sich um den Riesenbovist.

Synonyme	Riesenstäubling, Langermannia gigantea, Lycoperdon gigantea
Familie	Champignonverwandte (Agaricaceae)
Gattung	Großstäublinge (Calvatia)
Fruchtkörper	Ø 5-50 cm, 5-40 cm hoch, glatt ledrige Oberfläche, weiß, später gelbgrün bis braun
Fleisch	Weiß und schwammig, später braun und pulverig
Geruch	Neutral, später nach Urin
Geschmack	Mild, neutral
Standort	Wiese, Streuobstwiese, Acker, Waldlichtung, Park, trockene Böden
Saison	Juni bis Oktober
Verwendbarkeit	Sehr guter Speisepilz, roh unverträglich
Verwechslung	Wulstlinge (meist giftig), Stäublinge (meist essbar, wenn Fleisch weiß ist), Champignon (meist essbar), Knollenblätterpilz (giftig)
Besonderheiten	Wurde als Zunder und in der Imkerei eingesetzt, enthält Calvacin, das in der Krebstherapie verwendet wird

Dickschaliger Kartoffelbovist

(Scleroderma citrinum)

Zur Gattung der Kartoffelboviste gehören über 30 Pilzarten, deren Farbe und Form an kugelig-knollige Kartoffeln erinnern, aber nicht essbar sind. Der Dickschalige Kartoffelbovist hat eine besonders dicke und harte Außenhaut, die vom Scheitel her aufplatzt, sobald die Sporen reif sind. Der Pilz zerfällt schließlich komplett.

Wie alle Boviste haben auch Kartoffelboviste keinen Stiel. Vielmehr wachsen Myzelfäden direkt an der Basis des Fruchtkörpers. Die Gleba ist bereits bei jungen Exemplaren dunkel und giftig. Der Pilzgenuss kann zu ernsthaften Magen-Darm-Problemen und zum Kreislaufzusammenbruch führen. Ebenso sind Sehstörungen möglich.

Der **Dünnschalige Kartoffelbovist** (*Scleroderma verrucosum*) ist dem Dickschaligen Kartoffelbovist sehr ähnlich, hat jedoch eine dünnere Außenhaut und zeigt einen sogenannten Scheinstiel unter dem knolligen Fruchtkörper. Junge Exemplare haben eine hellgelbe und später eine fast weiße Farbe. Auch beim **Leopardenfell-Hartbovist** (*Scleroderma areolatum*) mit seiner charakteristischen Zeichnung ist die Basis oft stielartig eingeschnürt. Meiden Sie alle Kartoffelboviste. Sie sind giftig. Sammeln Sie nur die Pilze, die Sie zu 100 Prozent kennen.

Synonyme	Hartbovist, Pomeranzenhärtling, Feuerpilz, Trudenbeutel, Sandtrüffel, Schweinetrüffel, Lycoperdon tessallatum
Familie	Kartoffelbovistverwandte (Sclerodermataceae)
Gattung	Kartoffelboviste (Scleroderma)
Fruchtkörper	Ø 2-15 cm, 2-3 cm dicke Außenhaut, glatte, rissige oder schuppige Oberfläche, gelb, ocker, braun, kartoffelförmig, fest
Fleisch	Gelblich, später braun bis schwarz, mit weißen Adern durchzogen
Geruch	Nach Knoblauch, Methan
Geschmack	Mild, nach Knoblauch, metallisch, widerlich
Standort	Nadel-, Mischwald, saure nährstoffarme Böden, sandige Böden
Saison	Juli bis November
Verwendbarkeit	Giftig
✖ **Verwechslung**	Dünnschaliger Hartbovist, Leopardenfell-Hartbovist, andere Kartoffelboviste (alle giftig), Trüffel (essbar), andere braune Boviste und Stäublinge

Erdsterne

(Geastrum)

In Europa gibt es mehr als 20 verschiedene, eher seltene Erdsternarten, wie etwa den **Halskrausen-Erdstern** (*Geastrum michelianum*) oder den **Schwarzköpfigen Erdstern** (*Geastrum melanocephalum*). Erdsterne sind saprophytisch lebende Bauchpilze.

Diese ungenießbare Pilzgattung bildet zunächst eine unterirdische etwa 5 cm große Knolle, die aus 3 Schichten (**Exoperidie**) besteht. Wächst der Pilz, platzt zunächst die äußere Schicht auf und verbleibt bei den meisten Arten im Boden zurück. Die verbleibenden Hüllen reißen sternförmig auf und geben den Sporensack frei, der sich nach oben hebt. Bei einigen Arten sitzt diese **Endoperidie** auf einem Stiel. Diese Kugel besteht aus einer extrem dünnen Haut. In der Mitte befindet sich ein kleines Loch (**Peristom**). Durch kleinste Berührungen, etwa durch Regentropfen, werden die innenliegenden Sporen durch die winzige Öffnung nach außen geschleudert.

Synonyme	Halskrausen-, Schwarzköpfiger, Fransen-, Nest-, Kronen-, Kamm-, Rötender, Sieb-Erdstern, etc.
Familie	Erdsternverwandte (Geastraceae)
Gattung	Erdsterne (Geastrum)
Kopfteil	weiß, braun, schwarz
Kragen	4-10 Lappen, Ø 3-12 cm, weiß, braun, filzig
Stiel	Teilweise unter Sporensack (Endoperidie) vorhanden
Knolle	Ø 2-5 cm
Fruchtkörper	Weißes, braunes, teils rötliches Fleisch
Geruch	Neutral
Geschmack	Neutral, mild
Standort	Laub-, Nadelwald, sandige Böden, Kalkböden
Saison	Juni bis Oktober
Verwendbarkeit	Ungenießbar

2.7.9 Stinkmorchelartige (Phallales), Morcheln (Morchella), Lorcheln (Gyromitra) und Becherlinge (Pezizales)

In der Ordnung der **Phallales** finden Sie im jungen Entwicklungsstadium die sogenannten Hexeneier. Diese kugeligen Fruchtkörper umgibt die *Volva*, eine weiße gallertige Hülle, welche die Fruchtmasse (Gleba) umgibt. Die Gleba ist gekammert und enthält mit dem *Rezeptakulum* streckungsfähige Achsenelemente, die eine Stinkmorchel innerhalb weniger Stunden regelrecht in die Höhe schnellen lassen und dabei das Hexenei sprengen. Neben stielartigen kann ein *Rezeptakulum* auch eine Gitter- oder eine verzweigte Netzstruktur bilden.

Durch Duftstoffe und eine markante Zeichnung werden Insekten angelockt, welche die reifen Sporen aufnehmen und verbreiten. Neben der bei uns bekannten Stinkmorchel gehören **Hundsruten** (*Mutinus*) und **Gitterlinge** (*Clathrus*) ebenfalls zu den Phallales.

Stinkmorchel *(Phallus impudicus)*

Tintenfischpilz *(Clathrus archeri)*

Morchelbecherling *(Disciotis venosa*

Mit der Ordnung der Becherlingsartigen (*Pezizales*) verlassen wir die Welt der Ständerpilze (*Basidiomycota*) und betreten die der **Schlauchpilze (Ascomycota)**. Mit einigen dieser Vertreter beginnt das Pilzjahr, wenn es kaum andere Speisepilze gibt. So findet man **Morcheln** (*Morchella*) bereits im Frühling. Sie gehören zu den besten und teuersten Edelpilzen. Zu dieser Zeit findet man allerdings auch ihre giftigen Doppelgänger, die **Frühjahrslorcheln** (*Gyromitra esculenta*). Morcheln stehen unter Naturschutz, dürfen in Deutschland aber in kleinen Mengen und für den eigenen Bedarf gesammelt werden.

Die markant aussehenden **Becherlinge** bilden die Sporen in der Innenseite ihrer schüsselförmigen Fruchtkörper. Zwar gibt es auch hier einige sehr gute Speisepilze, doch Becherlinge sind recht schwer voneinander zu unterscheiden, so dass Anfänger diese besser stehen lassen.

Spitzmorchel *(Morchella elata)*

Frühjahrslorchel *(Gyromitra esculenta)*

Stinkmorchel

(Phallus impudicus)

Stinkmorcheln riecht man oft schon von weitem, noch ehe man sie sieht. Diesem intensiven unangenehmen Aasgeruch verdanken sie ihren Namen. Bei uns gehören sie zu den Hauptvertretern dieser Ordnung. Den Duft verströmt die dunkle, tropfende Fruchtmasse (Gleba) an der Pilzspitze, die Fliegen und Käfer magisch anzieht. Wegen des Geruchs sind diese bodenbewohnenden Saprobionten ungenießbar. Essbar ist dagegen das Hexenei, aus dem der später stinkende Pilz entwächst. Genießbar ist es, solange das Innere schneeweiß ist.

Die **Europäische Schleierdame** (*Phallus impudicus var. Pseudoduplicatus)* ist eine Varietät der Stinkmorchel und hat einen netzartigen weißen Schleier, der direkt unter dem Hut beginnt und bis auf den Boden reichen kann. Auch deren Hexeneier gelten als kulinarische Delikatesse.

Stinkmorcheln gehören zur Ordnung der Phallales und sind mit den Speisemorcheln, die zur Ordnung der Becherlingsartigen (Pezizales) gehören, nicht verwandt.

Synonyme	Hirschwurz, Leichenfinger, Pfurzglocke, Eichelschwammm, Aasmorchel
Familie	Stinkmorchelverwandte (Phallaceae)
Gattung	Stinkmorcheln (Phallus)
Hut	Ø 2-4 cm, 4-5 cm hoch, zunächst glatt, später wabenartige Vertiefungen, grünschwarz, schwarz, schleimig
Stiel	Ø 2-3 cm, 5-20 cm hoch, weiß, hohl, wabenartige Oberfläche, nach oben hin verjüngt
Hexenei	Ø 4-5 cm, 5-6 cm hoch, weiß (geruchlos, essbar), innen weiß
Fruchtkörper	Weiß, brüchig
Geruch	Hexenei riecht neutral, später intensiv nach Aas
Geschmack	Hexenei nussig, nach Rettich
Standort	Humusreiche Böden, bei morschem Holz, Laub-, Nadelwald
Saison	Mai bis November
Verwendbarkeit	Ungenießbar, Hexenei ist roh und gegart essbar (Gallerthülle entfernen!), Vitalpilz

Tintenfischpilz

(Clathrus archeri)

Der bizarr aussehende Tintenfischpilz wurde Anfang des zwanzigsten Jahrhunderts aus Übersee nach Europa eingeschleppt. Die leuchtend roten vier bis sechs krakenartigen Arme (**Rezeptakulum**) sind mit der sporenhaltigen Fruchtmasse überzogen. Wie die Stinkmorchel verströmt diese Gleba einen widerlichen Duft, der Insekten anlockt. Der Tintenfischpilz selbst ernährt sich von toten, organischen Stoffen.

Das Hexenei des Tintenfischpilzes ist innen rotweiß gefärbt und damit gut vom innen weißen Hexenei der Stinkmorcheln zu unterscheiden. Anfangs sind die nach oben gerichteten Arme noch miteinander verbunden und öffnen sich später sternförmig nach außen.

Synonyme	Krakenpilz, Krakenarmpilz, Tintenfisch-Gitterling, Anthurus archeri
Familie	Stinkmorchelverwandte (Phallaceae)
Gattung	Gitterlinge (Clathrus)
Stiel	1-4 cm lang, weißlich
Hexenei	Ø 3-5 cm, 5-6 cm hoch, weiß, bräunlich, innen rotweiß, (geruchlos, essbar)
Fruchtkörper	4-6 rote Arme, je 10-12 cm lang, gummi-, schwammigartig, rotes Fleisch
Geruch	Hexenei riecht neutral, später intensiv nach Aas
Geschmack	Mild (Hexenei)
Standort	Laubwald, auf nährstoffreichen Böden, auf Totholz, Rindenmulch
Saison	Juli bis September
Verwendbarkeit	Ungenießbar, Hexenei essbar (Gallerthülle entfernen!), nicht empfehlenswert, kann Magen-Darm-Probleme verursachen

Trüffel

(Tuber)

Wegen seines einzigartigen Aromas wird der **Weiße Trüffel** (*Tuber magnatum*) auch als König unter den Trüffeln bezeichnet und gerne in der gehobenen Küche, der sogenannten *Haute Cuisine*, verwendet. Er wird hauptsächlich in Südeuropa gefunden und gehört zu den teuersten und auch kulinarisch wertvollsten Pilzen überhaupt. Verbreiteter und damit günstiger ist der **Schwarze Trüffel** (*Tuber melanosporum*). In unseren Breiten findet man dagegen öfter **Sommertrüffel** (*Tuber aestivum*) und **Wintertrüffel** (*Tuber brumale*).

Der knollige Fruchtkörper wächst etwa 5-50 cm unter der Erde und wird traditionell mit Schweinen, Hunden oder Ziegen gesucht, die den Duft der Trüffel riechen. Auch andere Tiere verspeisen gerne diese Schlauchpilze, nehmen damit die Sporen auf und sorgen für die Verbreitung.

In Deutschland genießen Trüffel einen besonderen Schutz und dürfen nicht gesammelt werden. Trüffel leben in Symbiose mit verschiedenen Laubbäumen und werden mittlerweile auch gezüchtet.

Neben den zuvor genannten Trüffelarten gibt es zahlreiche weitere und auch einige „Plagiate", wie etwa die ungenießbaren **Hirschtrüffelarten** (*Elaphomyces*) oder den giftigen **Kartoffelbovist** (*Scleroderma citrinum*). Man spricht daher auch von echten und von falschen Trüffeln. Wenn Sie Ihr Geld für Trüffel ausgeben möchten, sollten Sie sich also genau anschauen, was Sie vor sich haben. Der **Chinesische Trüffel** (*Tuber indicum*) darf zudem als Schwarzer Trüffel gehandelt werden. Er ist jedoch an der rotbraunen, glatten Oberfläche recht gut zu erkennen.

Gerne werden auch billige Aromen verwendet. Am besten kaufen Sie rohe Trüffel, denn durch die Zubereitung und Konservierung geht das meiste Aroma verloren.

Bezeichnung	Weißer, Italienischer, Piemont-, Magnatentrüffel, *Tuber magnatum*	Schwarzer, Perigord Trüffel, *Tuber melanosporum*	Sommer-, Burgundertrüffel Tuber aestivum, Scorzone	Winter-, Muskattrüffel, Tuber brumale
Synonyme	Nusspilz, Erdschwämme, Grieblinge, Erdmorgel			
Familie	Trüffelverwandten (Tuberaceae)			
Gattung	Tuber			
Fruchtkörper	Ø 2-9 cm			Ø 1-5 cm
	Kugelig, unregelmäßig, knollig		Kugelig, eher regelmäßig	
	Ocker	Violettschwarz, rotbraun	Dunkelbraun, schwarz	Rotbraun, später schwarz
	glatte, leicht runzlige Oberfläche	warzige, höckerige, rindenartige Oberfläche		
Fleisch	Weiß	Weißlich, später schwarz-, braunweiß marmoriert	Weißlich, später gelblich, mit weiß-grauen Adern	Braun-, grau schwarz mit weiß-braunen Adern
	Fest, hart			
Geruch	Nach Lauch, Knoblauch, später nach Käse, Methan	Holzig, nach Erdbeeren, Kakao	Nach Knoblauch, Malz	Nach Muskatnuss, Marzipan, Moschus
Geschmack	Mild, leicht nach Knoblauch	Mild, nussig		
Standort	Laubwald, alkalische/ basische, kalkhaltige Böden			
Saison	Oktober bis Januar	November bis März	April bis August	November bis März
Verwendbarkeit	Hervorragender Speisepilz, Würzpilz			
✖ **Verwechslung**	Mit anderen Trüffelarten (essbar), Kartoffelbovist (giftig)			
Besonderheiten	Extrem teuer, außergewöhnliches Aroma			

Speisemorchel

(Morchella esculenta)

Die Speisemorchel gilt als die Königin unter den Morcheln. Ihr eiförmiger, hellbrauner Hut hat eine wabenartige Struktur, in der die Sporen heranreifen. Mit zunehmendem Alter dehnen sich diese Waben und werden größer. Wie die Kappe ist auch ihr heller Stiel innen hohl.

Morcheln sind Zersetzer und wachsen gerne in Gruppen auf verletzten Böden und auf Rindenmulch. Sie findet man nur innerhalb eines kurzen Zeitraums im Frühjahr.

Bei den Speisemorcheln gibt es verschiedene Varietäten, die alle ausgezeichnete Speisepilze sind. Die Unterschiede sind marginal. Die **Graubraune Speisemorchel** (*Morchella rotunda var. esculenta*) fällt durch die andersfarbige Kappe und die kontrastreichen Rippen auf. Auch die **Gemeine** oder **Graue Morchel** (*Morchella vulgaris*) hat einen andersfarbigen und eher dunkel- bis graubraunen Hut. Ihrem Stiel fehlen zudem die Längsfurchen. Die seltene **Dickfüßige Morchel** (*Morchella crassipes*) wird größer und hat einen markant klumpig dicken Stiel. Dagegen ist die **Braune Speisemorchel** (*Morchella umbrina*) deutlich kleiner. **Rundmorcheln** (*Morchella rotunda*) sind nach ihrer Hutform benannt. Die Speisemorchel wird auch gerne mit der **Hohen Morchel** (*Morchella elata*) verwechselt, die wir gleich im Anschluss vorstellen.

Mit den giftigen **Lorcheln** (*Gyromitra*) sollten Sie Speisemorcheln und ihre Doppelgänger jedoch nicht verwechseln. Die Lorchel-Kappe erinnert an eine gehirnartige Masse und hat keine wabenartigen Vertiefungen. Auch von **Stinkmorcheln** (*Phallus*) mit ihrer schleimigen, übel riechenden Gleba sind Speisemorcheln gut zu unterscheiden.

Einige, weitgehend noch unbekannte Substanzen der Speisemorchel können das sogenannte **Morchella-Syndrom** hervorrufen. Sensible Personen reagieren mit Zittern, Gleichgewichts- und Koordinationsstörungen. Auch Sehstörungen und Krampfanfälle sind möglich. Das

Morchella-Syndrom tritt häufig erst nach 12 bis 24 Stunden auf, weshalb Morcheln zunächst nur in kleinen Mengen genossen werden sollten. Auch wenn die Symptome ohne weitere Folgen von selbst abklingen, sollten Sie einen Arzt aufsuchen. Bei getrockneten Morcheln, die später eingeweicht weiterverarbeitet werden, kann das Morchelsyndrom weitgehend ausgeschlossen werden. Zum Morchella-Syndrom kann es auch bei anderen Morchelarten kommmen.

Synonyme	Rundmorchel, Maipilz, Mairogal, Gelbe Morchel, Schwamm-Morchel, Heuhaufen
Familie	Morchelverwandte (Morchellaceae)
Gattung	Morcheln (Morchella)
Hut	Ø 3-8 cm, 3-8 cm hoch, ockergelb, braun, wabenartige Vertiefungen mit hellen Rippen, mit Stiel verwachsen, unregelmäßig rund, innen hohl und rau, spröde
Stiel	Ø 2-5 cm, 2-10 cm hoch, weiß, beige, gefurcht, körnig raue Oberfläche, innen hohl und rau, Basis oft keulig verdickt, spröde zäh
Fruchtkörper	Ø 5-12 cm, innen hohl, weißes, gelbliches, brüchiges Fleisch, Stiel oft zäh
Geruch	Aromatisch, erdig
Geschmack	Aromatisch, würzig
Standort	Laub-, Nadelwald, nährstoffarme kalkhaltige, verletzte Böden, auf Brandstellen, Rindenmulch, oft in der Nähe von Morchelbecherlingen (essbar)
Saison	März bis Juni
Verwendbarkeit	Sehr guter Speisepilz (gegart), roh giftig
Verwechslung	Spitzmorchel, Dickfüßige Morchel (beide essbar), Frühjahrslorchel (giftig), Stinkmorchel (ungenießbar)
Besonderheiten	Enthält Hydrazin, das zu Unverträglichkeitsreaktionen führen kann, durch Kochen jedoch zerstört wird. Morchella-Syndrom durch weitere Giftstoffe möglich. Gilt als Vitalpilz.

Spitzmorchel

(Morchella elata)

Spitzmorcheln erkennen Sie leicht an dem deutlich spitz zulaufenden, langen, dunklen Hut, der wie bei allen Morcheln eine wabenartige Struktur aufweist, in der die Sporen heranreifen. Hut und der helle Stiel sind innen hohl. Damit keine Insekten im Kochtopf landen, sollten Sie Morcheln immer aufschneiden und innen reinigen.

Schlüsselblume, Pest- und Schuppenwurz gelten als Zeigerpflanzen der Spitzmorcheln. Einige Spitzmorcheln sind recht standorttreu, andere bevorzugen verletzte Böden oder Rindenmulch. Einige Pilzsammler meinen, dass Rindenmulch das Aroma etwas negativ beeinflusse, doch das ist wohl reine Geschmackssache. Alle Varietäten der Spitzmorchel sind essbar und unterscheiden sich häufig nur leicht. So ist die Kappe der **Schwarzen Spitzmorchel** (*Morchella tridentina*) sehr dunkel, während die der **Fleischfarbenen Spitzmorchel** (*Morchella Carnea*) rötlich schimmert.

Mit bis zu 15 cm wird die Spitzmorchel größer als die etwas seltener vorkommende **Speisemorchel** (*Morchella esculenta*). Speisemorcheln haben runde, wabenähnliche Rippen. Dagegen verlaufen die Rippen der Spitzmorcheln von oben nach unten, fast parallel.

Mittlerweile werden Spitzmorcheln gezüchtet und im Handel häufig in getrockneter Form für viel Geld angeboten. Auch Pilzzuchtsets für die Kultivierung zu Hause sind erhältlich.

Synonyme	Gartenmorchel, Rindenmulch-Morchel, Hohe Morchel, Morchella conica
Familie	Morchelverwandte (Morchellaceae)
Gattung	Morcheln (Morchella)
Hut	Ø 1-4 cm, 3-10 cm hoch, grau, anthrazit, schwarz, bräunlich, wabenartige Vertiefungen, Rippen werden später immer dunkler, mit Stiel verwachsen, spitzkegelig, manchmal auch oval, innen hohl
Stiel	Ø 1-4 cm, 3-6 cm hoch, weiß, später gelblich, hellbraun, wellig körnige Oberfläche, innen hohl
Fruchtkörper	Weiß, brüchiges Fleisch, Stiel oft zäh
Geruch	Aromatisch, erdig
Geschmack	Aromatisch, würzig
Standort	Laub-, Nadelwald, auf verletzten Böden, auf Brandstellen, bei Holzlagerplätzen, auf Rindenmulch, feuchte, kalkreiche oder sandige Böden
Saison	März bis Juni
Verwendbarkeit	Sehr guter Speisepilz (gegart), roh giftig
Verwechslung	Speisemorchel und andere Morcheln (alle essbar), Frühjahrslorchel (giftig)
Besonderheiten	Unverträglichkeitsreaktionen / Morchella-Syndrom möglich. Gilt als Vitalpilz. Gut zum Trocknen geeignet.

Morchel-becherling

(Disciotis venosa)

Morchelbecherlinge sind mit den Morcheln verwandt, zersetzen ebenfalls organisches Material und sind gut an ihrem Chlorgeruch erkennbar. Dieser verschwindet beim Erhitzen dieses schmackhaften Speisepilzes. Die becherartige Form flacht zunehmend ab. Das Innere dieses Becherlings ist oft hirnartig gewunden.

Die ebenfalls essbare **Scheibenlorchel** (*Gyromitra ancilis*) sieht zwar ähnlich aus, riecht jedoch nicht nach Chlor und wächst auf Nadelholz. Auch anderen Doppelgängern fehlt dieser charakteristische Geruch. Der ungenießbare **Schiefergraue Becherling** (*Peziza succosella*) riecht zwar unangenehm, aber nicht nach Chlor. Außerdem rollt sich sein Rand zunehmend nach innen ein und wird damit nicht flacher. Sein Fleisch ist eher beige. Der essbare **Kastanienbraune Becherling** (*Peziza Badia*) unterscheidet sich nicht nur hinsichtlich der Farbe, sondern gibt beim Zerschneiden auch einen klaren Saft ab.

Synonyme	Flatschmorchel, Aderbecherling, Chlorbecherling
Familie	Morchelverwandte (Morchellaceae)
Gattung	Morchelbecherlinge (Disciotis)
Stiel	Weiß, gelb, braun, sehr kurz, oft nur angedeutet, furchig
Fruchtkörper	Ø 3-20 cm, 1-5 cm hoch, 2-3 mm dick, hellbraun, später dunkelbraun, Unterseite beige, innen dunkler als außen, faltig-adrige Oberfläche, becherförmig, Fleisch fest und brüchig, weiß und braun
Geruch	Nach Chlor
Geschmack	Mild (gegart)
Standort	Laub-, Nadelwald, nährstoffarme kalkhaltige oder lehmige Böden, auf verletzten Böden, auf Brandstellen, Rindenmulch, häufig bei Speisemorcheln
Saison	März bis Juni
Verwendbarkeit	Guter Speisepilz, roh giftig
Verwechslung	Scheibenlorchel (essbar), Schiefergrauer Becherling (ungenießbar)
Besonderheiten	Gut zum Trocknen geeignet

Frühjahrs-lorchel

(Gyromitra esculenta)

☠ ☠

Lange Zeit galt die Frühjahrslorchel mit ihrem guten Aroma als hervorragender Speisepilz und wird auch heute noch in einigen Ländern gerne gegessen. Darauf deutet sein lateinischer Name (esculenta = essbar) hin. Allerdings enthält die Frühjahrslorchel das Gift Gyromitrin, das tödlich sein kann, so dass eine spezielle Zubereitung notwendig ist. Dabei werden die Lorcheln mehrfach abgekocht und der Sud jeweils entsorgt. In Deutschland ist der Handel mit Frühjahrslorcheln verboten. Auch beim Trocknen wird das Gift weitgehend zerstört. Es kann sich jedoch im Körper anreichern und fatale Folgen haben. Sie sollten die Frühjahrslorchel darum stehen lassen.

Frühjahrslorcheln erkennen Sie an der hirnartig gewundenen Kappe. Damit sind sie gut von den essbaren Morcheln, deren Hut wabenartig aufgebaut ist, zu unterscheiden. Anders als bei den Morcheln ist der Hohlraum im Innern nicht durchgehend, sondern in kleine Kammern getrennt.

Auch andere Lorchelarten mit ähnlichen Hutformen enthalten das Gift in unterschiedlichen Dosen. Diese Pilze finden Sie auch zu anderen Jahreszeiten, wie etwa die **Herbstlorchel** (*Helvella crispa*), deren lappig geformte Kappe auffallend hell und im Herbstlaub recht schwer zu erkennen ist.

Synonyme	Frühlorchel, Giftlorchel, Speiselorchel, Falsche Morchel, Helvella esculenta
Familie	Giftlorchelverwandte (Discinaceae)
Gattung	Giftlorcheln (Gyromitra)
Hut	Ø 3-10 cm, 3-5 cm hoch, braun, schwarz, grauweiß, orange, rotbraun, gehirnartig, unregelmäßige Windungen, mit Stiel verwachsen, innen hohle Kammern
Stiel	Ø 1-3 cm, 3-7 cm hoch, weiß, beige, furchig, raue Oberfläche, zuerst innen voll, später hohle Kammern, brüchiges Fleisch
Fruchtkörper	Ø 5-15 cm, 5-12 cm hoch, weißes, zähes, brüchiges Fleisch, nicht hohl
Geruch	Angenehm
Geschmack	Mild
Standort	Nadelwald, oft unter Kiefern, auf Sand- und verletzten Böden, auf Rindenmulch
Saison	März bis Juni
Verwendbarkeit	Tödlich giftig (roh), leicht giftig (gegart, getrocknet)
✖ **Verwechslung**	Zipfellorchel, Riesenlorchel (alle giftig), andere Lorcheln (meist giftig)
Besonderheiten	Enthält das Gift Gyromitrin, wird beim intensiven Kochen und Trocknen weitgehend zerstört. Reste können sich jedoch im Körper anreichern. Gelten in einigen Ländern, z. B. in Skandinavien, nach entsprechender Vorbehandlung als genießbar.

Blasiger Becherling

(Peziza vesiculosa)

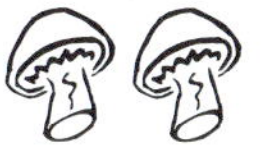

Der Blasige Becherling wächst gerne in kleinen Gruppen. Auch in ihm konnten kleine Mengen Gyromitrin nachgewiesen werden, die sich beim Kochen verflüchtigen. Auf der kugelig runden Unterseite der Fruchtkörper finden Sie kleine schuppige Bläschen.

Der ungenießbare **Riesenbecherling** (*Peziza varia*) ist in etwa genauso groß wie der Blasenbecherling. Sein Fruchtkörper ist jedoch nicht so stark kugelig gewölbt und eher kelchförmig nach oben gezogen. Das essbare **Eselsohr** (*Otidea onotica*) ist deutlich rötlicher. Der ungenießbare **Kerbrandige Napfbecherling** (*Tarzetta cupularis*) ist mit einem Durchmesser von maximal 4 cm wesentlich kleiner. Seinen Namen verdankt er dem hellbraunen gezackten Rand. Der **Ausgebreitete Becherling** (*Peziza repanda*) ist deutlich flacher und rötlicher. All diesen Pilzen fehlen die schuppigen Bläschen auf der Unterseite des Fruchtkörpers. Diese sind ansatzweise beim **Falschen Blasenbecherling** (*Peziza Pseudovesiculosa*) erkennbar, allerdings riecht dieser unangenehm und ist ungenießbar. Becherlinge sind häufig nur unterm Mikroskop eindeutig identifizierbar. Wenn Sie sich nicht sicher sind, ob Sie eine essbare Art gefunden haben, lassen Sie den Pilz besser stehen.

Synonyme	Blasen-Becherling
Familie	Becherlingsverwandte (Pezizaceae)
Gattung	Echte Becherlinge (Peziza)
Stiel	Beige, gelbbraun, sehr kurz, meist schief, oft nur angedeutet
Fruchtkörper	Ø 2-10 cm, beige, gelbbraun, becherförmig kugelig, unregelmäßiger Rand, nach innen gewölbt, schuppige Bläschen auf Unterseite, glatte Innenseite, beiges, gelbbraunes Fleisch
Geruch	Neutral
Geschmack	Mild
Standort	Nährstoffreiche Böden, Misthaufen
Saison	März bis November
Verwendbarkeit	Guter Speisepilz
✖ **Verwechslung**	Riesenbecherling, Kerbrandiger Napfbecherling, Falscher Blasenbecherling (alle ungenießbar), Ausgebreiteter Becherling, Eselsohr (beide essbar)

3. Kulturpilze: Pilze selbst züchten

Im Handel werden viele gezüchtete Pilzarten das ganze Jahr angeboten, wie etwa Champignons, Kräuterseitlinge oder Shiitake. Zudem gibt es unterschiedliche Pilzkulturen, mit denen Sie zu Hause eine eigene Pilzzucht anlegen können. Die hier erworbene Brut ist ein mit Pilzmyzel durchwachsenes Material, das als Zuchtgrundlage dient. Selbstverständlich können Sie auch eigene Reinkulturen aus Fruchtkörpern herstellen. Das ist jedoch nicht ganz so einfach und eine Anleitung würde den Rahmen dieses Buches sprengen.

Mit Ihrer eigenen Pilzkultur können Sie leckere Speisepilze unabhängig von Jahreszeit und Witterung genießen. Pilze aus dem eigenen Keller oder der Garage sind frei von schädlichen Umwelteinflüssen, Schwermetallen und Parasiten. Natürlich ist auch im eigenen Garten ein weitgehend kontrollierter Anbau möglich. Allerdings werden Sie auf Symbiosepilze verzichten müssen, denn aufgrund der komplexen Wechselwirkungen konnten diese bislang kaum kultiviert werden.

Man unterscheidet zwischen drei verschiedenen Zuchtmethoden, nämlich zwischen Holz-, Stroh- und Kompost- bzw. Fertigkulturen. Der jeweilige Aufwand ist recht unterschiedlich und jede Kulturart hat ihre eigenen Vor- und Nachteile. Während Holzkulturen deutlich robuster und frostunempfindlich über mehrere Jahre hinweg im Garten kultiviert werden, sind Stroh- und Kompost- bzw. Fertigkulturen empfindlicher und auf einen frostfreien Standort angewiesen. Sie sollten sich also nicht nur überlegen, welche Pilzart Sie anbauen möchten, sondern auch wo Sie den benötigten Patz haben.

	Holzkulturen	Strohkulturen	Kompost- bzw. Fertigkulturen
Pilzarten	Austernseitling, Stockschwämmchen, Samtfußrübling, Shiitake, Judasohr, Kräuterseitling, Südlicher Schüppling	Austernseitling, Riesenträuschling / Braunkappe, Limonenpilz/ Rillstielliger Seitling, Schopftintling, Kräuterseitling	Austernseitling, Champignon, Brauner Egerling, Schopftintling, Limonenpilz, Shiitake, Judasohr
Vorteile	Ergiebig, mehrjährig, unempfindlich gegen Frost	Einfach zu kultivieren	Ergiebig
Nachteile	Lange Wartezeit zwischen Animpfen und Ernten	Einjährig, frostempfindlich	Einjährig, frostempfindlich

Tabelle 10: Im Handel erhältliche, kultivierbare Pilzarten

Leider kann der Zuchterfolg nicht garantiert werden, denn neben dem Standort beeinflussen Witterung und Wasserversorgung das Pilzwachstum entscheidend.

3.1 Holzkulturen

Die für die Holzkultur benötigte Pilzbrut gibt es als Körner-, Stroh-, Sägemehl- und Stäbchenbrut. Am besten starten Sie im frostfreien Frühjahr, wenn es noch nicht zu heiß ist.

Kerbe einsägen.

Zunächst benötigen Sie einen frisch geschlagenen Laubholzstamm oder einen dickeren Ast, am besten von Eiche, Buche oder Birke. Dieser sollte 0,70 bis 1 Meter lang sein.

Sägen Sie zwei Kerben, die als Brutkammern dienen, im oberen und unteren Drittel parallel zueinander ein. Dabei sollten die Schnitte möglichst tief und etwa 5 bis 10 mm breit sein. Am besten geht das mit einer Motorsäge. Auch Bohrungen sind möglich und eignen sich besonders für Stäbchenbrut. Für einen etwa 15 cm dicken Stamm benötigen Sie etwa 15 Löcher. Ob das Holz tatsächlich noch ausreichend frisch und damit die notwendige Feuchtigkeit hat, können Sie ganz einfach anhand des Sägemehls bzw. der Sägespäne prüfen. Können Sie diese zu kleinen Kugeln zusammendrücken, ohne dass diese gleich wieder auseinanderfallen, ist das Holz für die Pilzzucht geeignet.

In diese Hohlräume geben Sie nun die Pilzbrut. Das Zusammenbringen von Holzstämmen und Brut bezeichnet man als Animpfen. Anschließend umwickeln Sie den Stamm mit Frischhalte- oder Klebefolie und fixieren dadurch die Brut. Bohrlöcher verschließen Sie am besten mit Fett oder Bienenwachs. Damit schützen Sie die Brut gleichzeitig vor dem Austrocknen. Zudem können Sie den Holzstamm zu Beginn in einer Plastiktüte aufbewahren und damit für gleichmäßige Feuchtigkeit sorgen.

Nach dem Animpfen die Brut fixieren und vor dem Austrocknen schützen.

Deponieren Sie den Stamm an einem schattigen, zu Beginn frostsicheren Platz. Über 25° C sollte es nicht werden. Prüfen Sie mindestens einmal pro Woche, ob das Holz noch ausreichend feucht ist und bewässern Sie es falls nötig.

Je nach Pilzart und Stammdicke kann bereits nach einigen Tagen der erste Flaum sichtbar sein. Das ist das Myzel, das langsam das Holz durchsetzt. Nach etwa vier Monaten entfernen Sie den Kunststoffbeutel und platzieren den Stamm an seinem endgültigen Ort. Dabei können Sie den Stamm aufstellen und den Fuß etwas in Erde eingraben und damit für eine bessere Feuchtigkeit sorgen. Regelmäßiges Wässern ist jedoch weiterhin notwendig, insbesondere in heißen Sommern. Um die Pilzstämme vor Schnecken zu schützen, hängen viele den Stamm auch gerne auf.

Bis die ersten Fruchtkörper sprießen, kann es einige Monate dauern. Oft können Sie erst nach einem Jahr die ersten Pilze ernten. Dafür dauert die Erntephase dann mehrere Jahre. Man geht davon aus, dass Sie bis zu 25 Prozent des Holzgewichts als Pilze ernten können. Dann geht der Nährstoffvorrat zugrunde und der Pilz stirbt ab, sofern Sie das Myzel nicht auf andere frische Stämme übertragen.

3.2 Strohkulturen

Der Pilzanbau auf Stroh ist eine schnellere, jedoch auch kurzlebigere Variante, die Sie ebenfalls am besten im zeitigen Frühjahr anlegen.

Zunächst benötigen Sie einen gepressten Strohballen. Diesen bekommen Sie beim (Bio-) Landwirt, im Gartenfachgeschäft oder online. Der Ballen sollte trocken sein und nicht muffig riechen. Während Weizen, Roggen oder Gerste besonders geeignet sind, ist Haferstroh nicht zu empfehlen.

Anschließend tauchen Sie den Strohballen zwei Tage lang unter Wasser. Eine Regentonne oder Wanne ist hierfür besonders geeignet. Das sollte in der Nähe des späteren schattigen Standortes passieren, denn der nasse Strohballen ist sehr schwer und schlecht zu transportieren.

Die Stroh-Presslinge werden vor dem Animpfen eingeweicht und ggf. sterilisiert.

Danach lassen Sie den gut durchnässten Strohballen einen Tag lang am ausgewählten Standort abtropfen. Jetzt ist das Stroh fertig vorbereitet und Sie können mit Stroh-, Körner- und Stäbchenbrut animpfen.

Dafür stoßen Sie mit einem Stiel oder Pflanzholz 10 bis 15 Löcher in den Ballen. In jedes etwa 20 cm tiefe Loch geben Sie ein bis zwei Teelöffel Brut oder ein Brutstäbchen. Jetzt müssen Sie nur noch die Löcher mit Stroh verschließen und den Ballen locker mit Folie abdecken. Diese schützt den Ballen vor Austrocknung und sorgt für eine gleichmäßigere Temperatur. Ein Luftaustausch sollte weiterhin möglich sein. Wässern Sie den Strohballen regelmäßig, etwa einmal pro Woche. Halten Sie ihn aber nicht zu nass, damit sich im Innern keine Fäulnis bildet.

Nach 6-8 Wochen ist zwischen den Strohhalmen das erste Myzel erkennbar. Bei einigen Pilzarten müssen Sie auch etwas länger warten. Die

Gezüchtete Austernpilze wachsen schnell auf fertigem Strohsubstrat.

ersten Fruchtkörper können Sie im Herbst ernten. Im Schnitt können Sie mit etwa 4-8 kg pro Ballen rechnen.

Im Handel gibt es außerdem ganze Sets, in denen das benötigte Stroh bereits in kleineren Mengen enthalten ist. Die beigefügte detaillierte Anleitung empfiehlt neben den zuvor beschriebenen Schritten auch das Sterilisieren im Backofen oder durch Übergießen mit kochend heißem Wasser. Auf diese Weise werden Keime und andere, bereits angesiedelte Pilzkulturen abgetötet.

3.3 Kompost- und Fertigkulturen

Die Pilzzucht auf Kompost ist die schnellste und einfachste Methode, bei der Sie ebenfalls alles Notwendige in einem Set erwerben. Dieses beinhaltet ein mit dem Pilzmyzel durchwachsenes, gebrauchsfertiges Substrat, Kompost und Erde sowie Säcke und den Karton für die Anzucht bzw. Aufbewahrung. Dem Set liegt außerdem eine ausführliche Anleitung bei, in der alle Schritte detailliert beschrieben sind.

Haben Sie ein Zuchtset für den Champignonanbau erworben, gehen Sie folgendermaßen vor: Zunächst kleiden Sie den Karton, in dem alles enthalten war, mit der gelieferten Folie aus. In diese verteilen Sie dann den Kompost, von dem Sie noch eine kleine Menge für später zurückhalten. Nun öffnen Sie den Beutel mit dem Pilzmyzel und legen es vorsichtig auf die Erde im Karton. Abschließend geben Sie als etwa 3 cm dicke Deckschicht die restliche Erde drauf. Jetzt nur noch etwas befeuchten, mit Folie abdecken und das Ganze an einem schattigen, nicht zu heißen Ort deponieren. Vermeiden Sie direkte Sonneneinstrahlung. Sie können den Kasten auch ins Dunkle stellen, denn Licht spielt keine Rolle. Um die 20° C sind optimal. Die Pilzkultur darf nicht zu nass sein und auch nicht austrocknen. Am besten besprühen Sie diese regelmäßig mit etwas frischem Wasser. Nach etwa 1-2 Wochen ist das Myzel bereits deutlich gewachsen. Die ersten Pilze können Sie nach etwa 1 Monat ernten. In mehreren Schüben können Sie insgesamt etwa 30 Prozent des Substratgewichtes an Frischpilzen ernten.

Das mit dem Myzel durchwachsene Substrat wird locker mit Erde abgedeckt. Die ersten Champignons lassen nicht lange auf sich warten.

4. Pilze konservieren

Nach einem Waldspaziergang haben Sie oft mehr Pilze gesammelt, als Sie verspeisen können. Auch in Ihrer Pilzzucht werden Sie an einigen Tagen zu viele Fruchtkörper ernten müssen, damit diese nicht verderben. Auf den folgenden Seiten erfahren Sie, wie Sie diese haltbar machen und später genießen können. Am Ende unseres Rezeptteils stellen wir Ihnen außerdem eine schon fast in Vergessenheit geratene Methode vor, nämlich das Einmachen von Pilzen.

Selbstverständlich können Sie auch kleinere Fundmengen haltbar machen, bis Sie die für eine Mahlzeit benötigte Menge zusammen haben.

Die meisten Pilze können Sie problemlos drei bis vier Tage im Kühlschrank aufbewahren. Bei **Tintlingen** funktioniert das jedoch nicht, denn sie verlaufen bereits nach kurzer Zeit und sind damit schnell ungenießbar. Auch andere Pilzarten können nicht immer haltbar gemacht und konserviert werden. Einige verlieren an Geschmack, werden bitter oder zäh. Hier erfahren Sie, worauf Sie achten sollten.

4.1 Trocknen

Pilze bestehen zu über 95 % aus Wasser. Durch Trocknen entfernen Sie diesen großen Wasseranteil. Zurück bleibt die Trockenmasse mit den meisten Geschmacksstoffen. Im Handel sind ebenfalls getrocknete Pilze, wie Morcheln oder Shiitake, erhältlich.

Vor dem Trocknen reinigen Sie die Pilze gründlich mit einem Messer und einer Bürste. Auf Wasser sollten Sie weitgehend verzichten. Dennoch ist es häufig appetitlicher, die Pilze kurz mit Wasser abzuwaschen und anschließend mit einer Salatschleuder und einem Küchentuch möglichst gut vorzutrocknen.

Zum eigentlichen Trocknen genügt bereits ein Elektrobackofen, bei dem Sie Temperaturen **zwischen 30-70° C** einstellen können. Dies ist bei Gasöfen kaum möglich. Hier erzielen Sie bereits auf Stufe 1 Temperaturen von über 100° C, was für das Trocknen eindeutig zu viel ist. Im Handel gibt es kostengünstige Dörrgeräte für Lebensmittel, sogenannte Dehydratoren, die eine gute Alternative bieten.

Legen Sie die in Scheiben geschnittenen, flachen Pilzstücke auf ein Blech oder einen Rost und trocknen Sie diese bei etwa 50 bis 70°C bis die Pilze völlig fest sind. Sie brechen dann leicht auseinander. Selbstverständlich können Sie auch ganze Pilze trocknen, was jedoch deutlich länger dauert.

Sind die Pilze abgekühlt, verarbeiten Sie diese gegebenenfalls mit einer kleinen Mühle weiter oder zerstoßen sie mit einem Mörser zu Pulver. Getrocknete Pilze können Sie in verschlossenen Gläsern mehrere Jahre ohne Geschmackseinbußen lagern und als Gewürz in Suppen oder Soßen verwenden. Allerdings gibt es auch hier Ausnahmen. So verlieren Pfifferlinge durch das Trocknen an Geschmack.

Bevor Sie **getrocknete Pilze zu Pilzgerichten weiterverarbeiten** und wie frische Pilze behandeln, müssen Sie diese etwa ein bis zwei Stunden einweichen. Dazu sollten Sie so wenig Wasser wie möglich verwenden. Weil das Wasser die Pilzaromen aufnehmen kann, sollten Sie es anschließend nicht wegschütten, sondern wenn möglich weiterverwenden.

Neben Tintlingen eignen sich auch Boviste nicht zum Trocknen. Sie werden zäh und ungenießbar.

Eine andere Methode des Trocknens kommt völlig ohne Strom aus und wird schon seit jeher verwendet. Alles was Sie hierzu benötigen, ist eine dünne Schnur, auf die Sie die in Scheiben geschnittenen Pilze auffädeln. Anschließend hängen Sie die Pilzschnur in einem warmen, trockenen Raum auf. Diese Methode dauert etwas länger, in der Regel mehrere Tage.

4.2 Einfrieren

Die meisten Pilzarten können Sie sehr gut einfrieren. Steinpilze können bis zu zwei Jahre im Gefrierfach gelagert werden, Champignons, Röhrlinge, Krause Glucken, Schirmpilze und andere Pilzmischungen gut ein Jahr. Pfifferlinge sollten deutlich kürzer, maximal für drei Monate, eingefroren werden, da diese mit der Zeit bitter werden. Tintlinge und Boviste sind dafür gar nicht geeignet. Tintlinge zerfließen, Boviste werden dadurch unangenehm klebrig, zäh und ungenießbar.

Zunächst säubern Sie die Pilze wie gewohnt, gerne auch mit Wasser. Anschließend trocknen Sie die Pilze am besten mit einer Salatschleuder. Das genügt bereits, denn die Pilze müssen zum Einfrieren nicht allzu trocken sein.

Schneiden Sie die Pilze in mundgerechte Stücke und packen Sie sie dann direkt in Gefrierbeutel oder Gefrierdosen. Gerne wird noch mit einem Vakuumiergerät die Luft aus dem Gefrierbeutel gesaugt, was viel Platz sparen kann. Wenn Sie diese Verpackung gut lesbar beschriften, wissen Sie auch später noch, welche Delikatesse darin schlummert. Vermerken Sie auch das Einfrierdatum, damit Sie später wissen, bis wann die Pilze verwendet werden sollten.

Bei einer anderen Methode werden die Pilzstückchen vor dem Einfrieren noch **blanchiert**. Hierfür geben Sie die Pilze für etwa zwei bis drei Minuten in kochendes Wasser. Einige Köche geben hierzu noch etwas Salz in das Wasser, was unserer Meinung nach jedoch nicht notwendig ist und später leicht zu einem versalzenen Essen führen kann. Damit keine Bitterstoffe entstehen und die schöne Pilzfarbe erhalten bleibt, können Sie auch eine Messerspitze Zitronensäure hinzugeben.

Anschließend holen Sie die Pilze mit einer Schaumkelle heraus oder gießen alles in ein Sieb. Geben Sie die blanchierten Pilze zum Abkühlen in kaltes Eiswasser, wird der Garprozess sofort gestoppt. Zuletzt werden die angegarten Pilze wie zuvor beschrieben verpackt und eingefroren. Bei dieser Methode verlieren die Pilze jedoch etwas Aroma, weswegen wir die eingangs beschriebene einfachere Methode bevorzugen.

Tiefgefrorene Pilze werden später nicht extra aufgetaut, sondern wie frische Pilze direkt weiterverarbeitet. Das Einfrieren ist auch eine prima Methode für kleine Pilzmengen. Haben Sie später genug zusammen, geht es ans eigentliche Kochen und Genießen.

5. Vergiftungen, Unverträglichkeiten und ungenießbare Pilze

Sammeln Sie nur die Pilze, die Sie auch kennen. Insbesondere Anfänger sollten sich zunächst auf ein bis zwei leicht zu bestimmende Pilzarten konzentrieren und ihr Wissen Schritt für Schritt erweitern. Nur mit Fachkenntnis vermeiden Sie schlechte Erfahrungen!

Vergessen Sie alte **Volksweisheiten**, wie etwa das Mitkochen eines Silberlöffels und einer Zwiebel. Dabei nahm man an, dass ein Giftpilz diese verfärbt. Das ist absoluter, lebensgefährlicher Quatsch.

Auch wenn Tiere oder Insekten einen Pilz essen, ist das kein Zeichen dafür, dass dieser auch für Menschen ungefährlich ist. Tiere und Insekten verarbeiten diese oft anders, haben andere Enzyme, die Gifte anders aufspalten und neutralisieren. Es gibt keine Vorkoster.

5.1 Pilzvergiftung

Für den Laien ist eine Pilzvergiftung oft schwer zu erkennen, zumal die Symptome auch Stunden oder sogar Tage nach dem Genuss der Pilzmahlzeit auftreten können. Pilzgifte können sich über einen recht langen Zeitraum im Körper anreichern, wie etwa beim **Kahlen Krempling**. Mit einer kleinen zusätzlichen Menge ist die Dosis dann überschritten und es treten ernsthafte Vergiftungserscheinungen auf. Eine Pilzmahlzeit mit **Knollenblätterpilzen** macht sich häufig erst nach einem Tag bemerkbar. Sie kann bleibende Gesundheitsschäden verursachen oder häufig tödlich sein.

Inkubationszeit = Zeit zwischen Mahlzeit und wahrnehmbaren Vergiftungssymptomen

Je länger die Beschwerden nach der Mahlzeit auf sich warten lassen, desto gefährlicher ist die Vergiftung. Schädliche Inhaltsstoffe haben dann genügend Zeit, um ihre schädliche Wirkung zu entfalten.

Übelkeit, Erbrechen, Durchfall und Schwindel oder Herz-Kreislauf-Probleme sind einige typische Symptome. Einige Pilzarten legen das Nervensystem lahm, wie etwa **Fliegen**- oder **Pantherpilz**.

Bei dem Verdacht einer Pilzvergiftung sollten Sie unverzüglich einen Arzt bzw. die Notaufnahme des nächsten Krankenhauses aufsuchen. Falls noch vorhanden, nehmen Sie Reste der Pilze oder des Pilzgerichtes mit. Dies kann wichtige Erkenntnisse für eine wirkungsvolle Behandlung liefern.

5.2 Unverträglichkeiten, Allergien und Scheinvergiftung

Einzelne Pilzarten oder ganze Gattungen können Unverträglichkeiten und Allergien auslösen. Dabei reagieren nicht alle Menschen gleich. Während **Butterpilze** bei einigen zu keinerlei Problemen führen, können diese bei anderen Menschen zu Übelkeit, Erbrechen oder Durchfall führen. Ähnliches gilt für den **Hallimasch** und den **Nebelgrauen Trichterling**. Auch in diesem Fall sollten Sie einen Arzt aufsuchen und diesen über den Pilzgenuss informieren.

Sind Sie sich nicht sicher, ob Sie einen Pilz vertragen, sollten Sie zunächst nur kleine Mengen probieren. Vertragen Sie diese gut, sollten Sie noch ein- bis zweimal vorsichtig sein, um allergische Reaktionen eindeutig ausschließen zu können. Anschließend steht einer unbeschwerten Pilzmahlzeit nichts im Wege. Fühlen Sie sich dagegen unwohl, verzichten Sie besser auf den weiteren Genuss.

Scheinvergiftung ist ein psychologisches Phänomen.

Bei einigen Menschen erzeugt allein das Wissen, dass es Giftpilze gibt, für psychische Scheinvergiftungen mit entsprechenden Symptomen. Auch das Gefühl der Ablehnung kann solches Unwohlsein hervorrufen. Sie sollten daher niemanden zum Verzehr zwingen.

5.3 Falsche Zubereitung und verdorbene Pilze

Die falsche Zubereitung kann ebenfalls zu Problem führen. Wenn Sie einen Pilz etwa roh essen, statt ihn ausgiebig zu erhitzen, kann es zu entsprechenden Symptomen kommen. Fast alle Röhrenpilze enthalten den gelben Farbstoff **Xerocomsäure**, der zu allergischen Reaktionen, zu Übelkeit, Durchfall und Kreislaufproblemen führen kann. Durch eine Garzeit von mindestens 15 Minuten beugen Sie einer Vergiftung vor.

Essbare, jedoch überlagerte, also verdorbene oder gar verschimmelte Speisepilze können zu sogenannten **„unechten" Pilzvergiftungen** führen, die unbedingt ernst genommen werden und oft ärztlich behandelt werden müssen. Während frische Kulturchampignons bis zu fünf Tage kühl gelagert werden können, verarbeitet man Wildpilze besser noch am gleichen Tag.

Veränderte Eiweißstruktur kann zur Vergiftung führen.

Nachtfröste können die Proteinstruktur eines Pilzes verändern und zur Eiweißvergiftung führen. Das kann auch passieren, wenn Sie eine Pilzmahlzeit wieder einfrieren. Unbedenklich ist es dagegen, eine Pilzmahlzeit am nächsten Tag wieder aufzuwärmen. In der Zwischenzeit sollten Sie diese jedoch im Kühlschrank lagern. Das Kühlen fertiger Gerichte ist oft auch besser als das Lagern roher Wildpilze.

5.4 Ungenießbare Pilze

Mit allen Sinnen prüfen und genießen.

Einige Pilze riechen bereits so unangenehm, dass Sie sie gar nicht erst probieren möchten. Vertrauen Sie auf Ihren Instinkt und lassen Sie es lieber sein. Auch der bittere Geschmack einiger Arten sollte Sie vom Genuss abhalten. So können die bitteren **Gallenpilze** eine ganze Pilzmahlzeit verderben. Solche ungenießbaren Pilze müssen jedoch nicht stark giftig sein, können aber trotzdem Durchfall und andere Beschwerden auslösen.

Bei den Korallenpilzen sieht es leider etwas anders aus. Die meisten schmecken recht angenehm, können aber stark abführend wirken. Eine ausreichende Fachkenntnis ist für den kulinarischen Genuss unerlässlich.

6. Schadstoffe und Umweltprobleme

Die im Handel erhältlichen Kulturpilze wachsen meist auf einem besonderen Nährboden unabhängig von Witterung und Jahreszeit. Diese im Handel und auch in Restaurants erhältlichen Pilze werden regelmäßig amtlich kontrolliert und nach gefährlichen Schadstoffen in erhöhter Konzentration überprüft. Auffällige Produkte werden sofort aus dem Verkauf genommen. Sie können hier also unbeschwert genießen.

Etwas anders sieht es bei den Wildpilzen aus, die über das Myzel auch Schadstoffe aus dem Boden aufnehmen und in den Fruchtkörpern anreichern. Pilze gelten als Bioindikatoren für Umweltbelastungen. Mit einer Pilzmahlzeit können darum auch **Schwermetalle**, wie Kadmium, Blei oder Quecksilber, auf dem Teller landen und insbesondere Nieren und Leber schädigen.

Um die Dosis der Schadstoffe möglichst gering zu halten, empfehlen Weltgesundheitsorganisation (WHO) und die Deutsche Gesellschaft für Ernährung (DGE) daher, nicht mehr als 200 bis 250 g Wildpilze pro Woche zu essen. Als nicht gefährlich gilt eine gelegentlich größere Pilzmahlzeit. Aufgrund ihres geringeren Körpergewichts sollten Kinder kleinere Mengen zu sich nehmen.

Dabei sind die einzelnen Pilzarten unterschiedlich belastet. Gesünder ist es auch, wenn Sie Straßenränder, Industriegebiete und andere belastete Böden meiden. Auch sollten Sie Pilze nicht auf mit Herbiziden und anderen Giften behandelten Standorten sammeln. So können auch Champignons auf Golfplätzen kontaminiert sein.

	Pilzart			
Metall	**Marone**	**Rötelritterling**	**Perlpilz**	**Anistrichterling**
Arsen	0,39	6,5	1,5	2,7
Blei	0,26	4,7	0,91	9,8
Cadmium	0,3	0,21	1,3	0,58
Cäsium	0,8	0,14	1,6	0,2
Quecksilber	0,1	3,5	0,4	2,2
Thallium	0,03	0,96	0,04	0,09

Tabelle 11: Schwermetallgehalt einiger Pilzarten in mg/kg Frischpilze (Quelle: Bodendauerbeobachtung in Baden-Württemberg)

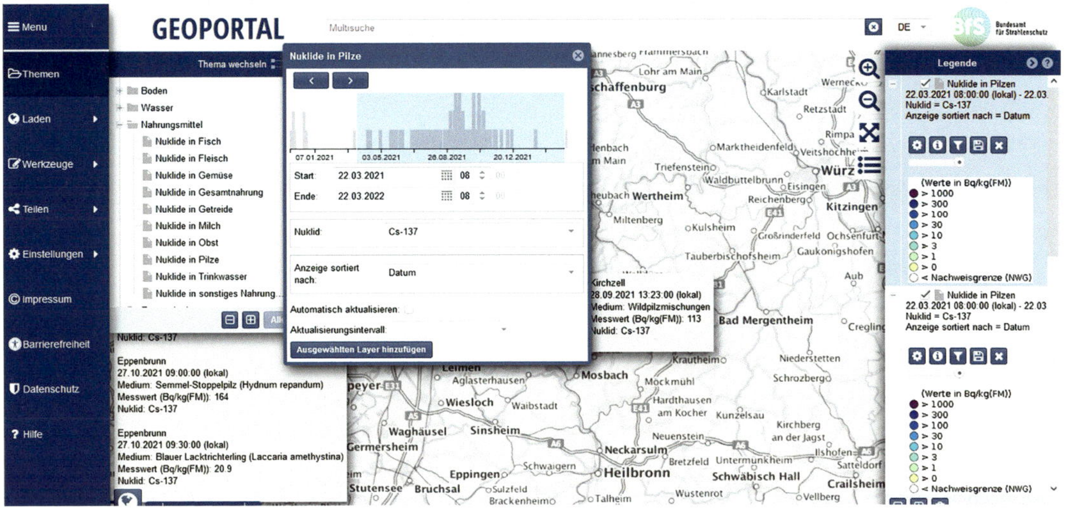

Das Bundesamt für Strahlenschutz veröffentlicht regelmäßig die aktuellen Werte und unter www.imis.bfs.de/geoportal können Sie selbst nach der Belastung in Ihrer Region schauen.

Nach der Reaktorkatastrophe 1986 in Tschernobyl wurden große Mengen radioaktiver Stoffe freigesetzt und infolgedessen auch bei unseren Wildpilzen eine deutlich erhöhte radioaktive Strahlenbelastung gemessen. Mittlerweile ist diese zwar weiterhin rückläufig, regional sind jedoch auch heute noch deutlich überhöhte Werte messbar, insbesondere in südlichen Regionen.

Alle importierten Wildpilze müssen auf ihren Radionuklidgehalt untersucht werden. Dabei dürfen keine Pilze importiert werden, die den EU-Grenzwert für Cäsium-137 (Cs-137) von 600 Becquerel pro Kilogramm (Bq/kg) überschreiten. Gesammelte Wildpilze, die Sie selbst verspeisen, können stärker belastet sein. Es bleibt Ihnen überlassen, ob und wie viele Sie essen.

Dabei sind einige Pilzarten, wie etwa Filzröhrlinge und Champignons, stärker belastet als andere. Die Schwermetallbelastung können Sie reduzieren, indem Sie die Fruchtschicht bei den Filzröhrlingen und bei Maronen zudem die Huthaut entfernen.

Pilzart	Bq/kg
Rotbrauner Semmelstoppelpilz	2800
Orangefalber Schneckling	2400
Braunscheibiger Schneckling	2000
Maronenröhrling	1300
Semmelstoppelpilz	1300
Trompetenpfifferling	720
Pfifferling	610
Ockertäubling	340
Fichtenreizker	280

Tabelle 12: Maximale Cs-137 in Wildpilzen aus Südbayern, 2015 bis 2019 (Quelle: Bundesamt für Strahlenschutz 2019, Seite 2)

Rezepte – kulinarischer Genuss

Suppen & Eintöpfe

Champignoncremesuppe

4

300 g frische Champignons
50 g Butter
Pfeffer
50 g Mehl
500 ml Fleischbrühe
500 ml Wasser
125 ml Sahne
Salz
2 EL trockener Weißwein
1 TL feingeschnittener Dill
2 EL feingehackte Petersilie

Champignons putzen, waschen und in feine Scheiben schneiden. Butter im Topf erhitzen. Champignons 5 Minuten darin dünsten. Vorsichtig mit Pfeffer abschmecken. Mit Mehl bestäuben und langsam mit ½ l Wasser und ½ l Fleischbrühe ablöschen. 10 Minuten bei geringer Wärmezufuhr kochen lassen. Vom Herd nehmen, die Sahne unterrühren und mit Salz abschmecken. Weißwein und Dill dazugeben. Bis kurz vor dem Kochen erhitzen.
In vier Suppentassen füllen, mit Petersilie bestreuen und servieren.

Mischpilzsuppe

Die Pilze putzen, waschen und in gleichmäßig große Stücke schneiden. Petersilie und Liebstöckel fein hacken, die Zwiebel klein würfeln. Das Eigelb mit der Crème fraîche verrühren. Zuerst die Zwiebel im Bratfett goldbraun andünsten. Anschließend die Pilze dazugeben und dünsten, bis die Pilze knusprig sind. Petersilie und Liebstöckel dazugeben, mit Wasser oder Brühe aufgießen und 10 Minuten kochen lassen. Zum Schluss die Suppe mit Salz abschmecken und mit der Eigelb-Crème binden.

► **TIPP** *Eingefrorenes Gänseschmalz vom Weihnachtsbraten lässt sich hervorragend verwenden!*

6 *(je 250 ml)*

300 g Mischpilze
1 mittelgroße Zwiebel
1 kl. Bund Petersilie
1 Blatt Liebstöckel (Maggikraut)
40 g Bratfett oder geschmacksneutrales Öl
1 ¼ l Wasser
Salz
1 Eigelb
2 EL Crème fraîche oder saure Sahne

Sellerieschaumsuppe mit Champignon-Trüffel

4

150 g kleine, ganze Champignons
4 Sellerieknollen à ca. 800 g
1 Staude Stangensellerie
1 kleine Trüffel
ca. 50 g Lauch
ca. 50 g Karotten
50 g Zwiebeln
60 g Butter
Salz
gemahlener Pfeffer
150 ml trockener Weißwein (oder weißer Portwein)
1 l Geflügelbrühe
400 ml süße Sahne, davon 50 ml geschlagen,
½ Zitrone

Die Sellerieknollen mit der Gemüsebürste unter Wasser reinigen. Nicht Schälen! Die Wurzeln so abschneiden, dass eine gerade Standfläche entsteht. Anschließend den Deckel entfernen. Zur Verzierung einige schöne kleinere Blätter in der Deckelmitte stehen lassen.
Die Sellerieknollen bis auf eine etwa 1 cm breite Wand vom Deckel her mit einem Ananasschneider aushöhlen. Gegebenenfalls in die Mitte der Deckel ein Loch schneiden, um lange Selleriestangen bzw. -blätter zur Verzierung einzustecken.
Die garnierten Deckel wieder auf die ausgehöhlten Knollen setzen und die herausgelösten Selleriestücke fein würfeln. Die Zwiebel fein hacken und in der Butter anschwitzen. Selleriewürfel (eine Hand voll zur Seite legen) und Champignons kurz mitschwitzen, salzen und pfeffern. Mit dem Weißwein ablöschen und auf die Hälfte einkochen lassen.
Lauch putzen und in feine Ringe schneiden. Die Karotten schälen und fein würfeln. Geflügelbrühe, Lauch, Karotten und die flüssige Sahne zugeben und ca. 15 Minuten kochen lassen. Mit Salz, Pfeffer und Zitronensaft abschmecken, die Champignons herausnehmen und die Suppe durch ein feines Sieb streichen. Kurz aufkochen, geschlagene Sahne hineingeben und die Suppe mit dem Rührstab aufschäumen.
Die ausgehöhlten Sellerieknollen im Backofen vorwärmen. Die Suppe in die vorgewärmten Sellerieknollen füllen, ganze Champignons hineingeben und mit einigen gehobelten Trüffelscheiben und den zur Seite gelegten Selleriewürfeln bestreuen. Die mit Selleriegrün garnierten Deckel auflegen und servieren.
Dazu passt ein lieblicher Rotwein (z.B. Amselfelder).

► **TIPP** *Zum Aushöhlen geeignete große Knollen sind innen gelegentlich hohl und nicht mehr zum Servieren zu gebrauchen – eine Knolle mehr mit einkalkulieren!*

Frühlingsmorchelsuppe

Morcheln putzen und der Länge nach in 1 bis 2 cm große Stücke schneiden. Spinat waschen, trockenschleudern und hacken. Petersilie und Zwiebeln fein hacken. Rinderbrühe erhitzen. In einer großen Pfanne die Butter schmelzen und darin die Zwiebeln glasig anrösten. Die Morcheln hinzufügen und ca. 3 Minuten anbraten. Spinat und Bärlauch fein hacken und dazugeben. Auf kleiner Flamme ca. 20 Minuten kochen lassen. Wenn die Gemüse- und Pilzflüssigkeit verdampft ist, mit Weißwein ablöschen und bei starker Wärmezufuhr erhitzen. Pilz-Spinatmischung und die Petersilie in die kochende Rinderbrühe geben und ca. 3 Minuten ziehen lassen.
In Suppenschüssel füllen und mit Croutons garnieren.

► **TIPP** *Stehen nicht genug Morcheln zur Verfügung, auch den Spinatanteil verringern und stattdessen zwei klein geschnittene Karotten nehmen. Auf das Ablöschen mit Weißwein verzichten und während der letzten 10 Minuten eine Nudeleinlage aus Hartweizengrieß mitkochen. Je nach Geschmack kann dann auf die Croutons verzichtet werden.*

4

400 g frische Morcheln
1 Bund Frühlingszwiebeln
350 g Spinat oder Mangold
50 g Bärlauchblätter
3 EL Petersilie
50 g Butter
125 ml trockener Weißwein
Muskatnuss
Salz
schwarzer Pfeffer
1½ l Rinderbrühe
Croutons

Morchel-Rahm-Suppe

🍴 **4**

500 g frische Morcheln
60 g Bratfett bzw. 3 EL geschmacksneutrales Öl
2 Schalotten
1 l Hühnerbrühe mit 100 g gewürfeltem Hühnerfleisch
200 ml saure Sahne oder Crème fraîche
6 Eigelbe
Salz
gemahlener schwarzer Pfeffer

Zuerst 12 kleine Morcheln für die Garnierung halbieren und in der Hälfte der Butter ca. 4 Minuten anbraten. Bis zur weiteren Verwendung aufbewahren.
Die übrigen Morcheln abtropfen lassen und klein hacken. Die Schalotten fein hacken. Die restliche Butter im gleichen Topf schmelzen und die gehackten Morcheln mit den Schalotten anbraten. Mit der Hühnerbrühe abgießen, alles aufkochen und dann vom Feuer nehmen. Saure Sahne und Eigelbe unterrühren. Anschließend unter Rühren erhitzen, aber nicht mehr aufkochen, bis die Suppe sämig wird. Mit Salz und Pfeffer abschmecken und mit den Morchelhälften in Suppentellern anrichten.

► **ACHTUNG** *Spritzgefahr, wenn die feuchten Hüte in die heiße Butter gegeben werden!*

Schopftintlingsuppe

Schopftintlinge in Streifen schneiden. Anschließend im Öl bei mäßiger Wärmezufuhr 5 bis 10 Minuten anbraten, bis sie weich sind. Hühnerbrühe in einem großen Topf erhitzen. Glasnudeln zugeben und 5 Minuten kochen. Die Lauchzwiebeln in dünne Ringe schneiden. Pilze, Eiswein und Lauchzwiebeln in die Brühe geben und alles einige Minuten bei geringer Wärmezufuhr kochen lassen. 5 Minuten vor dem Servieren die Glasnudeln in die Suppe geben und aufkochen.
Die Suppe auf die Teller geben und mit den Semmelbröseln bestreuen.

► **TIPP** *Wenn es in der Küche hektisch zugeht, die Glasnudeln extra in Salzwasser ca. 5 Minuten kochen, abgießen, mit 1 EL Öl vermischen und beiseite stellen. Erst vor dem Servieren auf die Teller geben und mit der Suppe auffüllen. Stehen die Nudeln zu lange in der heißen Suppe, werden sie matschig!*

4

400 g Schopftintlinge
200 g Glasnudeln
Salz
2 EL Sesam- oder Rapsöl
1 l Hühnerbrühe
1 EL Eiswein
4 Lauchzwiebeln
1 EL Semmelbrösel

Pilzeintopf

4

500 g Mischpilze
50 g Zwiebeln
1 Bund Petersilie
250 g Karotten
1 Sellerieknolle
1 Stange Lauch
500 g festkochende Kartoffeln
50 g Butter
1 EL Salz
1 rote Paprika
1 gelbe Paprika
500 ml Brühe

Pilze, Gemüse und Kartoffeln waschen und klein würfeln. Die Zwiebelwürfel in der Butter goldbraun anbraten. In einem gut schließenden Topf abwechselnd die Pilze, und das in Würfel geschnittene Gemüse aufschichten. Die angebratenen Zwiebeln und die Petersilie dazwischenstreuen und das Fett darauf verteilen. Anschließend die Brühe angießen und alles 45 Minuten schmoren lassen. Zum Schluss mit Salz und etwas Pfeffer oder Paprikapulver abschmecken.

► **TIPP** *Mit vorgekochten Kartoffeln lässt sich die Garzeit verkürzen. Wird alles für ca. 10 Minuten unter Druck im Schnellkochtopf gegart und anschließend mit geöffnetem Deckel noch ca. 20 Minuten geschmort, geht's ebenfalls schneller.*

Soßen & Butter

Pfifferling-Rahm-Soße

4

250 g frische Pfifferlinge
½ Bund Lauchzwiebeln
2 EL Butter oder Öl
1 Knoblauchzehe
200 ml süße Sahne
200 ml Milch
1 EL Stärke, Mehl oder hellen Soßenbinder
1 Bund Petersilie
Salz
Pfeffer

Lauchzwiebeln klein schneiden und Petersilie hacken. Pfifferlinge und Lauchzwiebeln in Fett oder Öl andünsten. Knoblauch zerdrücken und dazugeben. Mit Sahne und ca. 150 ml Milch ablöschen. In der restlichen Milch die Stärke anrühren und damit die aufkochende Soße binden. Zum Schluss mit Petersilie, Salz und Pfeffer geschmacklich abrunden.
Sie können anstelle der Lauchzwiebeln auch feingehackten Schnittlauch über den angerichteten Teller streuen.
Die Soße empfehlen wir zu einem Filet-Steak oder einfach nur zu Schupfnudeln, begleitet von einem trockenen Spätburgunder oder Dornfelder.

► **TIPP** *Alternativ zu den frischen Pfifferlingen können auch 25 g getrocknete Pfifferlinge in lauwarmem Wasser 2 Stunden eingeweicht werden. Vor dem Anbraten gut abtropfen lassen.*

Champignon-Sahnesoße

Champignons in getrocknetem Zustand säubern, waschen, trockenschleudern und in kleine Würfel schneiden. Schalotte fein schneiden. Butter in einer Pfanne erhitzen, die Schalotte zugeben und 5 Minuten glasig andünsten. Die Champignonwürfel dazugeben, weitere 5 Minuten dünsten und mit Muskat und weißem Pfeffer abschmecken. Mit der Gemüsebrühe ablöschen und dem Rotwein auffüllen. Das Ganze bei geringer Wärmezufuhr etwa 5 Minuten kochen lassen. Die Sahne angießen und noch einmal 5 Minuten garen lassen. Salzen und mit Schnittlauchröllchen garniert in der vorgewärmten Sauciere zu einem deftigen Braten servieren.

4

400 g Champignons
1 kleine Schalotte
60 g Butter
1 Prise Muskat
1 Prise weißer Pfeffer
6 El Gemüsebrühe
5 EL lieblicher Rotwein
250 ml süße Sahne
1 Prise Salz
2 EL frische Schnittlauchröllchen

Steinpilzbutter

4

250 g Steinpilze
250 g weiche Butter
1 EL frischer Meerrettich
1 TL Zitronensaft
1 EL frische Petersilie
1 EL frische Basilikumblätter
2 Baguette

Frische Pilze putzen, waschen, klein hacken und 5 Minuten in Salzwasser kochen. Anschließend gut abtropfen lassen. Es eignen sich auch Steinpilze aus der Konserve. Diese gut abtropfen lassen und trockenschleudern. Die weiche Butter in einer Schüssel schaumig rühren. Petersilie- und Basilikumblätter waschen, trockenschleudern, fein hacken und zur Butter geben. Das Stück Meerrettich direkt in die Schüssel reiben. Die Pilzstücke mit Zitronensaft hinzugehen. Masse glatt rühren und vor der Verwendung ggf. noch 15 bis 30 Minuten kühl stellen. Genießen Sie die Pilzbutter auf frischem Baguette oder frisch gebackenem Brot.

VARIANTE:
Die Pilzbutter eignet sich hervorragend zur Verarbeitung geringer Fundmengen in der Vorsaison. Kreationen aus frischen Pilzen (z.B. auch Champignons oder Pfifferlinge), Pilzkonserven und frischen Kräutern (z.B. auch Schnittlauch, Knoblauch, …) sind keine Grenzen gesetzt.

► **TIPP** *Schonender gart man die Pilze im Dampfeinsatz eines Schnellkochtopfes! Harte Butter aus dem Kühlschrank lässt sich mit der Auftaustufe der Mikrowelle einfach und schnell auf die Verarbeitungstemperatur bringen.*

Weitere leckere Soßen und Dipps finden sich in den einzelnen Rezepten.

Nudeln in Pfifferling-Rahm-Soße

Zwiebeln schälen und fein hacken. Pfifferlinge putzen. Speck in kleine Würfel schneiden und in erhitztem Öl auslassen. Aus der Pfanne nehmen und Zwiebeln andünsten. Pilze zufügen und andünsten. Mit Brühe ablöschen und aufkochen. Crème fraîche unterrühren. Mit Salz, Pfeffer und Paprika abschmecken. Ca. 10 Minuten bei geringer Wärmezufuhr kochen lassen.
Nudeln kochen und abtropfen lassen. Mit Soße anrichten.

4

250 g frische Pfifferlinge

2 Zwiebeln

150 g geräucherter Bauchspeck

400 g Nudeln (z.B. Bandnudeln, Tagliatelle, Farfalle oder Schupfnudeln)

Salz

1 EL Öl

375 ml Gemüsebrühe

2 EL Crème fraîche

weißer Pfeffer

Paprikapulver (edelsüß)

Spätzle mit Steinpilzsoße

4

350 g junge, feste Steinpilze
4 Knoblauchzehen
60 ml Sonnenblumenöl
50 g geschälte Mandeln oder Sonnenblumen-, Kürbis-, Pinienkerne geschälte Bucheckern
1 Schalotte
100 ml saure Sahne
500 ml Gemüsebrühe
Salz
weißer Pfeffer
1 Bund Petersilie
350 g Spätzle oder Spiralnudeln

Die Steinpilze putzen, waschen, trockenschleudern und in gleichmäßige Würfel schneiden. Die Petersilie waschen, trockenschleudern und fein hacken. Den Backofen auf 220° C vorheizen. Die Knoblauchzehen schälen, in eine kleine feuerfeste Glas- oder Keramikschüssel pressen, mit 1 EL Öl mischen, leicht salzen, zugedeckt im Ofen ca. 30 Minuten backen und dann zum Abkühlen zur Seite stellen. Die geschälten Mandeln fein hacken, in einer kleinen Pfanne 1 bis 2 Minuten ohne Öl oder Fett rösten und ebenfalls zur Seite stellen.
Einen Topf mit 1 bis 1½ l Salzwasser (1 TL Salz pro Liter Wasser) aufsetzen und einen Spritzer Öl hineingeben. Die Nudeln ins kochende Wasser schütten und etwa 12 Minuten bei geringer Wärmezufuhr kochen. Inzwischen in einer großen Pfanne das übrige Öl erhitzen, die Schalotte fein schneiden und im heißen Öl bei mäßiger Wärmezufuhr 1 bis 2 Minuten anbraten. Die gewürfelten Steinpilze dazugeben und weitere 7 bis 10 Minuten braten, bis die Flüssigkeit in der Pfanne verdampft ist. Die angebratenen Pilze mit der Gemüsebrühe ablöschen. Die gerösteten Mandeln, Knoblauch und die saure Sahne dazugeben, aufkochen lassen und mit Salz und frisch gemahlenem Pfeffer abschmecken. Die Nudeln abgießen und auf den Tellern verteilen. Anschließend mit der Steinpilzsoße übergießen und mit der feingehackten Petersilie bestreut servieren.

Pizza Fungi

Hefe in warmem Wasser auflösen. Mehl, Ei und Hefe in eine Schüssel geben und verkneten. Mit 1 gestrichenen TL Salz, etwas Pfeffer und Oregano abschmecken. Den Teig ca. 30 Minuten ruhen lassen, bis er sein Volumen verdoppelt hat. Den Ofen auf 220° C vorheizen. Zwiebeln schälen und in dünne Ringe schneiden. Pilze putzen und in dünne Scheiben schneiden.
Den Teig ausrollen, auf das eingeölte Backblech legen und dünn mit Tomaten-Ketchup bestreichen. Gewürze gleichmäßig darauf streuen. Zwiebelringe, Pilze, Salami und Käse in dieser Reihenfolge gleichmäßig darauf verteilen. Das Blech in den Ofen schieben und etwa 15 Minuten backen, bis der Käse goldbraun verläuft.

VARIANTE:
Selbstverständlich können weitere Zutaten auf die Pizza gelegt werden. Allerdings sollte man auf frischen Paprika verzichten, da dieser den Geschmack der Pilze überdecken würde.

► **TIPP** *Statt frischen Pilzen kann man auch selbstgemachte Duxelle (S. 243) auf dem Pizzaboden verteilen.*

4

250 g Pilze (z.B. Champignons, Steinpilze)
250 g Mehl
30 g frische Hefe
1 Ei
1 EL Olivenöl
8 EL Tomaten-Ketchup
Salz
Pfeffer
Paprikapulver
Salami
getrockneter Oregano
250 g Gouda

Pilzquiche

🍴 4

Für den Teig:
100 g Mehl
½ TL Salz
1 TL Zucker
60 g Butter
3 EL kaltes Wasser

Für die Füllung:
300 g Herbsttrompeten und Trompetenpfifferlinge
6 Eier
100 g Appenzeller oder Gruyère
100 ml Crème fraîche oder saure Sahne
½ TL Salz
1 TL Paprikapulver (edelsüß)

Für den Teig die Butter rechtzeitig vor der Verarbeitung aus dem Kühlschrank nehmen und bei Zimmertemperatur weich werden lassen. Das Mehl in die Teigschüssel geben, Salz und Zucker zufügen und untermischen. In eine Vertiefung in der Mitte das kalte Wasser schütten und untermischen. Zuletzt die weiche Butter rasch einkneten und den fertigen Teig in der Schüssel abgedeckt 1 Stunde im Kühlschrank ruhen lassen. Den Backofen auf 180° C vorheizen. Den Teig ausrollen, in einer leicht gefetteten 26 cm-Form auslegen und stellenweise einstechen. Die Form mit einem Deckel oder Teller abdecken und zunächst 15 Minuten bei 180° C backen. Dann den Deckel entfernen und weitere 15 Minuten bei 200° C backen.
Für die Füllung die Herbsttrompeten und Trompetenpfifferlinge säubern, der Länge nach teilen, waschen, trockenschleudern und in gleichmäßige Streifen schneiden.
Eier mit Crème fraîche, Salz und den Pilzstücken verrühren. Die Masse auf dem fertig gebackenen Teig verteilen, mit Paprikapulver würzen und mit den Käsescheiben abdecken. Im Ofen bei 180° C in 35 bis 40 Minuten fertig backen.

VARIANTEN:
Knoblauchfans pressen in die Ei-Masse mehrere Zehen.
Die Ei-Masse kann auch noch mit 1 EL trockenen Rotwein verfeinert werden, der sich später auch als Tischwein eignet. Hierzu passt hervorragend ein Spätburgunder.

► **TIPP** *Alle Pilze mit hohlem Stiel (Trompetenpfifferling, Herbsttrompeten, Morcheln, …) sollten beim Putzen der Länge nach geteilt werden, um Insekten- und Madenbefall erkennen zu können.*

Pfifferling-Speck-Pastete

4

Für die Füllung:
300 g Pfifferlinge
50 g geräucherter Speck (durchgedreht oder fein gewürfelt)
200 g gemischtes Hackfleisch
1 TL Fenchelsamen
1 TL Senfkörner
6 getrocknete Wacholderbeeren
3 EL Butterschmalz
Salz
Pfeffer
20 ml Weinbrand
2 Eigelbe
80 bis 100 ml Sahne
1 Schalotte
1 Bund Petersilie
6 getrocknete Pflaumen
6 getrocknete Aprikosen
125 g dünn geschnittene Speckscheiben
2 Blatt Gelatine
200 ml lieblicher Weißwein (z.B. Huxelrebe)

Für den Teig:
250 g Mehl
80 g Schweineschmalz
3 Eier
1 TL Salz

Für den Teig die 3 Eier trennen. Die Eigelbe bitte getrennt aufbewahren, da 2 später für die Füllung benötigt werden und 1 zum Bestreichen. Mehl, Schmalz und Eiweiß zusammenmischen. Salz in 50 ml Wasser auflösen, zugießen und den Teig gut kneten. Den fertigen Teig in die Schüssel drücken und abgedeckt eine Stunde im Kühlschrank ruhen lassen.
Für die Füllung Fenchelsamen, Senfkörner und Wacholderbeeren zerstoßen und mit 20 ml Weinbrand aufgießen. Den Gewürzaufguss unter das Hackfleisch und die Speckwürfeln mischen und alles mit Salz und frisch gemahlenem Pfeffer abschmecken und 30 Minuten abgedeckt kühl ruhen lassen. Nach der Ruhezeit das Hackfleisch weich kneten und anschließend die Sahne und die beiden Eigelbe einarbeiten, bis die Flüssigkeit gebunden ist. Noch einmal mit Salz und Pfeffer abschmecken, abdecken und kühl stellen. Die Pfifferlinge säubern, waschen und trockenschleudern. Die Schalotte schälen und fein schneiden. Pfifferlinge und Schalotten mit 2 EL Schmalz in einer großen Pfanne bei starker Wärmezufuhr ca. 5 Minuten braten, bis das austretende Wasser verdampft ist. Von der Kochstelle nehmen, mit Salz und Pfeffer würzen und abkühlen lassen. Die Petersilie waschen, trocknen und fein hacken, mit dem Hackfleisch, den Pfifferlingen und den Trockenfrüchten verkneten. Den Backofen auf 190° C vorheizen. Ca. 2⁄3 des Teiges 2 bis 3 Millimeter dick ausrollen und die Form damit in einem Stück an den Rändern überstehend auslegen und den Boden und die Ränder mit den Speckscheibchen vollständig bedecken. Die Pilz-Fleisch-Füllung in der Form verteilen und mit den restlichen Speckscheibchen bedecken. Den übrigen Teig zu einem Deckel ausrollen und damit die Form verschließen. An den Rändern gut zusammendrücken. Die überstehenden Ränder abschneiden und aus den Teigresten eine Verzierung formen. Beim Verzieren den Deckel mit 5 bis 8 kleinen Löchern versehen, durch die beim Backen der Wasserdampf entweichen kann. Das restliche Eigelb mit 2 EL Wasser verquirlen, damit den Teigdeckel bestreichen und auf der untersten Schiene des Backofens 75 Minuten bei 190° C backen. Die gebackene Pastete mindestens 8 Stunden im Kühlschrank abkühlen lassen. Die Gelatineblätter 10 Minuten in kaltem Wasser einweichen, herausnehmen und mit 2 EL lieblichem Weißwein in einem kleinen Topf schmelzen. Die geschmolzene Gelatine mit dem restlichen Wein mischen und in die Öffnungen des Pastetendeckels gießen. Anschließend noch einmal mindestens 2 Stunden kalt stellen. Die Pastete aus der Form stürzen, aufschneiden und servieren. Probieren Sie dazu Preiselbeerkompott und Kopfsalat.

► **TIPP** *Um den Teig vor dem Austrocknen zu schützen, in Frischhaltefolie einschlagen oder in einem verschlossenen Gefrierbeutel lagern.*

Pilzpfannkuchen

4

Für den Teig
250 g Mehl
250 ml Milch
250 ml Wasser
3 Eier
Salz
60 g Bratfett oder Öl

Für die Pilzbeilage:
600 bis 800 g Mischpilze
1 kleine Zwiebel
50 g Bratfett
15 g Butter
Salz
Pfeffer
1 Bund Petersilie
60 g Reis

Für die Pfannkuchen die Eier zunächst trennen. Eiweiß steif schlagen und gekühlt beiseite stellen. 3 Eigelbe mit 250 ml Milch und etwas Salz in einem Becher verquirlen.Mehl in eine Schüssel sieben, in der Mitte vertiefen, die Flüssigkeit in die Mulde schütten und durch intensives Rühren die Zutaten vermischen, bis ein zäh fließender Teig entsteht. Gegebenenfalls noch etwas Mehl bzw. Milch zugeben. Den Teig mindestens 30 Minuten ruhen lassen.

Die Pilze gründlich putzen und nach dem Waschen gut abtropfen lassen. Anschließend in kleine Würfel schneiden. Die Zwiebel schälen. In einem Schmortopf das Bratfett erhitzen und mit dem heißen Fett vom Herd nehmen. Die Zwiebel hineinreiben, die gewürfelten Pilze dazugeben, alles kurz andünsten, leicht salzen und die Pilze ca. 15 Minuten im zugedeckten Topf schmoren lassen.

Vor dem Backen der Pfannkuchen den steifen Eischnee mit dem Schneebesen vorsichtig unter den Pfannkuchenteig heben, dadurch wird der Teig schön locker.

Falls das Unterheben mit dem Eischnee nicht gelingt, kann noch etwas Backpulver unter den Teig gerührt werden. Die Teller vorwärmen. Die Petersilie waschen, trockenschleudern und fein hacken. In einer großen Pfanne (28 cm) für jeden Pfannkuchen etwas Fett stark erhitzen, einen Schöpflöffel voll Teig schnell und gleichmäßig in der Pfanne verteilen. Beide Seiten der Pfannkuchen goldgelb backen.

Pfannkuchen auf den vorgewärmten Teller geben, die gedünsteten Pilze auf eine Seite des Pfannkuchens verteilen, gehackte Petersilie darüber streuen, auf Wunsch zuklappen und den Teller bis zum Servieren wieder warm stellen.
Dazu passt ein fruchtiger, trockener Riesling.

► **TIPP** *Kein Rührgerät zum Unterheben des Eischnees verwenden! Dieses würde ihn im Teig zerschlagen, und die Lockerheit ginge verloren! Der Fettbedarf beim Ausbacken der Pfannkuchen hängt von der Oberflächenbeschichtung der Pfanne ab. Vorzugsweise sollten Sie eine antihaftbeschichtete Pfanne verwenden.*

Pilzküchlein

4

1 kg frische Pilze
1 Zwiebel
Petersilie
40 g Fett
2 Brötchen
1 Ei
Salz
Backfett

Die Brötchen in lauwarmem Wasser einweichen. Die geputzten Pilze pürieren oder fein schneiden. Die Zwiebel und die Petersilie klein hacken. Anschließend Pilze, Zwiebel und Petersilie in der bedeckten Pfanne garen. Nach dem Abkühlen mit den eingeweichten, festausgedrückten Brötchen, dem Ei und Salz vermischen und kräftig abschmecken. Aus der fertigen Masse werden mit einem Esslöffel längliche Küchlein geformt und in heißem Fett auf beiden Seiten hellbraun angebraten.

► **TIPP** *Ganz lecker schmeckt hierzu die Pfifferling-Rahm-Soße* *(S. 200)**!*

Ψ|| 4

Für den Teig:

150 g Mehl

½ TL Salz

1 EL geriebener Hartkäse

8 EL weiche Butter

1 TL Zucker

1 Eigelb

Für die Füllung:

200 g Herbsttrompeten

250 g Mangold oder Spinat

Salz

1 Zwiebel

50 ml Gänseschmalz oder Olivenöl

5 Eier

125 ml saure Sahne oder Crème fraîche

125 g geriebener Bergkäse

gemahlener schwarzer Pfeffer

Herbsttrompeten mit Mangold auf Salzteig

Für den Teig Mehl, Salz, Zucker und geriebenen Hartkäse in eine Rührschüssel geben. Die weiche Butter darauf verteilen und mit Mehl bedecken, damit die Butter beim Durchkneten nicht an den Händen klebt. Das Eigelb und 2 Esslöffel Wasser dazugeben und rasch in den Teig kneten. Diesen in Küchenfolie einschlagen und 1 Stunde in den Kühlschrank legen. Den Backofen auf 180° C vorheizen. In der Zwischenzeit den Teig auf 30 cm Durchmesser ausrollen und eine 26 cm große Backform damit auslegen und die Ränder hochziehen. Den Teigboden mit einer Gabel mehrfach einstechen, damit er beim anschließenden Vorbacken keine Blasen wirft. Zunächst den Teig 15 Minuten bei 180° C vorbacken und dann weitere 15 Minuten bei 200° C fertig backen. Inzwischen vom Mangold dicke Blattrippen entfernen und 1 Minute in kochendem Salzwasser blanchieren. Anschließend in kaltem Wasser abschrecken, gut abtropfen lassen, noch einmal ausdrücken und pürieren. Die Zwiebel in dünne Ringe schneiden und im heißen Schmalz anschwitzen. Die Herbsttrompeten in Streifen schneiden, hinzugeben und unter gelegentlichem Rühren 5 bis 8 Minuten braten. In den Mangold die saure Sahne, den geriebenen Käse und die Eier rühren und die Füllung mit Salz und Pfeffer abschmecken. Zuletzt die Füllung auf dem Teigboden verteilen, mit Pilzstreifen und Zwiebelringen garnieren und den Pilzkuchen bei 180° C etwa 30 bis 40 Minuten fertig backen.

Steinpilz-Schinken-Semmelknödel

Falls getrocknete Steinpilze verwendet werden, diese 2 Stunden in 500 ml lauwarmem Wasser einweichen. Die Brötchen in feine Scheiben schneiden. In einer großen Schüssel mit der heißen Milch übergießen und ca. 10 Minuten quellen lassen und anschließend ausdrücken.
Inzwischen Speck und Bauchfleisch fein würfeln, die Zwiebeln schälen und würfeln. Die Pilze waschen und fein hacken. Speck und Bauchfleisch in einer Pfanne ausbraten. Die Steinpilze und die Zwiebelwürfel zugeben und unter Rühren kurz mitrösten. Die Petersilie ebenfalls klein schneiden und mit den Speck- und Zwiebelwürfeln zu den ausgedrückten Brötchen geben. Den Knödelteig gründlich durchkneten. Eier, Salz, Pfeffer und Muskat zugeben und alles zu einem geschmeidigen Teig verkneten, ggf. mit Semmelbröseln überschüssige Feuchtigkeit binden. Abschmecken, eventuell etwas nachsalzen. Mittelgroße Knödel daraus formen und in kochendem Salzwasser ca. 20 Minuten ziehen lassen.

VARIANTE:
Statt Bauchfleisch kann auch gekochter Schinken verwendet werden.

► **TIPP** *Falls getrocknete Steinpilze verwendet werden, statt der Milch deren Wasser zum Einweichen der Brötchen nehmen.*

4

200 g frische oder 20 g getrocknete Steinpilze
200 g geräuchertes Bauchfleisch
125 g geräucherter Speck
6 Brötchen vom Vortag
500 ml Milch
1 kleine Zwiebel
2 Bund Petersilie
2 Eier
Salz
weißer Pfeffer
1 Prise Muskatnuss
Semmelbrösel

Champignon-Eierkuchen

4

400 g braune Champignons
1 Zwiebel
2 Knoblauchzehen
200 g milde grüne Peperoni
200 g Hartwurst bzw. Cervelatwurst, Salami oder Cabanossi
5 Eier
Salz
schwarzer Pfeffer
Paprikapulver (scharf)
2 EL Olivenöl
150 ml Knoblauchsoße oder Chilisoße
1 Baguette

Pilze putzen waschen, trockenschleudern und würfeln. Die Zwiebel schälen und klein würfeln. Peperoni waschen, halbieren, Kerne entfernen und in Halbringe schneiden. Die Hartwurst in Scheiben schneiden und vierteln. Eier verquirlen und mit Salz und Pfeffer abschmecken. In einer großen Pfanne das Olivenöl erhitzen und darin Champignons und Zwiebeln knusprig bräunen, bis die Flüssigkeit verdampft ist. Peperoni und Hartwurst dazugeben, ca. 4 Minuten mitbraten. Knoblauch in die Pfanne pressen und alles mit Salz, frisch gemahlenem Pfeffer und Paprikapulver abschmecken. Die verquirlten Eier darübergießen und stocken lassen. Den Eierkuchen wenden und die andere Seite ebenfalls knusprig anbraten. Anschließend aufteilen und mit Knoblauch- oder Chilisoße servieren.
Dazu schmeckt frisches Baguette.

Morcheltoast

Die Morcheln sorgfältig reinigen, halbieren, waschen und trockenschleudern. Große Speisemorcheln in kleine Stücke schneiden. Die Petersilie waschen, trocknen und fein hacken. 30 g Butter in der Pfanne erhitzen und die Morchelhälften knusprig anbraten. Den Toast goldbraun toasten. Den Backofen auf ca. 200° C vorheizen. Eier mit der Milch schaumig rühren, mit Salz abschmecken und in einer großen Pfanne als Rührei leicht anbraten, nicht knusprig! Ein großes Backblech mit der restlichen Butter einfetten und die Toastscheiben darauf verteilen. Den Toast zuerst mit dem Rührei, dann mit den Morchelhälften belegen. Mit Petersilie, Salz und Pfeffer würzen und mit einer Scheibe Käse abdecken. 10 bis 12 Minuten im Backofen bei 200° C überbacken und dann rasch servieren. Dazu schmeckt Feldsalat oder auch ein Löwenzahnsalat im Frühling.

Variante:
Der Rühreibelag kann durch jeweils eine Scheibe gekochten Wacholderschinken ersetzt werden.

4

250 g frische Spitz- oder Speisemorcheln
8 Scheiben Toastbrot
4 Eier
3 EL Milch
50 g Butter
2 EL Petersilie
4 Petersilienblätter
8 Scheiben junger Gouda
Salz
schwarzer Pfeffer

Mischpilzsalat mit Essig-Öl-Marinade

4

400 g Pilze (junge, feste Steinpilze, Pfifferlinge und Champignons; alternativ konservierte Pilze)

Für die Marinade:

30 ml Rapsöl

20 ml Weinessig

1 kleine Zwiebel

1 TL frischer Schnittlauch

1 EL frischer Borretsch

1 frischer Estragon

1 TL frische Bärlauchblätter

Salz

schwarzer Pfeffer

1 gestrichener TL Zucker

Pilze putzen, waschen, trockenschleudern und in gleichmäßige Stücke schneiden.
Die Pilze in Salzwasser (1 gestrichener EL Salz pro Liter) 8 Minuten kochen. Eiweißschaum abschöpfen, Pilze im Sieb abgießen und erkalten lassen. Kräuter fein schneiden und in die Salatschüssel geben, anschließend die Zwiebel hineinreiben und mit dem Öl zur Marinade anrühren. Anschließend die Marinade mit Essig, Salz, Pfeffer und Zucker abschmecken. Die Pilze mit der Marinade mischen, in die Portionsschüsseln verteilen und vor dem Servieren mindestens 30 Minuten bei Zimmertemperatur ziehen lassen.

► **TIPP** *Statt der frischen Pilze können auch die eingemachten Pilze aus der letzten reichen Ernte verwendet werden.*

Anischampignon-Spargelkopfsalat

Die Anischampignons putzen, waschen, gleichmäßig würfeln, ca. 5 Minuten dämpfen und gut abtropfen lassen. 2 Eier 10 Minuten lang hart kochen. Den Schnittlauch in feine Röllchen schneiden. Die Spargelköpfe waschen, in 1 l Wasser mit 1 TL Salz und einer Prise Zucker 10 Minuten garen, gut abtropfen lassen und mit den Champignons in einer Salatschüssel anrichten.
Aus 1 EL Essig, 3 EL Olivenöl, Salz, frisch gemahlenem Pfeffer und Schnittlauchröllchen eine Soße zubereiten, über Champignons und Spargel gießen und gut durchmischen. Die Eier halbieren, jeweils ½ TL Mayonnaise auf die Schnittfläche setzen und ein Petersilieblatt hineinstecken. Den Salat nochmals durchmischen, auf Portionsschüsseln verteilen und mit den Eierschiffchen und den Basilikumblättern garnieren.

► **TIPP** *Frische Pilze und Spargelköpfe sind bei diesem schmackhaften Salat natürlich erste Wahl. Außerhalb der jeweiligen Saison kann man ebensogut auf entsprechende Konserven zurückgreifen. In diesen Fall sollte der Essiganteil in der Soße reduziert werden. Das Spargelwasser auffangen und daraus eine leckere Spargelsuppe als Vorspeise zubereiten.*

4

400 g Anischampignons
250 g Spargelköpfe
2 Eier
Salz
Wasser
Zucker
1 EL Weinessig
3 EL Olivenöl
schwarzer Pfeffer
2 TL Mayonnaise
1 TL Basilikumblätter
1 TL Schnittlauch
4 Blätter Petersilie

Gebratene Semmelstoppelpilze mit Weißwein

Die klein geschnittenen Pilze ca. 1 Minute in Salzwasser blanchieren. Das Wasser wegschütten. Knoblauch zerdrücken. Die Semmelstoppelpilze mit Butter, Brühe und dem Knoblauch bei geschlossenem Topf 25 Minuten schmoren. Zum Schluss mit Weißwein ablöschen. Einen Streuer mit feinem Speisesalz und eine Pfeffermühle zum Würzen bereitstellen.
Mit den gerösteten Brotscheiben und einer Zitronenscheibe als leckeren zweiten Gang nach einer guten Pasta oder als Beilage zu Schupfnudeln servieren.

► **TIPP** *Zum Abschluss mit dünnen Scheiben Appenzeller überbacken.*

4

400 bis 500 g Semmelstoppelpilze
150 ml Gemüsebrühe
2 Knoblauchzehen
100 ml halbtrockener Weißwein (z.B. Müller-Thurgau)
20 g Butter
Salz
Pfeffer
1 Zitrone
geröstete Baguettescheiben

Gedämpfte Pilze

🍴 4

800 g Pfifferlinge und Kiefernreizker oder Trompetenpfifferlinge und Fichtenreizker bzw. nur Champignons

40 g Butter

20 bis 40 g Mehl

250 ml Gemüsebrühe

Salz

2 EL Petersilie

1 Zwiebel

1 Zitrone

200 g süße Sahne (Rahm)

250 ml trockener Weißwein (z.B. Riesling)

Waldpilze säubern, waschen, trockenschleudern und klein schneiden. Die Butter in einer großen Pfanne erhitzen, die Pilzstücke dazugeben und bei bedeckter Pfanne 5 Minuten dämpfen. Die Petersilie waschen, trockenschleudern und feinhacken. Die Zwiebel klein würfeln. Alles mit dem Mehl überstäuben und mit der Sahne und Brühe ablöschen. Mit Salz und Zitronensaft abschmecken und 15 Minuten bei geringer Wärmezufuhr kochen lassen. Das Gericht nun individuell mit dem Weißwein abschmecken. Kurz vor dem Anrichten noch die gewürfelte Zwiebel und die feingehackte Petersilie dazugeben und auf vorgewärmten Tellern mit einer Scheibe Brot servieren.

Varianten:
Anstelle von Zitronensaft kann auch mit einem gutem Essig (z.B. Balsamico) abgeschmeckt werden. Für eine weitere Abwechslung sorgt saure Sahne statt der süßen oder Crème fraîche.

► **TIPP** *Bei der Zubereitung mit Zuchtchampignons muss schnell gearbeitet werden, da die Pilze sich an der Luft schnell verfärben. Ggf. die klein geschnittenen Pilze nach dem Waschen in Essigwasser (100 ml Essig und 900 ml Wasser) lagern und erst unmittelbar vor der Verwendung trockenschleudern.*

Morchel-Wildreis

Die getrockneten Morcheln abspülen und ca. 2 Stunden in lauwarmem Wasser einweichen. Anschließend gut abtropfen lassen und in kleine Stücke schneiden. Zwiebel klein würfeln. In einem Topf Gemüse- oder Fleischbrühe aufsetzen und zum Kochen bringen. In einem anderen die Butter erhitzen, Knoblauch und Zwiebel hineingeben und glasig rösten. Die Petersilie fein hacken und mit den Pilzen zur Butter geben. Dann salzen, pfeffern, mit einer Tasse heißer Brühe übergießen und ca. 10 Minuten zugedeckt bei geringer Wärmezufuhr ziehen lassen. Den Reis hineingeben und unter dauerndem Rühren nach und nach kochende Brühe zufügen, bis eine eher breiige, aber noch körnige Masse übrig bleibt. Die Wärmezufuhr beenden. 5 EL Olivenöl und Parmesan unterziehen und den Risotto vor dem Servieren noch ca. 3 Minuten ruhen lassen. Dann rasch auf den Tisch bringen.

► **TIPP** *Statt Wildreis kann man auch mittelkörnigen Reis verwenden.*

4

100 g getrocknete Morcheln oder 250 bis 400 g frische Morcheln
350 g Wildreis
1 Knoblauchzehe
1 mittelgroße Zwiebel
50 g Butter
5 EL Olivenöl
3 EL Petersilie
1 l Fleisch- oder Gemüsebrühe
Salz
Pfeffer
Parmesan

Geschmorte Mischpilze auf Butterreis

🍴 **4**

600 bis 800 g Mischpilze (z.B. Maronen, Birkenpilze, Sandröhrlinge, Steinpilze, Rotkappen, Parasolen, Champignons, Reizker)

1 kleine Zwiebel

50 g Bratfett

15 g Butter

Salz

Pfeffer

1 Bund frische Petersilie

60 g Reis

Die Pilze gründlich putzen, nach dem Waschen gut abtropfen lassen und in gleichmäßige, kleine Würfel schneiden. Die Zwiebel schälen und mit der Reibe bereitlegen. Die Petersilie waschen, trockenschleudern und fein hacken. In einem Schmortopf das Bratfett für Pilze und die Zwiebel erhitzen. Den Reis mit 15 g Butter in Salzwasser aufsetzen. Den Schmortopf mit dem heißen Fett vom Herd nehmen, die Zwiebel hineinreiben, die gewürfelten Pilze dazugeben, alles kurz andünsten und anschließend 15 bis 20 Minuten im zugedeckten Topf schmoren lassen, bis der Reis gar ist.

Die Soße unter die fast garen Pilze rühren und mit etwas Salz und Pfeffer würzen. Den Reis auf tiefen Tellern anrichten und die geschmorten Pilze hineingeben. Abschließend mit der gehackten Petersilie garnieren.

Dazu passt hervorragend ein fruchtiger, trockener Riesling.

► **TIPP** *Liebhaber der deftigen Soßen verrühren 3 EL saure Sahne (oder Joghurt bzw. Crème fraîche) mit 1 TL Mehl und geben 0,25 l Wasser bzw. Gemüsebrühe dazu. Mit Salz und Pfeffer abschmecken.*

Kartoffeln & Pilze

Pilzgulasch mit Kartoffeln

Zuerst die Parasolen in Dreiecke schneiden bzw. die Bovisten würfeln. Die Zwiebeln klein würfeln und in heißem Fett glasig dünsten, anschließend die Pilze dazugeben und 10 Minuten gar dämpfen. Gegebenenfalls mit Brühe auffüllen. Die Kartoffeln schälen, waschen, in kleine gleichmäßige Würfel schneiden und in einem separaten Topf mit Salzwasser ca. 8 bis 10 Minuten gar kochen. Anschließend das Wasser abschütten und die Kartoffeln kurz trockendämpfen. Zu den Pilzen geben, mit Salz, Pfeffer und Paprika abschmecken und alles zusammen noch einmal ca. 5 Minuten weich schmoren.

► **TIPP** *Die Kartoffeln können auch direkt mit den Pilzen in einen Topf gar geschmort werden. Allerdings verlängert sich dann je nach Sorte, Alter und Größe der Kartoffelstücke die Garzeit.*

4

500 g Parasolen oder junge Boviste

750 g festkochende Kartoffeln

2-3 Zwiebeln

40 g Bratfett oder Öl

Salz

Pfeffer

Paprikapulver

Gemüse- oder Fleischbrühe

Geschnetzeltes in Pfifferling-Soße an Kartoffeln

4

400 g Pfifferlinge
2 Schweineschnitzel
2 Zwiebeln
2 Knoblauchzehen
saure Sahne
Salz
Pfeffer
600 g Kartoffeln
Petersilie

Die Pilze gut putzen, waschen und in Streifen schneiden. Kartoffeln schälen, gleichmäßig würfeln und 10 Minuten in Salzwasser kochen. Das Fleisch fein zerschneiden. Zwiebeln schälen und klein würfeln. Fleisch- und Pilzstreifen dazugeben und knusprig anbraten. Abschließend die saure Sahne in die Bratensoße rühren und mit Salz und Pfeffer abschmecken.
Kartoffelwasser abgießen und ohne Deckel bei geringer Wärmezufuhr bzw. unter Ausnutzung der Restwärme vorsichtig dämpfen, nicht ansetzen lassen.
Die Portionen auf vorgewärmten Tellern anrichten, mit der feingehackten Petersilie garnieren und sofort servieren.

Steinpilz-Ragout

🍴 2

250 g Steinpilze
200 g Kalbfleisch
1 Zwiebel
30 g Butter
1 EL Mehl
2 ausgereifte Tomaten
Salz
Pfeffer
100 ml Crème fraîche oder saure Sahne
40 g Petersilie

Das Fleisch in dünne Streifen schneiden. Steinpilze und Zwiebel reinigen, gleichmäßig würfeln und mit den Fleischstreifen in der Butter 10 Minuten andünsten. Zum Anschwitzen mit Mehl bestäuben. Die Tomaten häuten, in Scheiben schneiden, Kerne entfernen, klein würfeln und in die Pfanne geben. 5 Minuten dünsten.
Crème fraîche oder saure Sahne unterrühren und mit Salz und Pfeffer abschmecken. Die Petersilie waschen, trockenschleudern und fein hacken. Auf vorgewärmten Tellern anrichten und mit der Petersilie bestreuen. Als Beilage passen Spätzle oder Schupfnudeln sehr gut.

VARIANTE:
Das Steinpilzragout eignet sich auch vorzüglich zur Füllung von Pastetchen. Dann reicht die angegebene Menge allerdings für 4 Portionen.

► **TIPP** *Bei vollständig ausgereiften Tomaten lässt sich die Haut einfach abziehen. Gekaufte Tomaten sind häufig nicht vollständig ausgereift. Sie reifen während der Lagerung im Geschäft und beim Kunden zu Hause nach. Am besten legt man unreife Tomaten einfach auf das Fensterbrett oder an einen anderen warmen Ort. Löst sich die Schale nicht ohne weiteres vom Fruchtfleisch, schneidet man die Frucht mit einem scharfen Messer ein und brüht sie ca. 10 Sekunden in kochendem Salzwasser. Anschließend kurz mit kaltem Wasser abschrecken, und die Haut lässt sich gut abziehen.*

Kalbsgeschnetzeltes mit braunen Champignons

4

1 kg Kalbsbrust oder -schulter
250 ml trockener Weißwein (z.B. Riesling, Grauer Burgunder oder Silvaner)
2 Karotten
2 Stangen Lauch
1 Zwiebel
2 Nelken
Wurzelpetersilie mit Grün
frischer Thymian
2 Lorbeerblätter
Salz
Pfeffer
400 g braune Champignons
Saft von 1 Zitrone
20 g Butter
1 Eigelb
100 g bis 200 g saure Sahne, Crème fraîche oder Magerquark

Das Fleisch in Streifen schneiden und mit Wasser bedeckt zum Kochen bringen. Den Eiweißschaum abschöpfen und mit dem Wein erneut aufkochen. Wenn es schnell gehen muss, wechseln Sie nach dem Aufkochen das Wasser. Die Karotten schälen und klein schneiden. Vom Lauch die weißen Enden waschen und in feine Scheiben schneiden, die Zwiebel schälen und mit den Nelken spicken. Das Gemüse und die Kräuter zum Fleisch geben, salzen, pfeffern und aufkochen. Sofort nach dem Aufkochen die Wärmezufuhr verringern, zudecken und das Gericht 1 ½ Stunden schmoren lassen. Die Champignons reinigen, in dünne Scheiben schneiden und mit der Hälfte des Zitronensaftes beträufeln.

Gemüse und Fleisch aus der Brühe nehmen, die Zwiebel mit den Nelken entfernen und die Brühe zur Seite stellen. Das Eigelb mit der sauren Sahne verrühren, ca. 200 ml (1 Schöpflöffel) heiße Brühe unterschlagen und alles unter Rühren zum Gemüse und dem Fleisch geben. Den restlichen Zitronensaft und die Pilze darunterrühren. Teller im Backofen vorwärmen. Das Geschnetzelte bei geringer Wärmezufuhr unter regelmäßigem Rühren noch einmal 10 Minuten erwärmen. Heiß auf den vorgewärmten Tellern mit Reis oder Semmelknödeln als Beilage servieren.

Dazu mundet ein trockener Riesling oder Silvaner.

VARIANTE:

Die Champignons können gut durch frische Austernpilze, Pfifferlinge oder Shiitake ersetzt werden.

► **TIPP** *Besonders fein schmecken die Pilze, wenn sie in einer Pfanne mit Butter ca. 6 Minuten angebraten werden.*

Pilzhacksteaks Jägerart

Zuerst die Brötchen in kaltem Wasser einweichen. Das Hühner- oder Hasenfleisch in einen Schnellkochtopf mit 1 Liter kochendem Salzwasser geben und je nach Größe ca. 10 Minuten gar kochen, bis sich das Fleisch leicht von den Knochen lösen lässt.
Die Pilze putzen, waschen, trockenschleudern und in kleine Würfel hacken. Die Zwiebeln klein würfeln, in einer kleinen Pfanne mit heißer Butter bräunen und bis zur weiteren Verwendung zur Seite stellen. Butter in einer großen Pfanne erhitzen, die Pilze hinzugeben und bei geringer Wärmezufuhr ca. 7 Minuten andünsten.
Die Brötchen gut ausdrücken, zerkleinern, zu den angegarten Pilzen geben, verrühren, noch 3 bis 5 Minuten mitdämpfen und abkühlen lassen. Das Fleisch von den Knochen trennen und klein schneiden. Die Petersilie waschen, trockenschleudern und fein hacken. Den kalten Pilzteig mit dem Fleisch, der Hälfte der gebräunten Zwiebeln, den beiden Eiern und der gehackten Petersilie mischen und mit Muskatnuss, frisch gemahlenem Pfeffer und ca. 1 gestrichenen TL Salz würzen. Überschüssige Feuchtigkeit wird mit Semmelbröseln gebunden, bis nichts mehr an den Händen klebt. Mit den Händen aus dem Teig 8 Steaks formen, in Mehl wenden und in heißem Fett knusprig braun braten.
Servieren Sie dazu heißen Kartoffelbrei, den Sie mit der anderen Hälfte der gebräunten Zwiebeln garnieren.
Dazu passt Kopf- oder Gurkensalat.

4

500 g Mischpilze
25 g Butter
2 Zwiebeln
2 trockene Brötchen
2 Eier
250 g Hühner- oder Hasenfleisch
frisch gemahlener Pfeffer
Salz
Petersilie
Muskatnuss
1 EL Semmelbrösel
1 EL Mehl
geschmacksneutrales Öl

► **TIPP** *Aus der Fleischbrühe kann eine klare Suppe als Vorspeise gezaubert werden.*

Hasenklein mit Steinpilzen

4

250 g Steinpilze oder Pfifferlinge bzw. braune Champignons

1 Feldhase oder Kaninchen

6 Schalotten

100 g geräucherter Bauchspeck

30 g Schweineschmalz

30 g Mehl

250 ml Wasser

500 ml trockener Wein (z.B. Portugieser Rosé oder Riesling)

Salz

10 Pfefferkörner

gemahlener schwarzer Pfeffer

3 Stück Wurzelpetersilie

Thymian

2 Lorbeerblätter

300 g fest ko-chende Kartoffeln (z.B. Bintje, Hansa, Roseval, Linda oder Sieglinde)

Den Hasen in Stücke schneiden und die Leber beiseite legen. Bauchspeck und Schalotten klein schneiden und im Schmortopf in Schweineschmalz anbraten. Sobald alles gebräunt ist, aus dem Topf nehmen. Das Fett zum Anbraten des Hasenfleisches drinlassen. Die Hasenstücke in Mehl wenden, überschüssiges abschütteln und im Schmortopf von allen Seiten goldbraun anbraten. Die Wurzelpetersilie fein schneiden und zusammen mit dem Bauchspeck und den Schalotten in den Schmortopf geben. Mit Wasser und 450 ml Wein ablöschen. Ca. 50 ml Wein zum Loskochen des Fonds zurückhalten. Mit den zerstoßenen Pfefferkörnern, ½ TL Salz, Thymian und Lorbeerblättern würzen, abdecken und 25 Minuten bei geringer Wärmezufuhr kochen lassen.

Die Kochzeit zum Vorbereiten der Kartoffeln und der Steinpilze nutzen: Kartoffeln schälen, waschen und in gleichmäßige Würfel schneiden. Steinpilze putzen, waschen und in Scheiben schneiden. Nach 25 Minuten Garzeit die Kartoffeln, nach 30 Minuten die Pilzstücke und nach 45 Minuten die Hasenleber in den Schmortopf geben. Nach 50 Minuten die Fleischstücke herausnehmen, auf einer großen, vorgewärmten Platte anrichten und warm stellen. Den Bratenfond im Topf mit dem restlichen Wein loskochen. Eventuell etwas Wasser zugießen und mit Salz und frisch gemahlenem Pfeffer abschmecken. Die Soße über das Fleisch gießen und sofort servieren.

Dazu passt der Wein, der zum Kochen verwendet wurde.

► **TIPP** *Verwendet man frische Pfifferlinge, sollten diese am besten in einer Pfanne in Butter knusprig gebraten und anschließend zusammen mit der Leber in den Topf gegeben werden.*

Martinsgans mit Steinpilzfüllsel

Getrocknete Steinpilze etwa 2 Stunden in lauwarmem Wasser einweichen. Die Esskastanien schälen und in einem Topf mit ausreichend Salzwasser bedeckt je nach Größe 20 bis 25 Minuten gar kochen. Anschließend die Wärmezufuhr abstellen, die Kastanien mit einem Löffel einzeln aus dem Wasser nehmen, die bittere Haut abziehen und in einer abgedeckten Schüssel aufbewahren. Die Weißbrotscheiben in kleine Würfel schneiden. Die Butter in einer großen Pfanne erhitzen und die Brotwürfel darin anrösten. Schalotte, Bauchspeck und Trockenobst würfeln, Lauch und Petersilie klein schneiden. Anschließend alles mit den gemahlenen Walnüssen und den ausgedrückten Steinpilzen zu den Brotwürfeln geben und ca. 10 Minuten dünsten. Abkühlen lassen, mit 1 Ei zum Hackfleisch geben, gründlich mischen und mit Salz, frisch gemahlenem Pfeffer und frisch geriebener Muskatnuss abschmecken. Die Gans waschen, trockentupfen, füllen, zunähen oder mit einem Rouladenspieß verschließen. Mit Salz einreiben und im Backofen auf einem Rost mit Fettauffangschale 3 bis 4 Stunden bei 200 bis 210° C garen.
Damit die Haut schön knusprig wird, den Braten jede halbe Stunde mit dem ausgetretenen Gänseschmalz aus der Auffangschale übergießen. Grünkraut und Kartoffeln jeweils in Salzwasser kochen und anschließend warm stellen. Den fertigen Festtagsbraten aus dem Backofen nehmen, öffnen, die Füllung mit einem großen Portionierlöffel herausnehmen. Auf den Serviertellern verteilen und auf einem sauberen Blech im Backofen warm stellen, bis der Vogel tranchiert ist. Die Fleischstücke neben der Füllung auf den Tellern anrichten und mit Salzkartoffeln und Grünkraut servieren und einen trockenen Spätburgunder dazu reichen.

VARIANTE:
Statt einer Gans kann auch Ente, Pute oder Truthahn gefüllt werden.

► **TIPP** *Verwenden Sie das ausgebratene Gänseschmalz zum Anrichten des Grünkrauts. Statt getrockneten Steinpilzen kann man auch 100 bis 150 g gefrorene Steinpilze verwenden. Diese sollten dann schon über Nacht im Kühlschrank aufgetaut sein.*

4

10 bis 15 g getrocknete Steinpilze
1 kleine Gans, ca. 3 bis 3,5 kg
250 g Weißbrot
100 g Hackfleisch
1 Ei
50 ml trockener Weißwein (z.B. Riesling)
3 TL Rosinen
3 EL getrocknete Pflaumen
10 g Butter
50 g geräucherter Schweinebauch
1 Schalotte
50 g Lauch
1 EL frische Petersilie
30 g gemahlene Walnüsse
100 g Esskastanien
Salz
Pfeffer
Muskatnuss
Salzkartoffeln
Grünkohl als Beilage

Kalbsgeschnetzeltes mit Steinpilzstreifen

4

400 g Steinpilze (auch mit jungen Maronen gemischt)
25 g Butter
300 g Kalbfleisch
1 Zwiebel
4 Tomaten
Salz
Pfeffer
1 TL frische Petersilie
200 ml Crème fraîche oder saure Sahne bzw. Naturjoghurt

Die Pilze gut putzen, waschen und in Streifen schneiden. Die Zwiebel schälen und klein würfeln. Das Fleisch schnetzeln. In einer großen Pfanne die Butter erhitzen und darin Zwiebelwürfel, Fleisch- und Pilzstreifen knusprig anbraten. Nach ca. 20 bis 25 Minuten die geschälten, klein gewürfelten Tomaten zugeben und weitere 10 Minuten mit schmoren. Abschließend die Crème fraîche zur Bratensoße einrühren und mit Salz und Pfeffer abschmecken.
Die Portionen auf vorgewärmten Tellern anrichten, mit der feingehackten Petersilie garnieren und sofort servieren.
Genießen Sie Ihre Portion mit frischem Weißbrot und einem Glas halbtrockenen Müller-Thurgau.

Putenbrustfilet mit Austernpilzsoße

4

250 g Austernpilze
6 ausgereifte Tomaten
2 EL Butter
500 g Putenbrust
Salz
schwarzer Pfeffer
2 Schalotten
2 Knoblauchzehen
150 ml trockener Weißwein (Riesling, Morio-Muskat) oder Rosé (Portugieser)
1 Hand voll Estragon

Die ausgereiften Tomaten schälen, vierteln, Kerne entfernen und gleichmäßig würfeln (siehe Tipp zum Schälen beim Steinpilz-Ragout, S. 221). Den Backofen auf 220° C vorheizen. Butter in einer großen Pfanne schmelzen. Die Putenbrust in 4 gleichmäßige Filets schneiden, in der Butter auf beiden Seiten jeweils ca. 3 Minuten knusprig anbraten. Die angebratenen Filets mit Salz und Pfeffer würzen und in einer bedeckten Auflaufform im vorgeheizten Back-ofen ca. 25 bis 30 Minuten garen. Dünn geschnittene Filets benötigen eventuell eine geringere Garzeit!
Anschließend die Schalotten klein schneiden, den Knoblauch dazu pressen und in derselben Pfanne goldbraun anbraten. Den Estragon waschen, trockenschleudern und fein hacken. Die Pilze dazugeben und weiterbraten, bis die aus den Pilzen gezogene Flüssigkeit verdampft ist. Den Wein und die Tomaten dazugeben und unter ständigem Rühren kochen, bis die Flüssigkeit auf die Hälfte reduziert ist. Jetzt mit Salz und Pfeffer würzen. Die Teller zum Servieren im Backofen vorwärmen.
Die Filets aus der Auflaufform nehmen und auf den vorgewärmten Tellern verteilen. Anschließend die Austernpilzsoße darübergeben und mit dem feingehackten Estragon bestreuen.

Steinpilztopf mit Filet

Steinpilze säubern und in gleichmäßige, große Würfel schneiden. Zwiebeln ebenfalls würfeln. Butter in einem Topf erhitzen. Pilze und Zwiebeln hineingeben, würzen und etwa 15 Minuten leicht braten lassen. Die Filets in 4 gleich große Stücke teilen, pfeffern, salzen und ca. 7 Minuten von jeder Seite braten. Die Kartoffeln schälen, waschen und etwa 10 Minuten in Salzwasser kochen. Danach das Salzwasser abgießen und die Kartoffeln bei kleiner Flamme trockendämpfen. Beim Elektroherd reicht in der Regel die Restwärme der abgestellten Heizplatte. Teller vorwärmen.
Petersilie und Dill waschen, fein hacken und nach 15 Minuten mit Joghurt und saurer Sahne unter die Pilzwürfel mischen. Die Filets und Kartoffeln auf den vorgewärmten Tellern anrichten, die Steinpilze darübergeben und mit je 2 bis 3 Basilikumblättern garniert servieren.
Dazu passt vorzüglich ein trockener Spätburgunder.

VARIANTE:
Statt der Steinpilze können auch 500 g frische Pfifferlinge oder Trompetenpfifferlinge verwendet werden. Pfifferlinge sind schwerer verdaulich als Steinpilze, daher sollte die Menge reduziert werden.

4

600 g Steinpilze
400 bis 500 g Wild- oder Schweinefilet
1 Zwiebel
30 g Butter
Salz
schwarzer Pfeffer
200 g saure Sahne
150 g Joghurt
1 Bund Petersilie
1 Bund Dill
8 bis 12 frische Basilikumblätter
500 g mehlig kochende Kartoffeln

Geflügel-Pilz-Fondue mit Quarksoße

4

Für die Brühe:
10 g getrocknete Steinpilze
10 g getrocknete Herbsttrompeten
1 Zweig Rosmarin
2 Zweige Thymian
1 Bund Petersilie
2 Lorbeerblätter
1 ½ l Geflügelbrühe
2 Bund Frühlingszwiebeln
Salz
gemahlener schwarzer Pfeffer
750 g Puten- oder Hähnchenbrust
500 g kleine braune Champignons

Für die Quarksoße:
1 Bund Petersilie
2 TL grüne Pfefferkörner
200 g Magerquark Salz
schwarzer Pfeffer

Die getrockneten Pilze klein zerstoßen und in 250 ml lauwarmem Wasser mindestens 1 Stunde einweichen. Die Kräuter waschen und trockenschleudern. Rosmarin, Thymian und die getrockneten Lorbeerblätter zu einem Strauß binden. Die Steinpilze mit ihrem Einweichwasser und dem Kräuterstrauß zur Brühe in den Topf geben. Etwa 30 Minuten bei geringer Wärmezufuhr kochen.
Die Champignons putzen und waschen. Frühlingszwiebeln säubern und in etwa 4 cm lange Stücke schneiden. Das Putenfleisch in mundgerechte Würfel schneiden. In Schüsseln anrichten und mit frischen Petersilieblättern garnieren. Für die Quarksoße den Bund Petersilie und den grünen Pfeffer klein hacken, unter den Magerquark rühren, mit Salz und frisch gemahlenem schwarzen Pfeffer abschmecken und auf die Schüsseln verteilen. Den Kräuterstrauß aus der Brühe nehmen, diese in den Fonduetopf gießen und auf den Rechaud stellen. Champignons, Frühlingszwiebeln und Fleischwürfel auf die Fonduegabeln stecken und in der Brühe garen. Nach Belieben in die Quarksoße dippen und genießen.
Zusätzlich kann man Baguette, frisches Körnerbrot und einen jungen, trockenen Portugieser Rosé servieren.

► **TIPP** *Getrocknete Steinpilze und Herbsttrompeten geben Brühen, Suppen, Eintöpfen und Soßen ein intensives Aroma. Vor der Zubereitung die getrockneten Pilze mindestens 1 Stunde in lauwarmem Wasser einweichen. Da das Einweichwasser auch Geschmacksstoffe aufnimmt, wird es beim Kochen immer mitverwendet. Putenbrust gibt es in Stücken von ca. 1,2 kg zu kaufen. Neben den 750 g für das Fondue kann aus dem Rest mit dem Kräutersträußchen die Hühnerbrühe für das Fondue gekocht werden. Das in der Brühe gegarte Fleisch eignet sich kalt aufgeschnitten hervorragend zur Zubereitung eines Salates.*

SOSSEN VARIANTE:

Quark-Tomatensoße zum Fondue

4

250 g gut ausgereifte Tomaten
1 rote Zwiebel
2 EL Schnittlauch
250 g Magerquark
1 EL Tomaten-Ketchup
Salz
gemahlener schwarzer Pfeffer

Die reifen Tomaten schälen, vierteln, den Blütenansatz ausschneiden, die Kerne entfernen und das Fruchtfleisch pürieren. Zwiebel schälen und fein würfeln. Schnittlauch waschen und fein hacken. Den Magerquark mit Tomatenpüree, Zwiebelwürfeln sowie Schnittlauchröllchen verrühren und mit Tomaten-Ketchup, Salz und Pfeffer abschmecken.

Pfifferlinge Alcampa

In einer Auflaufform Salz verteilen. Das Schweinefleisch darauf legen und im Backofen bei 230° C eine Stunde backen. Die Pfifferlinge putzen, waschen (nicht trocknen!) und halbieren. 20 Minuten vor Ende der Garzeit des Schweinefleisches die Butter in einer großen Pfanne schmelzen. Die gewaschenen, tropfnassen Pfifferlinge dazugeben und zugedeckt 10 Minuten gar dünsten. Gelegentlich umrühren, damit die Pfifferlinge nicht ansetzen. Den Deckel entfernen und die restliche Flüssigkeit bei großer Wärmezufuhr verdampfen lassen. Das Schweinefleisch aus dem Backofen nehmen, aufschneiden und auf den Tellern anrichten. Die Pfifferlinge auf den Fleischscheiben verteilen und mit dem Baguette als Beilage servieren. Dazu schmeckt hervorragend ein trockener Trollinger oder Dornfelder.

4

400 g frische Pfifferlinge

600 g Schweinefleisch

500 g Salz

40 g Butter

2 Baguettes

Schweinemedaillons mit Butterpilzsoße

🍴 4

400 g Pilze (Butterpilze, Goldröhrlinge, Körnchenröhrlinge, Trompetenpfifferlinge, Herbsttrompeten, Steinpilze, Pfifferlinge)

8 Schweinemedaillons à 75 g aus der Lende

40 g Butter

weißer Pfeffer

Salz

8 Cocktailtomaten

Für die Buttersoße:

1 kleine Zwiebel

1 EL trockener Weißwein

200 ml Gemüsebrühe

20 g kalte Butter

1 EL Borretsch, Kerbel oder Petersilie

Pilze putzen, waschen, trockenschleudern und in mundgerechte Stücke schneiden. In einer großen Pfanne mit 10 g heißer Butter kurz anbraten und anschließend ca. 10 bis 20 Minuten bei geringer Wärmezufuhr im eigenen Saft garen, bis die gesamte Flüssigkeit verdampft ist. Gegebenenfalls etwas heißes Wasser nachgießen. Nach dem Braten mit Salz sowie frisch gemahlenem Pfeffer würzen und im Backofen warm stellen.
Die Kalbsmedaillons in ca. 30 g heißer Butter in einer Pfanne erhitzen und darin bei starker Wärmezufuhr auf beiden Seiten ca. 2 Minuten braten. Salzen, pfeffern, herausnehmen und warm halten. Im Bratfond mit einem Schuss Weißwein und 125 ml Brühe eine feingehackte Zwiebel 2 bis 3 Minuten auf heißer Flamme aufkochen lassen. Die restlichen 75 ml Brühe mit der kalten Butter kräftig aufschlagen. Kalbsmedaillons rasch auf einem vorgewärmten Teller mit Cocktailtomaten und Pilzen anrichten, Buttersoße darübergeben und mit frischen Kräutern bestreuen.

Pfifferlingschnitzel

Die Schnitzel einschneiden und innen und außen mit Salz und Pfeffer würzen. Pfifferlinge putzen, waschen, trockenschleudern, in dünne Streifen schneiden und mit Zitronensaft beträufeln. Alles in heißer Butter andünsten. Pfefferkörner zerstoßen, Semmelbrösel und 1 Eigelb unterrühren. Die Masse mit Salz und Pfeffer und frisch geriebener Muskatnuss würzen, in die Taschen der Schnitzel füllen und mit Zahnstochern, Rouladennadeln oder angespitzten Rosmarinzweigen verschließen.
Das Mehl mit einem weiteren Eigelb, Wein, Salz, frisch geriebener Muskatnuss, frisch geschnittenem Basilikum und frisch geschnittener Petersilie verquirlen. Die 2 Eiweiß steif schlagen und unterheben, um die Soße zu lockern. Die Schnitzel in der Soße wenden und in heißer Butter von allen Seiten goldbraun anbraten.

4

200 g frische Pfifferlinge oder Trompetenpfifferlinge
4 dicke Schweineschnitzel à 150 g
Salz
gemahlener Pfeffer
1 TL Pfefferkörner
1 unbehandelte Zitrone
70 g Butter
3 EL Semmelbrösel
3 Eigelb
100 g Mehl
250 ml Weißwein
Muskatnuss
1 EL frischer Basilikum
1 EL frische Petersilie
2 Eiweiß

Morchel-Champignon-Spargel auf Schweinemedaillon

4

250 g frische Morcheln
250 g kleine Champignons
500 g Bleichspargel
Salz
450 g Schweinelende, in 8 Medaillons aufgeschnitten
schwarzer Pfeffer
50 g Schweineschmalz oder Butter
200 ml Crème fraîche
2 Eier
200 g geriebener Hartkäse (z.B. Appenzeller, Gruyère oder Emmentaler)
2 EL Semmelbrösel

Den Spargel schälen, in Stücke schneiden und in 1¼ ml Salzwasser bissfest kochen. Die Morcheln säubern, der Länge nach teilen, waschen und trockenschleudern. Die Champignons putzen und waschen. Größere Exemplare halbieren oder vierteln. Anschließend die Pilze im Spargelsud 3 bis 4 Minuten blanchieren. Die Schweinemedaillons in 30 g vom heißem Schweineschmalz kurz von beiden Seiten anbraten und mit Salz und frisch gemahlenem schwarzen Pfeffer würzen.
Eine flache Auflaufform mit dem restlichen Schmalz fetten. Schweinemedaillons hineinlegen und die Spargelstücke zusammen mit den Pilzen darüber verteilen. Crème fraîche mit 2 Eiern schaumig anrühren, mit etwas Salz und Pfeffer abschmecken und in der Form gleichmäßig verteilen. Abschließend den geriebenen Hartkäse mit den Semmelbröseln darüberstreuen und alles mindestens 20 Minuten bei 180° C überbacken.
Zu diesem Frühjahrsgericht passt hervorragend ein trockener Silvaner.

Schweinekarree mit Pfifferlingen

Die Pfifferlinge reinigen, waschen, trockenschleudern und in gleichmäßige feine Scheiben schneiden.
Die Knoblauchzehe und die Zwiebel schälen und in kleine Würfel hacken.
Das Olivenöl in einer Großraumpfanne erhitzen, Knoblauch und Schweinekarree hineingeben, die Pfifferlinge hinzufügen. Bei mäßiger Wärmezufuhr das Fleisch von allen Seiten anbraten, bis Zwiebeln und Pilze ihr Wasser abgegeben haben. Nun mit Salz und Pfeffer abschmecken und noch 1 Minute weiterkochen lassen. Die Brühe zufügen. Die Pfanne zudecken und das Fleisch bei geringer Wärmezufuhr ca. 1 ½ Stunden gar kochen. Kurz vor Ende der Garzeit die Petersilie waschen, trockenschleudern und grob hacken. Den Deckel abnehmen und das Fleisch herausnehmen. Überschüssige Flüssigkeit bei mäßiger Wärmezufuhr zu einer dickflüssigen Soße einkochen lassen.
Das Fleisch in Portionen schneiden, eventuell noch einmal kurz in der Soße aufwärmen. Auf den Tellern anrichten, die Soße darübergeben und mit der Petersilie garniert servieren.
Als Beilage passen Kroketten und frische grüne Bohnen. Ein trockener, junger Grauer Burgunder oder Riesling sind die ideale Ergänzung.

4

400 g Pfifferlinge
1 Knoblauchzehe
1 Zwiebel
2 bis 3 EL Olivenöl
4 Schweinekoteletts in einem Stück (Karree)
Salz
schwarzer Pfeffer
300 ml Gemüse- oder Fleischbrühe
1 Bund frische Petersilie

VARIANTEN:
Die frischen Pfifferlinge können gut durch Champignons, Shiitake-Pilze, Kräuter- oder Austernseitlinge ersetzt werden. Bei diesen recht sauberen Pilzen kann auf das Abbürsten und Waschen verzichtet werden.
Zu Kalbfleisch passen sehr gut aromatische braune Zuchtchampignons.

► **TIPP** *Als Gemüsebrühe eignet sich hervorragend das Kochwasser der Gemüsebeilage. Mit dem Begleitwein kann die Soße noch individuell abgeschmeckt werden.*

Steinpilze mit Schweinebauch, Kartoffelpüree und Mangold

4

4 frische junge Steinpilze, je ca. 125 bis 150 g
1 TL Paprikapulver (edelsüß)
1 TL Sojasoße
Salz
400 g Schweinebauch mit Schwarte
600 g große Kartoffeln
2 EL Schweineschmalz
50 g Gruyère
100 g Crème fraîche
1 EL Schnittlauch
1 EL Petersilie
10 g Butter
schwarzer Pfeffer
400 g Mangold

Den Ofen auf 220 ° C vorheizen. Aus Paprikapulver, Sojasoße und ½ Teelöffel Salz eine Marinade anrühren und den Schweinebauch gleichmäßig in einer Auflaufform damit einpinseln. Das Fleisch mit der Schwarte nach oben im Ofen etwa 40 Minuten braten. Am Ende der Bratzeit für ca. 10 Minuten Oberhitze oder Grill zuschalten, bis die Schwarte knusprig ist. Das Fleisch aus dem Ofen nehmen, in Portionen schneiden und warm stellen.
Die Steinpilze der Länge nach halbieren und in eine Auflaufform geben. Dünn mit ca. 1 EL Schweineschmalz bestreichen, etwas Salz darauf streuen und im Ofen bei 220° C 10 Minuten braten. Die Pilze aus dem Ofen nehmen und ebenfalls warm stellen. Teller vorwärmen. Inzwischen die Kartoffeln in der Schale kochen.
Den Mangold in kochendem Salzwasser (1 TL Salz pro Liter) ca. 3 Minuten blanchieren, abgießen, abtropfen lassen und die restliche Flüssigkeit ausdrücken. Mit einem Stück Butter geschmacklich abrunden und mit Salz und Pfeffer abschmecken. Die Kartoffeln pellen und zusammen mit dem geriebenen Käse, ca. 3 EL Crème fraîche, und 1 EL feingehackten Schnittlauch zerdrücken. Zum Schluss den Kartoffelbrei mit 1 EL Schweineschmalz, Pfeffer und Salz abschmecken.
Das Bauchfleisch mit Steinpilzen, Kartoffelbrei und Mangold auf den Tellern anrichten, die feingehackte Petersilie über den Kartoffelbrei streuen und rasch servieren.
Dazu mundet ein halbtrockener Portugieser.

Krause Glucke mit Schweinegeschnetzeltem

Die Krause Glucke klein schneiden und gut säubern. Das Schweinefleisch in dünne Streifen schneiden und mit Pfeffer und Salz würzen. Die Eier in einem Rührbecher salzen, pfeffern und verquirlen. Speck klein würfeln. Den Speck in der Pfanne auslassen und die Grieben von der Pfanne nehmen. Fleisch in die Pfanne geben und anbraten. Dann Pilze dazugeben und 10 Minuten braten lassen. Durch Umrühren zu starkes, ungleichmäßiges Anbraten verhindern. Die Erbsen nach etwa 8 Minuten zugeben. Alles mit den gequirlten Eiern übergießen und nachwürzen.
Dazu Baguette, grünen Salat und einen trockenen Portugieser servieren.

4

1 Krause Glucke (600 g)
400 g mageres Schweinefleisch
50 g geräucherter Speck
100 g gekochte Erbsen
4 Eier
gemahlener Pfeffer
Salz

Rosmarin-Lammspieße mit geschmorten Mischpilzen

4

400 g Mischpilze (z.B. Steinpilze, Rotkappen und Pfifferlinge oder Austernpilze Shiitake und Champignons)

400 g Lammfilet

8 frische Rosmarin-stängel

Salz

Pfeffer

Olivenöl

1 Schalotte

200 ml Gemüsebrühe

2 EL Sahne

50 g getrocknete Kirsch-Tomaten

trockener Rotwein (z.B. Spätburgunder oder Dornfelder)

1 frisches Baguette

Die Rosmarin-Stängel entblättern und am dünnen Ende mit einem Messer anspitzen. Das Lammfilet in kleine Stücke schneiden und auf die Stängel stecken. 2 Minuten in heißem Olivenöl anbraten, mit Salz und Pfeffer abschmecken, aus der Pfanne nehmen und mit den Serviertellern im Backofen warm stellen.

Die Pilze putzen, waschen, trockenschleudern und mundgerecht würfeln. Zusammen mit der feingehackten Schalotte im Bratöl der Spieße mindestens 10 Minuten gar schmoren. Anschließend mit 200 ml Gemüsebrühe ablöschen. Pilze mit Salz, Pfeffer und etwas Rosmarin abschmecken. Zum Schluss mit der Sahne, den getrockneten Tomaten und nach Belieben mit trockenem Rotwein geschmacklich abrunden.

Auf den vorgewärmten Tellern mit den Lammspießen anrichten und mit frischem Baguette als Beilage servieren.

► **TIPP** *Der Wein kann anschließend dekantiert als Tischwein serviert werden.*

Geschmorte Lammkoteletts mit Morcheln

4

400 g frische Morcheln
500 g Lammkoteletts in 8 Scheiben aufgeschnitten
Salz
schwarzer Pfeffer
4 EL Olivenöl
200 g geräucherter Bauchspeck
1 mittelgroße Zwiebel
150 g Karotten
200 g Knollensellerie mit Blättern
5 Knoblauchzehen
150 g Rote Beete
50 g frischer Meerrettich
8 Zweige Thymian
3 getrocknete Lorbeerblätter
1 frischer Zweig Rosmarin
200 ml lieblicher Weißwein (z.B. Gewürztraminer Spätlese)
4 frische Mehrkornbrötchen

Die Lammkoteletts mit Salz und Pfeffer einreiben und in einem Schmortopf mit 3 EL heißem Olivenöl von beiden Seiten anbraten. Aus dem Topf nehmen und beiseite stellen.
Zwiebel und Karotten schälen und in kleine Würfel schneiden. Sellerie putzen. Die Knolle in gleichmäßige Würfel schneiden und die Blätter hacken. Den Bauchspeck gleichmäßig würfeln. Den Schmortopf gegebenenfalls mit 1 EL Öl auffüllen und darin den Bauchspeck und die Zwiebelwürfel knusprig anbraten. Karotten, Sellerie, und Rote Beete dazugeben. Die Knoblauchzehen in den Schmortopf pressen, den frischen Meerrettich hineinreiben und 10 Minuten bei mäßiger Wärmezufuhr dünsten. Morcheln halbieren, waschen, trockenschleudern, dazugeben und weitere 8 bis 10 Minuten dünsten. Den Backofen auf 180° C vorheizen. Thymianzweige, Lorbeerblätter und Rosmarin in den Schmortopf geben und mit dem Wein ablöschen. Die Lammkoteletts gleichmäßig auf den Morcheln und dem Gemüse verteilen. Alles mit Salz und Pfeffer würzen und im bedeckten Topf im Ofen, je nach Dicke des Fleisches, ca. 2 bis 2,5 Stunden bei 170° C schmoren. Für gleichmäßiges Garen das Fleisch etwa alle 30 bis 45 Minuten wenden und dabei zu sehr eingekochte Soße mit heißem Wasser auffüllen. 15 Minuten vor Ende der Garzeit die Servierteller zum Vorwärmen in den Backofen stellen. Die fertigen Lammkoteletts aus dem Schmortopf nehmen, überschüssiges Fett abschöpfen und abschließend die Gemüsesoße noch einmal mit Wein, Salz und Pfeffer abschmecken. Die Koteletts mit der Gemüsesoße und den Körnerbrötchen auf den vorgewärmten Tellern servieren.

VARIANTEN:
Versuchen Sie dieses Gericht auch mit Lammrücken oder Lammschulter. Die Garzeit kann sich dann allerdings je nach Dicke des Fleisches auf bis zu 3 Stunden verlängern.

Pilz-Pfeffer

🍴 2

200 g Mischpilze
200 g gemischtes Hackfleisch
200 g fest kochende Kartoffeln
50 g Lauch
50 g Sellerie
1 mittelgroße Zwiebel
50 ml Öl oder 40 g Bratfett
1 Karotte
10 g Pfefferkörner
Pfeffer
30 g Mehl
250 ml Pfeffersoße
Salz
Paprikapulver (edelsüß)
1 Stängel frisches Basilikum

Die Zwiebel schälen, fein würfeln und in einer großen Pfanne mit heißem Öl ca. 5 Minuten knusprig braun anbraten. Auf einen Teller geben und zur Seite stellen. In der gleichen Pfanne das Hackfleisch anbraten. Mit der Pfeffersoße ablöschen. Die Soße mit Salz abschmecken.
Kartoffeln, Sellerie und Karotten schälen, waschen und in kleine Würfel schneiden. Den Lauch in feine Streifen schneiden. Pilze putzen, waschen und in kleine Würfel zerteilen. Die angebratene Zwiebel, die frisch zerstoßenen Pfefferkörner, Pilze, Kartoffeln, Lauch, Sellerie und Karotten dazugeben, aufkochen und bei bedeckter Pfanne in der Soße mindestens 10 Minuten bei geringer Wärmezufuhr garen. Mit Salz, Pfeffer und Paprikapulver abschmecken.
Auf flachen Tellern anrichten und mit frischen Basilikumblättern garnieren.
Als Beilage eine Scheibe dunkles Vollkornbrot servieren.

▶ **TIPP** *Pilz-Pfeffer eignet sich wie das Steinpilzragout vorzüglich zur Füllung von Pastetchen. Dann reicht die angegebene Menge allerdings für 4 Personen, und die Kartoffeln können ersatzlos weggelassen werden.*

Pilzhacksteaks Feurio

Getrocknete Pilze zerstoßen oder klein brechen und in 400 ml lauwarmem Wasser einweichen. 100 g frische Pilze in Würfel schneiden, die Zwiebel fein hacken. 1 EL Olivenöl in einer großen beschichteten Pfanne erhitzen und darin die Zwiebel und die gewürfelten Pilze 10 Minuten anbraten. In einer beschichteten Pfanne benötigen Sie zum Anbraten jeweils nur 1 TL Öl. Auskühlen lassen. Sellerieblätter und Petersilie waschen und fein hacken. Hackfleisch, Ei, Senf, Sellerieblätter, Petersilie und die gewürfelte Pilz-Mischung verkneten. Mit Salz, Pfeffer, einer Prise Muskatnuss und Chilipulver würzen. Aus der Hackfleischmasse 8 flache Steaks formen. 1 EL Olivenöl in der Pfanne erhitzen und die Hacksteaks darin 13 bis 15 Minuten von beiden Seiten braten.
Die restlichen frischen Pilze klein schneiden und die Lauchzwiebeln in Ringe schneiden. Die eingeweichten Pilze abgießen und die Flüssigkeit auffangen. Falls nötig, große Stücke zerkleinern. Nudeln in Salzwasser mit einem Spritzer Olivenöl ca. 10 Minuten garen. Die Hacksteaks warm stellen und Frischpilze, eingeweichte Mischpilze und Lauchzwiebeln im Bratöl ca. 5 Minuten anbraten. Mit 300 ml Einweichwasser ablöschen, aufkochen lassen und anschließend den Soßenbinder einrühren. Soße mit Salz und Pfeffer würzen.

► **TIPP** *Für jeweils 10 g getrocknete Pilze benötigt man 200 ml Einweichwasser. Ist ein reicher Vorrat an frischen Pilzen vorhanden, können jeweils 10 g getrocknete durch 100 g frische Pilze ersetztet werden. Für die Hacksteaks benötigt man dann insgesamt 500 g frische Pilze. Bei leicht bekömmlichen Pilzen wie Champignons oder Steinpilzen reichen 2 bis 3 Minuten zum Anbraten.*

4

20 g getrocknete Steinpilze, Morcheln, Pfifferlinge oder Herbsttrompeten
400 g schnittfeste Pilze oder Zuchtchampignons
1 Zwiebel
2 EL Olivenöl
400 g Hackfleisch
1 Ei
1 EL scharfer Senf
Salz
Pfeffer
Chili- oder Paprikapulver
Muskatnuss
3 Lauchzwiebeln
4 Sellerieblätter
Petersilie
240 g Nudeln
1 bis 2 TL Mehl, Speisestärke oder dunkler Soßenbinder

Pilz-Hackbraten

🍴 4

300 g junge, festfleischige Mischpilze (z.B. Krause Glucke, Maronen, Steinpilze, Rotkappen, Champignons, Austernpilze) oder 30 g getrocknete Pilze

300 g gemischtes Hackfleisch

1 Brötchen vom Vortag

Paniermehl

1 Zwiebel

2 Frühlingszwiebeln

1 Ei

Butter

1 TL gerebelter Majoran

1 Prise gerebelter Thymian

Muskatnuss

2 EL Petersilie

1 EL Tomatenmark

1 EL Senf (Estragonsenf)

Salz

schwarzer Pfeffer

Paprikapulver (edelsüß)

40 g Butter oder Margarine

Falls getrocknete Pilze verwendet werden, diese zerstoßen und 1 Stunde vorher in 400 ml lauwarmes Wasser einweichen. Das Brötchen in lauwarmem Wasser ca. 10 Minuten einweichen. Das Wasser anschließend aufheben. Die Zwiebel und die Frühlingszwiebeln mit den Blättern fein würfeln und die Petersilie klein hacken.
Pilze waschen und klein würfeln. Bei Krauser Glucke die Verästelungen zerbrechen und den Strunk klein schneiden. Die Auflauf- oder Bratenform mit Butter fetten. Das durchgeweichte Brötchen in den Messbecher ausdrücken und in einer Schüssel mit Hackfleisch, Pilzen, den Zwiebeln, Ei, Majoran, Thymian, frisch geriebener Muskatnuss, Petersilie, Tomatenmark und Senf gut verkneten. Ist die Masse noch klebrig feucht, das Wasser mit Paniermehl binden. Alles mit Salz, Pfeffer und Paprikapulver kräftig würzen, abschmecken und daraus einen länglichen Laib formen. In die Form legen und etwas in Scheiben geschnittene Butter darauf verteilen. Im vorgeheizten Backofen bei 200° C knapp 1 Stunde braten. Nach ca. 10 Minuten 125 ml des lauwarmen Einweichwassers aus dem Messbecher über den Hackbraten gießen und in der Folgezeit gelegentlich mit dem Bratensaft übergießen. Bei Bedarf noch etwas lauwarmes Wasser nachgießen.
Zum Schluss kann der Bratensaft noch mit Würze und Kräutern individuell abgeschmeckt werden.
Als Beilage passen Kartoffelpüree mit Tomatensalat, Petersilienkartoffeln oder Kartoffelsalat.

Pfifferling-Lammroulade

Die Pfifferlinge putzen, waschen, trockenschleudern und 8 oder 16 schöne, kleine Pilze zum Garnieren aussuchen und gesondert aufbewahren. Die übrigen Pfifferlinge für die Zubereitung einer Duxelle gleichmäßig würfeln.
In einem Topf ca. 40 g Butter schmelzen und die Pfifferlingstücke darin kurz anbraten. Schalotte fein hacken und zugeben. Mit Thymian, Salz und Pfeffer würzen und mit dem Weißwein ablöschen. Die Duxelle bei geringer Wärmezufuhr braten, bis die Flüssigkeit verdampft ist.
Von der fertigen Duxelle werden für die Füllung nun 2 EL für jede Portion beiseite gestellt, der Rest zu einer Rahmsoße verarbeitet. Dazu zuerst mit Mehl bestäuben, mit Fleischbrühe bzw. Weißwein und Sahne angießen und bei geringer Wärmezufuhr aufkochen.
Die dünnen Lammschnitzel mit Salz und Pfeffer würzen, in einer großen Pfanne mit heißem Olivenöl von beiden Seiten anbraten und warm stellen. Die Pfifferlinge zum Garnieren in ca. 20 g Butter in einer kleinen Pfanne anbraten. Teller im Backofen vorwärmen.
Die Petersilie fein hacken und 1 TL unter die Duxelle für die Füllung rühren, gleichmäßig auf die Schnitzel verteilen, diese zu Rouladen aufrollen und auf die vorgewärmten Teller im Backofen geben. Die Pfifferlingsrahmsoße abschmecken, restliche Petersilie unterrühren und über die Rouladen gießen und mit den ganzen Pfifferlingen garnieren.
Dazu passen Kroketten und ein fruchtiger, junger Dornfelder.

4

250 g frische Pfifferlinge oder Trompetenpfifferlinge bzw. Herbsttrompeten
8 dünne Lammschnitzel aus dem Rücken, à 60 g
150 ml süße Sahne
100 ml Fleischbrühe
2 TL Petersilie
1 Schalotte
60 g Butter
2 EL Olivenöl
1 Zweig Thymian
Salz
Pfeffer
1 TL Mehl
100 ml trockener Weißwein (z.B. Riesling)

Gefüllte Speisemorcheln mit Tomatensoße

🍴 4

8 große Speisemorcheln zum Füllen

Für eine Füllung mit Fleisch:

75 g Hackfleisch

25 g geräucherter Schinken

100 g Lauch

100 g junge Zucchini

25 g Butter

1 EL Petersilie

Pfeffer

Salz

Oregano

4 EL Semmelbrösel

Für eine Füllung mit Gemüse

200 g junge Zucchini

100 g Lauch

1 EL Petersilie

4 EL Semmelbrösel

Für die Tomatensoße:

½ l passierte Tomaten oder 800 g frische Tomaten

1 Zwiebel

2 EL neutrales Öl oder Olivenöl

2 Knoblauchzehen

Salz

gemahlener Pfeffer

Morcheln mit einem weichen Pinsel vorsichtig abbürsten, halbieren und mit kaltem Wasser abspülen.
Lauch und Zucchini waschen und zerkleinern. Die Butter in der Pfanne schmelzen und den Lauch darin ca. 3 Minuten dünsten.
Für die Füllung den Schinken würfeln und mit dem Hackfleisch zum Lauch geben und anbraten. Mit Oregano, Salz und Pfeffer würzen und weitere 5 Minuten garen.
Die Zucchiniwürfel dazugeben, noch einige Minuten durchrösten. Die Pfanne vom Herd nehmen, Semmelbrösel und Petersilie untermischen und eventuell die Geschmeidigkeit der Füllmasse durch vorsichtige Zugabe von heißer Gemüsebrühe einstellen. Die Masse in die Pilzhälften füllen und diese anschließend wieder zu einem Pilz zusammensetzen. Den Backofen auf 190° C vorheizen.
Für die Soße die Tomaten schälen, die Samen entfernen und pürieren. In einer Pfanne Öl erhitzen, die Zwiebelwürfel anbraten und die geschälten Knoblauchzehen hineinpressen. Die Tomaten zugeben und ca. 10 Minuten (oder passierte Tomaten 5 Minuten) bei geringer Wärmezufuhr kochen lassen und mit Salz und Pfeffer abschmecken. Die fertige Tomatensoße in eine Auflaufform geben, die gefüllten Speisemorcheln hineinlegen, mit etwas Soße übergießen und im Backofen bei 190° C ca. 30 Minuten gar backen. Die Pilze zuweilen mit Tomatensoße übergießen. Falls die Tomatensoße zu sehr einkocht, die Form abdecken und eventuell mit Wasser oder Gemüsebrühe wieder verdünnen.
Zu gefüllten Morcheln passen Basmati-Reis, Salzkartoffeln oder Kartoffelbrei mit gerösteten Zwiebeln.
Genießen Sie dazu einen Rivaner oder einen trockenen Silvaner.

► **TIPP** *Mit passierten Tomaten geht die Zubereitung schneller als mit frischen.*

► **HINWEIS** *Um Maden auszutreiben, wird gelegentlich empfohlen, Pilze (insbesondere Morcheln) in Salzwasser einzulegen. Da deren Exkremente jedoch in den Fraßgängen verbleiben, ist von solchen Methoden abzuraten. Stattdessen sollte der Madenfraß großzügig weggeschnitten und möglichst madenfreie Pilze gesammelt werden.*

Duxelle-Füllung

4

500 g Mischpilze
50 g geräucherter Speck
150 g geräuchertes Bauchfleisch
2 Lauchzwiebeln
1 bis 2 Knoblauchzehen
Salz
schwarzer Pfeffer
50 ml Rinder-, Hühner- oder Gemüsebrühe
1 Bund Petersilie
nach Belieben weitere Kräuter (z.B. Dill, Schnittlauch, Thymian, Rosmarin)

Speck und Bauchfleisch würfeln, in einer großen Pfanne auslassen und knusprig rösten. Die Würfel herausnehmen und zur Seite stellen. In der Pfanne nun die feingehackten Lauchzwiebeln und den gepressten Knoblauch ca. 5 Minuten andünsten. Die Pilze dazugeben, salzen und pfeffern und alles weiterdünsten, bis die Pilze ihren Saft abgegeben haben. Die Brühe dazugeben und mindestens 10 Minuten einkochen lassen, bis die Masse eingedickt ist. Die frischen Kräuter waschen und fein hacken. Zum Schluss Speckwürfel und Kräuter unterrühren und noch einmal mit Salz und Pfeffer abschmecken.
Die Duxelle ist im Kühlschrank zwei Tage haltbar. Wird sie nicht innerhalb dieses Zeitraums verbraucht, lässt sie sich auch in kleinen Portionen einfrieren. Dann vorzugsweise in bedecktem Topf auftauen.
Duxelle können Sie für die verschiedensten Füllungen verwenden (Geflügel, Kaninchen, Pasteten, o. Ä.).

► **TIPP** *Werden nur Champignons verwendet, runden Tomatenmark, Tomatenketchup oder Tomatensoße die Duxelle geschmacklich ab. Für den weihnachtlichen Gänsebraten werden in der Pfalz in Salzwasser gekochte und von Schale und Haut befreite Esskastanien („Keschde“) und angebratenes Bratwurstmett mit Zuchtchampignons verfeinert.*

Gefüllte Schweineschnitzel mit Pilzen

4

400 g Pilze (z.B. Champignons Parasolen, Steinpilze)
1 Brötchen
Semmelbrösel
3 EL Schweineschmalz
1 kleine Zwiebel
1 Eigelb
Salz
schwarzer Pfeffer
Paprikapulver (scharf)
Muskatnuss
1 Bund mooskrause Petersilie
4 dicke Schweineschnitzel à 150 g (beim Fleischer Taschen einschneiden lassen)
100 ml halbtrockener Weißwein (z.B. Müller-Thurgau)
125 ml süße Sahne
½ TL Zitronensaft

Das Brötchen in kaltem Wasser einweichen. Die Zwiebel schälen, klein würfeln und in 1 EL Schmalz glasig dünsten. Die Pilze putzen, waschen, trockenschleudern, klein schneiden und zu den Zwiebeln in die Pfanne geben, bis fast alle Flüssigkeit verdampft ist. Die Pfanne abkühlen lassen und die Hälfte mit dem gut ausgedrückten Brötchen in einer Schüssel vermischen. Die Masse mit dem Eigelb binden und mit Salz, Pfeffer, dem Paprikapulver, einer Prise Muskatnuss und der Hälfte der Petersilie würzen. Eventuell überschüssige Feuchtigkeit mit Semmelbröseln binden. Die Füllung in den Schnitzeln verteilen, mit Rouladennadeln oder Zahnstochern zustecken und in 2 EL Schmalz auf jeder Seite etwa 3 bis 4 Minuten braten. Salzen, pfeffern und bis zum Servieren auf einem Teller warm stellen. In der Pfanne mit dem Weißwein den Bratensatz lösen und mit Sahne und Zitronensaft eine Soße anrühren. Die Pilze dazugeben, mit Salz und Pfeffer abschmecken und kurz aufkochen. Die gefüllten Schnitzel auf den vorgewärmten Tellern mit der Beilage (z.B. Salzkartoffeln) anrichten und mit der Soße übergießen. Anschließend mit der restlichen Petersilie garnieren und rasch servieren.

Riesenchampignon vom Grill mit Tomaten-Putensalat

🍴 4

- *4 weiße Riesenchampignons mit geöffneten Hüten*
- *2 EL Olivenöl*
- *1 TL Paprikapulver (edelsüß)*
- *feinkörniges Salz*
- *schwarzer Pfeffer*
- *400 g Putenbrust*
- *1 rote Zwiebel*
- *1 Knoblauchzehe*
- *50 ml Hühnerbrühe*
- *Saft von ½ Zitrone*
- *12 ausgereifte Kirschtomaten*
- *1 Zweig Estragon*

Die Pilzhüte säubern und mit etwas Olivenöl bestreichen, damit die Gewürze haften. Mit Paprika, Salz und frisch gemahlenem Pfeffer würzen und auf dem Grill von jeder Seite garen, bis sie auf beiden Seiten knusprig gebräunt sind.

Das Putenfleisch in dicke Streifen schneiden und im restlichen Olivenöl in einer großen Pfanne knusprig anbraten. Die Zwiebel in feine Halbringe schneiden, den Knoblauch fein hacken, dazugeben und weitere 5 Minuten braten, bis das Fleisch weich ist. Die Hühnerbrühe angießen und auf die Hälfte einkochen. Die Kirschtomaten waschen, halbieren, mit dem Zitronensaft beträufeln und abseits der Kochstelle zum Fleisch geben. Noch einmal bei geringster Wärmezufuhr kurz erwärmen. Beim Elektroherd reicht die gespeicherte Wärme der abgestellten Platte! Servierteller vorwärmen. Den Estragon waschen und fein hacken. Den Salat mit Salz und Pfeffer abschmecken. Für jede Person einen Champignonhut umgedreht auf den vorgewärmten Teller legen, den Tomaten-Putensalat darin anrichten, mit dem Estragon bestreuen und sofort servieren.

► **TIPP** *Der Salat erhält einen exotischen Touch, wenn man noch eine Avocado hinzufügt. Das entkernte Fruchtfleisch in dünne Scheiben schneiden und mit dem Saft einer halben Zitrone beträufeln.*

Champignons in Wacholderschinkenrollen

4

300 bis 400 g frische Champignons
12 Scheiben Wacholderschinken
250 ml trockener Weißwein (z.B. Riesling oder Weißer Burgunder)
50 g Butter
250 ml saure Sahne
Salz
gemahlener Pfeffer
getrockneter, gerebelter Oregano oder Majoran
½ Bund Schnittlauch
scharfes Paprikapulver
Chilipulver

Die Schinkenscheiben einzeln in einer Schüssel mit dem Weißwein marinieren und alles bedeckt 90 Minuten ziehen lassen. Die Champignons putzen, vierteln und in der Butter 5 Minuten dünsten. Mit Salz, Pfeffer und Oregano abschmecken. Den Schinken aus der Marinade nehmen, abtropfen lassen, mit einem Teil der Pilze füllen und aufrollen.
Die gefüllten Schinkenrollen in einer feuerfesten, mit Butter gefetteten Auflaufform nebeneinander legen und den Rest der gedünsteten Champignons darüber verteilen. Aus saurer Sahne und ca. 100 ml der Weißweinmarinade eine Soße anrühren. Diese mit Salz, Pfeffer, scharfem Paprika und eventuell Chilipulver abschmecken und über die Schinkenrollen gießen. Den Backofen vorheizen und die Rollen bei 200o C 15 bis 20 Minuten überbacken.
Eventuell noch Marinaden-Weißwein nachfüllen. Schnittlauch in feine Röllchen schneiden. Auf vorgewärmten Tellern anrichten, mit Schnittlauchröllchen bestreuen und heiß servieren.

► **TIPP** *Die Champignonstückchen zum Aufrollen auf Holzspieße oder Rouladennadeln stecken. Der Schinken lässt sich dann sehr einfach um den Spieß rollen, und die Champignons fallen nicht heraus.*

Fisch

Auflauf mit Räucherfisch und Steinpilzen

Die Kartoffeln schälen, in kleine Stücke schneiden und in Salzwasser 10 Minuten gar kochen. Petersilie und Thymian waschen, fein hacken und den Käse reiben. Die Kartoffeln abgießen, trockendämpfen, zur Seite stellen und mit der Hälfte der Butter, 1 EL Petersilie und 2 EL Milch pürieren. Die restliche Milch und die Sahne zusammen in einem kleinen Topf kurz aufkochen.
In einer großen Pfanne (28 cm) die Hälfte der Butter erhitzen und darin bei mäßiger Wärmezufuhr Lauch, Zwiebeln und Pilze 10 bis 15 Minuten dünsten, bis alles weich wird, aber nicht brät. Dabei ständig umrühren. Für die Auflaufsoße das Gemüse bei geringer Wärmezufuhr mit dem Mehl bestäuben und unter ständigem Rühren 2 Minuten weiterdünsten. Anschließend Milch und Sahne vorsichtig angießen und klumpenfrei unterrühren. Den Fisch in kleine Würfel schneiden und mit ganzen Lorbeerblättern, Petersilie, Thymiann und der halben Menge geriebenem Käse unter die Soße rühren. Alles mit Salz und Pfeffer würzig abschmecken und noch 5 Minuten bei geringer Wärmezufuhr kochen lassen. Den Backofen auf 220° C vorheizen.
Die Gemüse-Fisch-Masse in eine Auflaufform geben, mit dem Kartoffelbrei bedecken und mit dem restlichen Käse sowie dem Paprikapulver bestreuen. Den Auflauf im Ofen bei 220° C etwa 30 bis 40 Minuten backen.

4

300 g junge Steinpilze, Champignons oder Parasolen
600 g mehlig kochende Kartoffeln
Salz
150 ml Vollmilch
150 ml Sahne
50 g Butter
100 g rote Zwiebeln
100 g Lauch
1 gehäufter EL Mehl
2 Zweige Thymian
2 getrocknete Lorbeerblätter
2 EL Petersilie
250 g Räucherfisch (z.B. Forelle, Aal oder Lachs)
125 g junger Gouda
gemahlener schwarzer Pfeffer
1 TL Paprikapulver (edelsüß)

Gefüllte Forelle mit Pilzsoße

4

300 g Steinpilze oder Champignons
4 Forellen
Salz
schwarzer Pfeffer
20 g Butter
1 kleine Zwiebel
250 ml trockener Weißwein (z.B. Riesling oder Grauburgunder)
1 Zitrone
125 ml Sahne
1 Eigelb
1 TL Mehl oder Speisestärke
4 EL frischer Dill
4 TL frische Petersilie
300 g vorwiegend fest kochende Kartoffeln (12 gleich große)

Die Forellen küchenfertig ausnehmen, waschen, trocken tupfen, außen und innen mit Salz und Pfeffer würzen und einziehen lassen. Die Steinpilze putzen, waschen, trockenschleudern und in gleichmäßige, dünne Scheiben schneiden. Dill und Petersilie waschen, trockenschütteln und fein schneiden. Mit einem Teil der Pilzscheiben und der Petersilie die Forellen gleichmäßig füllen.
Zwiebel schälen und fein würfeln. Die Butter in einer großen Pfanne erhitzen und darin die Zwiebelwürfel goldgelb dünsten. Nun die vorbereiteten Forellen und die übrigen Steinpilzscheiben dazugeben und von beiden Seiten jeweils ca. 3 Minuten anbraten. Mit trockenem Weißwein und Zitronensaft ablöschen und alles bedeckt noch 10 bis 12 Minuten bei mäßiger Wärmezufuhr garen. Inzwischen die Servierteller im Backofen vorwärmen.
Die Pellkartoffeln in einem Schnellkochtopf mit Salzwasser aufsetzen, gar kochen, das Wasser abschütten, die Kartoffeln bei geringer Wärmezufuhr abdämpfen und heiß pellen.
Die fertigen Forellen aus der Pfanne nehmen, die Nadeln herausziehen und mit den fertigen Pellkartoffeln auf den vorgewärmten Tellern anrichten. 1 TL Mehl oder Speisestärke in kalter Sahne und 1 Eigelb klumpenfrei anrühren. Anschließend in den Fischsud gießen, kurz aufkochen lassen und eventuell noch mit Salz und Pfeffer abschmecken. Forellen und Kartoffeln mit der Soße übergießen, mit dem restlichen Dill garnieren und rasch servieren.

► **TIPP** *Die gefüllten Forellen mit Zahnstochern oder Rouladennadeln zustecken. Damit können die Fische einfacher in der Pfanne gewendet werden.*

► **HINWEIS** *Wird das Gericht mit anderen Pilzen zubereitet, sollte man unbedingt darauf achten, Pilze zu verwenden, die auch roh essbar sind, wie z.B. Austernpilze!*

Vegetarische Pilzgerichte

Pilz-Gemüseauflauf

Die Pilze putzen, waschen, trockenschleudern und in dünne Scheiben schneiden. Zwiebel und Lauch in feine Ringe schneiden, die Petersilie fein hacken. Die Kartoffeln mit der Schale in Salzwasser gar kochen, schälen und in Scheiben schneiden.
Die Auflaufform mit Butter fetten und abwechselnd die Kartoffelscheiben, Pilze, Zwiebelringe, Lauchringe und Petersilie in der Form aufschichten. Aus saurer Sahne und Milch eine Soße anrühren, mit den Gewürzen abschmecken und über die Pilz-Gemüseschichten gießen. Zum Abschluss mit Semmelbrösel und Butterflocken bestreuen und im vorgeheizten Backofen 45 Minuten bei 210° C backen.

4

500 g Pilze (z.B: Champignons)
800 g fest kochende Kartoffeln
1 Zwiebel
1 Stange Lauch
Petersilie
Salz
Paprikapulver (scharf)
50 g Butter
200 ml saure Sahne
50 ml Milch
Paniermehl

Steinpilzauflauf

Steinpilze putzen, waschen, halbieren und 1 Minute in kochendem Salzwasser blanchieren. Die Pilzhälften abtropfen lassen, mit der Schnittfläche auf den Boden einer gefetteten Auflaufform legen und vorsichtig mit Salz würzen. Den Backofen auf 200° C vorwärmen.
Crème fraîche mit Milch anrühren, mit Salz und frisch gemahlenem weißen Pfeffer abschmecken und über die Pilzhälften gießen. Den Auflauf ohne Deckel zunächst 15 Minuten bei 200° C gratinieren. Anschließend den geriebenen Käse darüber streuen und weitere 10 Minuten bei 250° C überbacken. Teller zum Vorwärmen in den Backofen stellen.
Die Pilzhälften auf den vorgewärmten Tellern anrichten, mit Petersilien- und Basilikumblättern garnieren und rasch servieren.

4

1 kg Steinpilze
20 g Butter
Salz
weißer Pfeffer
150 ml Crème fraîche
50 ml Milch
100 g geriebener Hartkäse (z.B. Appenzeller oder Gruyère, keinen Emmentaler!)
Petersilieblätter
Basilikumblätter

Morchel-Spinat-Lasagne

🍴 **4**

200 g Lasagneplatten

Für die Béchamelsoße:
25 g Butter
25 g Mehl
750 ml Milch
200 ml saure Sahne
½ TL Salz
schwarzer Pfeffer
½ TL Muskatnuss
150 g geriebener Hartkäse
1 EL Basilikumblätter

Für den Spinat:
300 g Blattspinat
½ TL Salz
schwarzer Pfeffer
Für die Morchelsoße:
300 g frische Spitzmorcheln
3 EL Olivenöl
100 g Schalotten
3 Knoblauchzehen
1 Zweig Thymian
2 EL Petersilie
½ TL Salz
schwarzer Pfeffer

Butter in einem großen Topf schmelzen und mit dem Mehl zu einer Schwitze anrühren. Bei geringer Wärmezufuhr unter ständigem Rühren 1 bis 2 Minuten kochen lassen. Vorsicht, nicht anbrennen lassen! Die Schwitze mit der sauren Sahne ablöschen, glatt rühren und unter ständigem Rühren nach und nach die Milch zugeben und gleichzeitig mit mäßiger Wärmezufuhr aufkochen. Die Béchamelsoße mit Salz, frisch gemahlenem Pfeffer und frisch geriebener Muskatnuss abschmecken, noch 10 Minuten bei geringer Wärmezufuhr kochen lassen, dabei immer wieder umrühren, damit die Soße nicht ansetzt. Nach dem Abstellen der Wärmezufuhr die Basilikumblätter fein schneiden und mit 50 g vom geriebenen Hartkäse unterrühren.

Den frischen Spinat putzen, waschen, trockenschleudern, in kochendem Salzwasser 2 Minuten blanchieren, abtropfen lassen und fein hacken. Mit Salz und frisch gemahlenem Pfeffer abschmecken. Den Backofen auf 200° C vorheizen.

Den Knoblauch für die Morchelsoße schälen, in eine Tasse mit 3 EL Olivenöl pressen und eine Prise Salz zufügen. Die Morcheln putzen, der Länge nach halbieren, waschen und trockenschleudern. Die Schalotten waschen, trockenschleudern und klein schneiden. Das Koblauchöl in einer großen Pfanne erhitzen und die Schalotten darin ca. 1 Minute bei geringer Wärmezufuhr dünsten. Anschließend die Morcheln dazugeben und mindestens 10 Minuten braten lassen, bis alles Wasser aus der Pfanne verdampft ist. Die restlichen Zutaten hinzufügen und die Soße bei geringer Wärmezufuhr unter häufigem Rühren auf die Hälfte einkochen.

Ungefähr die Hälfte der Béchamelsoße in die Form gießen, bis der Boden vollständig bedeckt ist. Darauf die erste Schicht Lasagneplatten legen, den Spinat darauf verteilen und mit der nächsten Schicht Lasagneplatten abdecken. Auf dieser Schicht die Morchelsoße verteilen, mit weiteren Lasagneplatten abdecken, die übrige Béchamelsoße darübergießen und mit geriebenem Hartkäse bestreuen.

Die Lasagne im vorgeheizten Ofen bei 200° C ca. 35 Minuten mit geschlossenem Deckel backen. Mit einem Holzstab oder einer geeigneten Gabel den Garzustand der Nudeln prüfen und ohne Deckel 10 Minuten fertig garen, damit der Käse knusprig braun wird. Eventuell Oberhitze oder Grill zuschalten.

► **TIPP** *Die Lasagneplatten gut in die Soßen bzw. den Spinat drücken und nicht direkt übereinander schichten. Dadurch nehmen die Nudeln gleichmäßig Feuchtigkeit aus den Soßen auf und bleiben nicht stellenweise hart. Zu Beginn der Morchelsaison ist oft noch kein frischer Spinat verfügbar. Es bietet sich an, Tiefkühlspinat zu verwenden, der in der Mikrowelle vorsichtig aufgetaut werden kann. Dieser sollte bereits vor dem Einfrieren blanchiert worden sein, so dass darauf verzichtet werden kann.*

Mischpilzfrikassee

4

1 kg Mischpilze (Maronen, Steinpilze, Goldröhrlinge)
50 g Butter
½ Zitrone
2 EL Mehl
Wasser oder Brühe
2 EL trockener Weißwein
Salz
Pfeffer
Petersilie

Die Pilze putzen, waschen, trockenschleudern und in gleichmäßig große Stücke schneiden. Die Petersilie waschen, trocknen und fein hacken. In heißer Butter anbraten, mit etwas Zitronensaft beträufeln und Mehl bestäuben. Unter Zugabe von ca. 150 ml Wasser (kann nach Alter und Pilzart etwas variieren) oder Gemüsefond weich dünsten. Mit Wein, Salz, Pfeffer und gehackter Petersilie abschmecken.
In einem heißen Sommer schmeckt dazu ein kräftiges Körnerbrot und ein Hefeweizen mit einem Schuss Zitronensaft.

Bovistfrikadellen

4

1 kleinerer, fester weißer Riesenbovist ohne Spuren von Madenfraß
4 frische, runde Brötchen
4 gut ausgereifte Tomaten
Salz
schwarzer Pfeffer
50 g Butter

Den Bovist in gleichmäßige 1 bis 1,5 cm dicke Scheiben schneiden und die harte Schale abziehen. Die Brötchen aufschneiden und zum Belegen bereithalten. Tomaten schälen, halbieren, mit einer Prise Salz bestreuen und ebenfalls zum Belegen bereitstellen.
Die Bovistscheiben mit Wasser anfeuchten, mit Salz und Pfeffer würzen und in der Pfanne in heißem Fett von beiden Seiten jeweils 3 bis 5 Minuten anbraten.
Die Brötchen mit Bovistscheiben und Tomatenhälften belegen, zuklappen und rasch als Imbiss servieren.

▶ **TIPP** *Nach dem Würzen können die Bovistscheiben noch auf einem Teller in Ei gewendet und mit Paniermehl bedeckt werden.*

🍴 4

Für die Champignonhüte:

12 große Champignons

Tomatenbutter oder Kräuterbutter

geriebener Käse (z.B. Edamer oder Mozarella)

2 Baguette

Für die Tomatenbutter:

250 g Sauerrahmbutter

150 g getrocknete Tomaten, in 150 ml Speiseöl eingelegt

Salz

Für die Knoblauchsoße:

200 ml Crème fraîche

200 ml saure Sahne

200 ml Joghurt

1 EL frische Basilikumblätter

1 EL Dill

1 TL Oregano

1 scharfe, frische Peperoni

150 ml Tomaten-Ketchup

3 bis 4 Knoblauchzehen

Salz

Gegrillte Champignonhüte mit Tomatenbutter und Knoblauchsoße

Für die Knoblauchsoße Crème fraîche, saure Sahne, Joghurt und Tomaten-Ketchup zu einer glatten Soße verrühren. Die fein geschnittenen Kräuter mit den ebenfalls fein geschnittenen oder pürierten Peperoni und dem frisch gepressten Knoblauch unterrühren und mit Salz abschmecken. 12 Stunden abgedeckt im Kühlschrank ziehen lassen.
Für die Tomatenbutter die in Speiseöl eingelegten, getrockneten Tomaten abtropfen lassen. Die weiche Butter zusammen mit den Tomaten pürieren und mit Salz abschmecken. Die fertige Tomatenbutter noch einmal pürieren, in eine Form drücken und im Kühlschrank hart werden lassen.
Die Champignons reinigen, waschen und sorgfältig trockentupfen und die Stiele herausschneiden. Die Lamellen mit Tomatenbutter bestreichen und geriebenen Käse darüberstreuen. Auf den Grill legen und die Hüte ca. 15 bis 20 Minuten garen.
Alternativ können die Hüte in Alufolie eingewickelt und in die Glut gelegt werden. Die Champignons sind gar, wenn ein Brodeln zu hören ist.
Auf Tellern anrichten, Knoblauchsoße darübergießen und mit Baguettescheiben servieren.
Probieren Sie dazu einen halbtrockenen Spätburgunder oder Dornfelder.

► **TIPP** *Olivenöl eignet sich besonders gut zum Einlegen der Tomaten, da es im Kühlschrank ausflockt. Durch Mischen verschiedener Speiseöle wird die Streichfähigkeit der Tomatenbutter bei Kühlschranktemperatur eingestellt.*

Gefüllte Pilzhüte

4

12 frische, halbkugelige Parasolen oder Champignons
125 g geriebener Hartkäse (z.B. Bergkäse oder Parmesan)
50 g frisches Weißbrot oder Baguette ohne Rand
125 ml lauwarme Milch
4 EL Olivenöl
2 Eier
½ Knoblauchzehe
Majoranblätter
1 Prise Oregano
Salz
schwarzer Pfeffer
12 Basilikumblätter

Das Weißbrot kurz in der Milch einweichen. Die halbe Knoblauchzehe abziehen und in ein Glas pressen, 1 EL Öl und eine Prise Salz dazugeben und abgedeckt beiseite stellen. Die Stiele aus den Pilzhüten herausdrehen (Parasolen) bzw. herausbrechen (Champignons). Nur zarte Parasolenstiele verwenden, die holzigen Stiele der älteren Exemplare wegwerfen! Pilzhüte und Stiele säubern, abwaschen, abtropfen lassen und mit einem sauberen Küchentuch trocknen. Große Pilzhüte zum Füllen beiseite legen.
Pilzstiele und kleinere Pilzhüte mit dem gepressten Knoblauch und dem ausgedrückten Weißbrot in einer Schüssel pürieren. Eier, fein geschnittenen Majoran, Oregano, geriebenen Hartkäse und eventuell 1 EL Öl hinzufügen und gut verrühren. Mit Salz und einer Prise frisch gemahlenem Pfeffer abschmecken. Die Pilzkappen mit der Masse füllen und die Oberflächen glätten. Den Backofen auf 200° C vorwärmen.
Eine Auflaufform mit 1 EL Öl auspinseln und die Pilze hineinlegen. Mit Öl beträufeln und bei 200° C 30 bis 45 Minuten (je nach Hutdicke und Höhe) backen. In der Auflaufform mit frischen Basilikumblättern garnieren und servieren.

Frittierte Schopftintlinge

Zunächst für den Dip die Crème fraîche mit Milch und Zitronensaft flüssig rühren. Den Dill waschen und fein hacken und je 1 TL Dill und Sirup, Senf zur Soße hinzugeben. Mit Salz und Pfeffer abschmecken und die Dip-Soße bis zum Servieren ziehen lassen.
Das Öl in eine Friteuse geben und auf etwa 190° C erhitzen. Das Mehl in 250 ml kaltem Wasser auflösen, mit dem Ei zu einem dünnen Teig anrühren und mit einer Prise Salz abschmecken. Die Pilzhüte putzen, halbieren, waschen, trockentupfen und im Teig wenden. Schopftintlinge goldgelb frittieren und bis zum Verzehr warm halten. Die Servierteller im Backofen vorwärmen. Schlangengurken schälen und ca. 2 Minuten in kochendem Salzwasser blanchieren, im restlichen Teig wenden und ebenfalls frittieren.
Die frittierten Häppchen mit einem Schlag Dip-Soße auf den vorgewärmten Tellern anrichten. 1 TL fein geschnittenen Dill auf der Soße verteilen und rasch servieren.

4

12 mittelgroße Schopftintlinge
2 l neutrales Pflanzenöl zum Frittieren
1 Ei
100 g Mehl
250 ml kaltes Wasser
Salz
8 kleine Schlangengurken oder Zucchini

Für den Dip:
200 ml Crème fraîche
1 EL Milch
1 TL Zuckersirup
1 TL scharfer Senf
½ Zitrone
2 TL frischer Dill
Salz
schwarzer Pfeffer

Steinpilze französischer Art

4

500 g Steinpilze (entspricht 4 großen Steinpilzen mittleren Alters, gut erkennbar an den gelbgrün verfärbten Röhren)
2 Schalotten
100 ml Rapsöl oder anderes geschmacksneutrales Öl
Salz
gemahlener Pfeffer
250 g grobe Semmelbrösel
1 Knoblauchzehe
½ Bund Petersilie
½ Zitrone

Die Pilzstiele aus den Hüten schneiden und die Hüte trocken säubern, möglichst nicht waschen. Falls waschen doch erforderlich sein sollte, diese gut mit einem Küchentuch trocknen, um Verletzungen durch heiße Fettspritzer vorzubeugen. Die Stiele putzen, waschen, trockenschleudern und in kleine, gleichmäßige Würfel schneiden. Ca. 100 ml Rapsöl in eine Pfanne geben, erhitzen und die Pilzhüte im heißen Öl ca. 15 Minuten von allen Seiten bei mäßiger Wärmezufuhr anbraten. Danach die Pilze aus dem Öl nehmen, abtropfen lassen, mit Salz und Pfeffer würzen, auf einer Platte anrichten und im Ofen warm stellen. Schalotten schälen und klein schneiden. Die Petersilie waschen, trocknen und klein schneiden. Den Knoblauch schälen und in der Presse bereitlegen. Die Zitronenhälfte auspressen und den Saft bereitstellen. Aus der Pfanne überflüssiges Bratenöl in eine andere Pfanne abgießen und die gewürfelten Stiele darin anbraten. Schalotten, Petersilie und Semmelbrösel zu den Stielen geben und den Knoblauch in die Pfanne pressen und alles unter ständigem Rühren knusprig anbraten. Die Semmelbrösel auf den Pilzhüten verteilen, den Zitronensaft darüberträufeln und rasch servieren.
Reichen Sie einen roten Bordeaux oder einen fruchtigen Weißburgunder.

Speisemorcheln an Spargel

Die Morcheln mit einem Pinsel von Sandkörnern und grobem Schmutz befreien, längs durchschneiden, waschen, trockenschleudern und in gleichmäßig große Stücke schneiden. Das Öl in einer großen Pfanne erhitzen und die Pilzstücke kurz darin anbraten. Den Bärlauch und die Petersilie waschen, trocknen, fein hacken und zu den Pilzen geben. Mit dem Wein ablöschen und bei geringer Wärmezufuhr die Flüssigkeit ungefähr 25 Minuten einkochen lassen. Abschließend mit Salz und frisch gemahlenem schwarzem Pfeffer würzen und beiseite stellen, damit sich die Salzkörner auflösen können. Gemeinsam mit den Tellern zum Vorwärmen in den Backofen stellen. Vor dem Servieren noch einmal umrühren und mit einigen Tropfen Zitronensaft abschmecken.

Während die Pilze garen, den Spargel waschen, schälen und in ca. 1,5 l Salzwasser (ein gehäufter TL Salz pro Liter) weich kochen. Die Zitrone zum Garnieren in Scheiben schneiden. Spargelstangen aus dem Wasser nehmen, abtropfen lassen und zügig auf den vorgewärmten Tellern mit den Morcheln und Zitronenscheiben anrichten.

Dazu schmeckt frisches Baguette, das mit einem Kännchen Olivenöl auf den Tisch gestellt wird.

Ein Glas Rivaner oder trockener Silvaner unterstützt die Verdauung.

4

600 g Morcheln

1 EL Bärlauch oder Knoblauch

100 ml l trockener Weißwein (z.B. Rivaner oder Silvaner)

3 EL kalt gepresstes Olivenöl

2 EL Petersilie

Salz

Pfeffer

1 frische, unbehandelte Zitrone

750 g weißer Spargel

2 Baguette

Konservierte Pilze

Pilze in Essigsud eingelegt

Zutaten für 800 ml:

500 g Pilze (z.B. Champignons, Stockschwämmchen, Pfifferlinge, Steinpilze)

250 ml Weinessig

125 ml klare Gemüsebrühe

2 Gewürznelken

2 Lorbeerblätter

2 kleine Zwiebeln

2 bis 3 EL Olivenöl

Den Sud aus Essig, Brühe, Nelken, Lorbeerblättern und Zwiebeln kurz aufkochen. Die Pilze putzen, waschen, in gleichmäßige Stücke zerteilen. In den Sud geben und 5 Minuten bei geringer Wärmezufuhr kochen. Bildet sich bei zu starkem Kochen Schaum, muss dieser abgeschöpft werden. Die Pilze mit der Schaumkelle in die sauberen Portionsgläser füllen, leicht andrücken und mit dem Sud so aufgießen, dass sie gerade bedeckt sind.

Die Flüssigkeitsoberfläche mit Olivenöl abdecken und die Gläser fest verschließen. Zum anschließenden Sterilisieren die Gläser in einen Topf stellen und diesen bis zu 70 % der Glashöhe (bzw. nach Angabe des Glasherstellers) mit heißem Wasser füllen. Die Deckel dürfen in der Regel nicht bedeckt werden! Das Wasser im Topf knapp unter den Siedepunkt erhitzen (ca. 80° C) und die Temperatur 1 Stunde lang halten. In dieser Zeit sollen in den Einmachgläsern kleine Blasen aufsteigen. Den Topf anschließend abkühlen lassen, die Gläser herausnehmen, trocknen und die Deckel auf festen Sitz prüfen. Falls die Deckel nicht fest sitzen, den Inhalt möglichst rasch verbrauchen!

Die so eingemachten Konserven sind an einem kühlen, dunklen Ort mindestens 4 Monate lang haltbar. Zu beachten ist, dass ein Großteil der Geschmacksstoffe vom Pilzkörper in den Sud übergeht. Dieser sollte daher nicht weggeschüttet werden, sondern je nach Zusammensetzung als Grundlage für Suppen oder Soßen eingesetzt werden.

Nach dem Öffnen sofort genießen, das angebrochene Glas im Kühlschrank aufbewahren.

► **TIPP** *Für die spätere Verwendung ist es geschickt, die Gesamtmenge auf Einmachgläser von 200 - 400 ml Portionsgröße zu verteilen.*

Rezeptregister

Anischampignon-Spargelkopfsalat 215
Auflauf mit Räucherfisch und Steinpilzen 247
Bovistfrikadellen 252
Champignoncremesuppe 194
Champignon-Eierkuchen 212
Champignon-Sahnesoße 201
Champignons in Wacholderschinkenrollen 246
Duxelle-Füllung 243
Frittierte Schopftintlinge 255
Frühlingsmorchelsuppe 197
Gebratene Semmelstoppelpilze mit Weißwein 215
Gedämpfte Pilze 216
Geflügel-Pilz-Fondue mit Quarksoße 228
Gefüllte Forelle mit Pilzsoße 248
Gefüllte Pilzhüte 254
Gefüllte Schweineschnitzel mit Pilzen 244
Gefüllte Speisemorcheln mit Tomatensoße 242
Gegrillte Champignonhüte mit Tomatenbutter und Knoblauchsoße 253
Geschmorte Lammkoteletts mit Morcheln 237
Geschmorte Mischpilze auf Butterreis 218
Geschnetzeltes in Pfifferling-Soße an Kartoffeln 220
Hasenklein mit Steinpilzen 224
Herbsttrompeten mit Mangold auf Salzteig 210
Kalbsgeschnetzeltes mit braunen Champignons 222
Kalbsgeschnetzeltes mit Steinpilzstreifen 226
Krause Glucke mit Schweinegeschnetzeltem 235
Martinsgans mit Steinpilzfüllsel 225
Mischpilzfrikassee 252
Mischpilzsalat mit Essig-Öl-Marinade 214
Mischpilzsuppe 195
Morchel-Champignon-Spargel auf Schweinemedaillon 232
Morchel-Rahm-Suppe 198
Morchel-Spinat-Lasagne 250
Morcheltoast 213
Morchel-Wildreis 217
Nudeln in Pfifferling-Rahm-Soße 203
Pfifferlinge Alcampa 229
Pfifferling-Lammroulade 241
Pfifferling-Rahm-Soße 200
Pfifferlingschnitzel 231
Pfifferling-Speck-Pastete 207
Pilze in Essigsud eingelegt 258
Pilzeintopf 200
Pilz-Gemüseauflauf 249
Pilzgulasch mit Kartoffeln 219
Pilz-Hackbraten 240
Pilzhacksteaks Feurio 239
Pilzhacksteaks Jägerart 223
Pilzküchlein 209
Pilzpfannkuchen 208
Pilz-Pfeffer 238
Pilzquiche 206
Pizza Fungi 205
Putenbrustfilet mit Austernpilzsoße 226
Riesenchampignon vom Grill mit Tomaten-Putensalat 245
Rosmarin-Lammspieße mit geschmorten Mischpilzen 236
Schopftintlingsuppe 199
Schweinekarree mit Pfifferlingen 233
Schweinemedaillons mit Butterpilzsoße 230
Sellerieschaumsuppe mit Champignon-Trüffel 196
Soßen Variante:Quark-Tomatensoße zum Fondue 228
Spätzle mit Steinpilzsoße 204
Speisemorcheln an Spargel 257
Steinpilzauflauf 249
Steinpilzbutter 202
Steinpilze französischer Art 256
Steinpilze mit Schweinebauch, Kartoffelpüree und Mangold 234
Steinpilz-Ragout 221
Steinpilz-Schinken-Semmelknödel 211
Steinpilztopf mit Filet 227

Register

A
Aasmorchel *siehe* Stinkmorchel
Acetaldehyd-Syndrom 82
Ackerblätterling *siehe* Schaf-Champignon
Aderbecherling *siehe* Morchelbecherling
Affenkopf *siehe* Igel-Stachelbart
Agaricales *(Champignonartige) siehe Lamellenpilze*
Agaricus siehe Champignon
Agaricus arvensis siehe Schaf-Champignon
Agaricus augustus siehe Brauner Riesenchampignon
Agaricus bisporus siehe Zuchtchampignon
Agaricus campestris siehe Wiesenchampignon
Agaricus xanthodermus siehe Karbolchampignon
Agaricus siehe Champignon
Albatrellus ovinus siehe Schaf-Porling
Albino-Judasohr 150
Alkohol 69, 82
Allergien 190
Alternativmedizin 19
Amanita siehe Wulstlinge
Amanita caesarea siehe Kaiserling
Amanita citrina siehe Gelber Knollenblätterpilz
Amanita excelsa siehe Grauer Wulstling
Amanita muscaria siehe Fliegenpilz
Amanita phalloides siehe Grüner Knollenblätterpilz
Amanita rubescens siehe Perlpilz
Amanita siehe Wulstlinge
Amethystblauer Lacktrichterling *siehe* Violetter Lacktrichterling
Angerling *siehe* Champignon
Anhängsel-Röhrling *siehe* Gelber Bronze-Röhrling
Animpfen 181
Apfel-Täubling *(Russula paludosa)* 136
Armillaria mellea siehe Hallimasch
Armillaria osteyae siehe Hallimasch
Asci 23
Ascomycota *siehe* Schlauchpilze
Asiatische Medizin 18
Ästiger Büschel-Porling *siehe* Eichhase
Astlschwamm *siehe* Goldgelbe Koralle
Aufgaben der Pilze 13
Auricularia auricula-judae siehe Judasohr
Auriculariales *siehe* Ohrlappenpilze
Ausgebreiteter Becherling *(Peziza repanda)* 179
Ausgestochener *siehe* Hasenstäubling
Austernpilz *(Pleurotus ostreatus)* 104
Austernseitling *siehe* Austernpilz
Autolyse 69

B
Ballaststoffe 17
Bärenschädel *siehe* Krause Glucke
Barock 15
BArtSchV *siehe* Bundesartenschutzverordnung
Basidien 23
Basidiomycota 23
Bauchpilze 159, 166
Bauchweh Koralle *siehe* Blasse Koralle
Baumschwämme 145
Becherlinge *(Pezizales)* 167
Beefsteak-Pilz *siehe* Leberreischling
Bereifter Rotfußröhrling *(Xerocomellus pruinatus)* 53
Bergsteigersöckchen 119
Beutelstäubling *(Lycoperdon excipuliforme)* 161
Bewertung 42
Biolumineszenz 92
Birkenmilchling *(Lactarius torminosus)* 130
Birkenpilz *(Leccinum scabrum)* 37, 46
Birkenraufuß *siehe* Birkenpilz
Birkenreizker *siehe* Birkenmilchling
Birkenröhrling *siehe* Birkenpilz
Birkenrotkappe *(Leccinum versipelle)* 47
Birkenspeitäubling *(Russula Betularum)* 127
Birkensteinpilz *(Boletus Betulicola)* 44
Birnen-Milchling *siehe* Brätling
Birnenstäubling *(Apioperdon Pyriforme)* 162
Bitterling *siehe* Gallenröhrling
Black Fungus *siehe* Judasohr
Blanchieren 187
Blasen-Becherling *siehe* Blasiger Becherling
Blasiger Becherling *(Peziza vesiculosa)* 179
Blasse Koralle *(Ramaria Mairei)* 154
Blasser Birkenmilchling *(Lactarius Pubescens)* 130
Blasser Lärchenröhrling *siehe* Grauer Lärchenröhrling
Blasshütiger Röhrling *(Boletus Depilatus)* 44
Blätterpilze 24
Blaublättrige Weißtäubling *(Russula delica)* 135
Blauender Kahlkopf *siehe* Spitzkegeliger Kahlkopf
Blauender Königs-Röhrling *(Butyriboletus fuscoroseus)* 59
Blauer Rötelritterling *siehe* Violetter Rötelritterling
Blauling *siehe* Frauentäubling
Bläuling *siehe* Violetter Lacktrichterling
Blaupilz *siehe* Marone
Blautäubling *siehe* Frauentäubling
Blei 192
Blumenkohlpilz *siehe* Krause Glucke
Blumenpilz *siehe* Eichhase
BNatSchG *siehe* Bundesnaturschutzgesetz
Bocksbart *siehe* Goldgelbe Koralle
Bocksdickfuß *(Cortinarius camphoratus)* 98
Bodentyp 28
Boletaceae siehe Dickröhrlinge
Boletales 24, 43, 129
Boletus edulis siehe Steinpilz
Boletus satanas siehe Satansröhrling
Borreliose 37
Boviste *(Bovista)* 159
Brachschwamm *siehe* Wiesenchampignon
Brätling *(Lactifluus volemus)* 37, 134
Brauner Afterleistling *(Hygrophoropsis rufa)* 128
Brauner Filzröhrling *(Xerocomus ferrugineus)* 55
Brauner Königsfliegenpilz *(regalis)* 116
Brauner Kräuterseitling *siehe* Kräuterseitling
Brauner Lärchenröhrling *siehe* Grauer Lärchenröhrling
Brauner Riesenchampignon *(Agaricus augustus)* 74
Braunkappe *(Stropharia rugosoannulata)* 56, 115
Braunschuppiger Riesenchampignon *siehe* Brauner Riesenchampignon
Bronze-Röhrling *(Boletus aereus)* 37, 44
Brot-Milchling *siehe* Brätling
Buchenstachelbart *(Hericum ramosum)* 157
Bundesartenschutzverordnung 36
Bundesnaturschutzgesetz 36
Bunter Gallenröhrling *siehe Schönfußröhrling*
Burggraben 24
Büscheliger Egerschirmling *(Leucoagaricus americanus)* 80
Butterpilz *(Suillus luteus)* 62
Butyriboletus 59

C
Caloboletus calopus siehe Schönfußröhrling
Calocybe gambosa siehe Maipilz
Calvatia gigantea siehe Riesenbovist
Cantharellales 24, 139
Cantharellus cibarius siehe Pfifferling
Carolus Clusius 15
Cäsium 193
Champignon *(Agaricus)* 69
Champignonartige *(Agaricales)* 69
Charcoal Burner *siehe* Frauentäubling
Charles de l'Écluse 15
Chicken of the Woods *siehe* Schwefelporling
Chinesische Morchel *siehe* Judasohr

Chinesischer Trüffel *(Tuber indicum)* 172
Chitin 12, 16
Chlorbecherling *siehe* Morchelbecherling
Chlorophyllum rhacodes siehe Safranschirmling
Cholesterin 17
Chorei Maitake *siehe* Eichhase
Clathrus archeri siehe Tintenfischpilz
Clathrus siehe Gitterlinge
Clitocybe nebularis siehe Nebelgrauer Trichterling
Colombina *siehe* Frauentäubling
Coprin 82
Coprinellus 69
Coprinellus Micaceus siehe Glimmertintling
Coprinopsis 69
Coprinopsis picacea siehe Spechttintling
Coprinus 69
Coprinus atramentarius siehe Faltentintling
Coprinus comatus siehe Schopftintling
Cortinarius orellanus siehe Orangefuchsiger Schleierling
Craterellus cornucopioides siehe Herbsttrompete
Craterellus tubaeformis siehe Trompetenpfifferling
Cyclocybe cylindracea siehe Südlicher Ackerling

D

Diät 19
Dickfußröhrling *siehe* Schönfußröhrling
Dickröhrlinge *(Boletaceae)* 43
Dickröhrlingsartige *(Boletales)* 123
Dickschaliger Kartoffelbovist *(Scleroderma citrinum)* 165
Dikarya-Taxinomie 23, 41
Disciotis venosa siehe Morchelbecherling
Dorniger Stachelbart *(Hericium cirrhatum)* 158
Duftender Goldporling *(Auriporia Aurulenta)* 149
Duftstoffe 167
Dunkelroter Stachelbeer-Täubling *(Russula fuscorubroides)* 138
Dünnschaliger Kartoffelbovist *(Scleroderma verrucosum)* 165
Durchbohrter Leistling *siehe* Trompetenpfifferling
Dōnggū *siehe* Shiitake

E

Echinokokkose 38
Echter Ritterling *siehe* Grünling
Echtes Stockschwämmchen *siehe* Stockschwämmchen
Edelpilz *siehe* Steinpilz
Egerling *siehe* Champignon
Eichelschwammm *siehe* Stinkmorchel
Eichenglucke *(Sparassis brevipes)* 146
Eichen-Leberreischling *siehe* Leberreischling
Eichenmilchling *(Lactarius quietus)* 131
Eichenrotkappe *(Leccinum aurantiacum)* 47
Eichhase *(Polyporus umbellatus)* 147
Eierporling *siehe* Schwefelporling
Eierschwamm *siehe* Pfifferling
Eiertintling *siehe* Schopftintling
Einfrieren 38, 187
Eingekochte Pilze 40
Eingesenkter Wulstling *siehe* Grauer Wulstling
Einzeller 14
Eiweiß 16
Elaphomyces siehe Hirschtrüffel
Elsterntintling *siehe* Spechttintling
Empfindlicher Krempling *siehe* Kahler Krempling
Endoperidie 166
Enoki *siehe* Samtfußrübling
Entoloma sinuatum siehe Riesenrötling
Erdaltertum 14
Erdgürtel *siehe* Brätling
Erdmorgel *siehe* Trüffel
Erdschwämme *siehe* Trüffel
Erdsterne *(Geastrales)* 159
Erdsterne *(Geastrum)* 166
Erhitzen 38
Erkennungsmerkmale 25
Erkrankungen 18
Erlen-Grübling 37
Ernten 35
Eselsohr *(Otidea onotica)* 179
Espenrotkappe *(Leccinum leucopodium)* 47
Eulchen *siehe* Parasolpilz
Europäische Schleierdame *(Phallus impudicus var. Pseudoduplicatus)* 170
Exoperidie 166

F

Fahlkopf *siehe* Birkenpilz
Falsche Morchel *siehe* Frühjahrslorchel
Falscher Blasenbecherling *(Peziza Pseudovesiculosa)* 179
Falsche Rotkappe *(Aureoboletus projectellus)* 48
Falscher Pfifferling *(Hygrophoropsis aurantiaca)* 128
Falscher Rotfußröhrling *(Xerocomellus Porosporus)* 53
Falsche Trüffel 172
Falsche Zubereitung 190
Faltentintling *(Coprinus atramentarius)* 82
Familie 41
Farbe 42
Feenring 28
Feldegerling *siehe* Wiesenchampignon
Fenchelseitling *(Pleurotus ferulae)* 107
Fertigkulturen 180, 184
Fett 17
Fette Henne *siehe* Krause Glucke
Feuchtigkeit 29
Fichtenhabichtspilz *(Sarcodon impricatus)* 144
Fichtenreizker *(Lactarius deterrimus)* 132
Fichtenzapfenhelmling *(Mycena strobilicola)* 90
Fichtenzapfen-Nagelschwamm *siehe* Fichtenzapfenrübling
Fichtenzapfenrübling *(Strobilurus esculentus)* 90
Filziger Röhrling *siehe* Ziegenlippe
Filzröhrlinge 55
Fistulina hepatica siehe Leberreischling
Flammulina *siehe* Samtfußrübling
Flammulina velutipes siehe Samtfußrübling
Flaschenbovist *siehe* Flaschenstäubling
Flaschenstäubling *(Lycoperdon perlatum)* 162
Flatschmorchel *siehe* Morchelbecherling
Fleischfarbene Spitzmorchel *(Morchella Carnea)* 176
Fliegenpilz *(Amanita muscaria)* 116
Fliegenteufel *siehe* Fliegenpilz
Flockenstieliger Hexenröhrling *(Neoboletus erythropus)* 49
Flockenzeichnung 25
Forstarbeiten 28
Fransenmilchling *(Lactarius citriolens)* 130
Frauentäubling *(Russula cyanoxantha)* 137
Frische *siehe* Qualität
Fruchtkörper 12
Fruchtmasse 159
Fruchtschicht 25
Frühjahrslorchel *(Gyromitra esculenta)* 42, 178
Frühlingsknollenblätterpilz *(Amanita verna)* 118
FSME 37
Fuchsbandwurm 38
Fuchsiger Röteltrichterling *(Paralepista flaccida)* 128
Füllhorn *siehe* Herbsttrompete
Fungus 12
Fusarium circinatum 31
Futter 24, 43

G

Gabelblättling *siehe* Falscher Pfifferling
Galerina marginata siehe Gifthäubling

Gallenpilz *siehe* Gallenröhrling
Gallenröhrling *(Tylopilus felleus)* 57
Gallenstachling *(Sarcodon scabrosum)* 144
Gallertkäppchen *(Leotia Lubrica)* 141
Gänschen *siehe* Grünling
Gänsemaul *siehe* Ziegenlippe
Gartenangerling *siehe* Wiesenchampignon , *siehe* Zuchtchampignon
Gartenmorchel *siehe* Spitzmorchel
Gattung 41
Geastrum siehe Erdsterne
Gedrungener Wulstling *siehe* Grauer Wulstling
Gefährdete Pilze 36
Gefleckblättrige Flämmling *(Gymnopilus penetrans)* 89
Geißpilz *siehe* Birkenpilz
Gelbbrättriger Pfifferling *siehe*
Gelbchen *siehe* Pfifferling
Gelbe Bärentatze *siehe* Goldgelbe Koralle
Gelbe Koralle *(Ramaria flava)* 154
Gelbe Morchel 175
Gelber Bronze-Röhrling *(Butyriboletus appendiculatus)* 59
Gelber Knollenblätterpilz *(Amanita citrina)* 117
Gelber Röhrling *siehe* Goldröhrling
Gelber Steinpilz *(Boletus aereus)* 44
Gelber Steinpilz *siehe* Gelber Bronze-Röhrling
Gelber Wulstling *siehe* Gelber Knollenblätterpilz
Gelbfuß *siehe* Kuhmaul
Gelböhrchen *siehe* Pfifferling
Gelbrußige Koralle *(Ramaria Fennica)* 155
Gelbstieliger Trompetenpfifferling 141
Gelbwerdende Koralle *(Ramaria Flavescens)* 154
Gemeiner Afterleistling *siehe* Falscher Pfifferling
Gemeiner Riesenschirmling *siehe* Parasolpilz
Gemeiner Stäubling *siehe* Hasenstäubling
Gemeiner Steinpilz *(Boletus edulis)* 44
Genabelter Stoppelpilz *(Hydnum umbilicatum)* 143
Georgsritterling *siehe* Maipilz
Gerandetknolliger Garten-Safranschirmling *(Chlorophyllum brunneum)* 80
Geschäft 39
Geschichte 14
Geschützte Arten 37
Gesetze 36
Gesundheit 18, 37
Getäfelter Großstäubling *siehe* Hasenstäubling
Getrocknete Pilze 40
Getrocknete Pilze verarbeiten 187
Gewässer 28, 29
Gezonter Ohrlappenpilz *(Auricularia mesenterica)* 150
Gibberella-Krebs 31
Gift-Egerling *siehe* Karbolchampignon
Gifthäubling *(Galerina marginata)* 87
Giftlorchel *siehe* Frühjahrslorchel
Giftpilze 31, 34, 37, 102, 189
Gift-Safranschirmling *(Chlorophyllum venenatum)* 79
Gitterlinge *(Glathrus)* 167
Glattstieliger Hexenröhrling *(Suillellus queletii)* 50
Glattstieliges Stockschwämmchen *(Kuehneromyces lignicola)* 113
Gleba 167, 169
Glimmertintling *(Coprinellus Micaceus)* 84
Glückspilz 116
Goldbrätling *siehe* Brätling
Goldfell-Schüppling *(Pholiota aurivella)* 110
Goldgelbe Koralle *(Ramaria aurea)* 154
Goldgelber Lärchenröhrling *siehe* Goldröhrling
Goldkappe *siehe* Goldröhrling
Goldreizker *siehe* Grünling
Goldröhrling *(Suillus grevillei)* 63
Gomphales *siehe* Korallen
Gomphidius glutinosus siehe Kuhmaul
Gomphidius roseus siehe Rosa Schmierling
Gomphus 156
Gomphus clavatus siehe Schweinsohr
Graspilz *siehe* Kuhröhrling
Graublättriger Schwefelkopf *(Hypholoma capnoides)* 112
Graue Kraterelle *(Craterellus cinereus)* 142
Grauer Fliegenschwamm *siehe* Grauer Wulstling
Grauer Lärchenröhrling *(Suillus viscidus)* 64
Grauer Perlpilz *siehe* Grauer Wulstling
Grauer Wulstling *(Amanita excelsa)* 120
Graukappe *siehe* Nebelgrauer Trichterling, *siehe* Birkenpilz
Graukopf *siehe* Birkenpilz
Grieblinge *siehe* Trüffel
Grippe 38
Größe 42
Großer Gelbfuß *siehe* Kuhmaul
Großer Keilpilz *siehe* Kuhmaul
Großer Schmierling *siehe* Kuhmaul
Groß-Stäubling *siehe* Beutelstäubling
Grünblättriger Schwefelkopf *(Hypholoma fasciculare)* 112
Grünblauer Träuschling *(Stropharia caerulea)* 114
Grüner Knollenblätterpilz *(Amanita phalloides)* 118
Grüner Wulstling *siehe* Grüner Knollenblätterpilz
Grünling *(Tricholoma equestre)* 37, 97
Grünreizker *siehe* Grünling
Grünspan-Schirmling *(Lepiota grangei)* 114
Grünspan-Träuschling *(Stropharia aeruginosa)* 114
Grüntäubling *siehe* Frauentäubling
Gugermukken *siehe* Parasolpilz
Gürtelzone 119
Guttation 62, 96
Gyromitra esculenta siehe Frühjahrslorchel
Gyromitra *siehe* Lorchel
Gyromitrin 178

H

Habichtspilz *(Sarcodon imbricatus)* 144
Habichts-Stacheling *siehe* Habichtspilz
Habichtsstoppelpilz *siehe* Habichtspilz
Hainbuchen-Röhrling *(Leccinum carpini)* 46
Halamarsch *siehe* Hallimasch
Halbblutreizker *siehe* Brätling
Hallimasch *(Armillaria mellea / osteyae)* 18, 92
Halskrausen-Erdstern *(Geastrum michelianum)* 166
Haltbar machen 186
Handel 39
Handstraußregel 36
Hasenbovist *siehe* Hasenstäubling
Hasenstäubling *(Lycoperdon utriforme)* 163
Heiderling *siehe* Wiesenchampignon
Heidetrüffelverwandte *(Hydnangiaceae)* 85
Heilpilze 18
Herbizide 192
Herbstblattl *siehe* Nebelgrauer Trichterling
Herbstlorchel *(Helvella crispa)* 178
Herbstpfifferling *siehe* Trompetenpfifferling
Herbstrotfußröhrling *(Xerocomellus pruinatus)* 53
Herbsttrompete *(Craterellus cornucopioides)* 142
Hericium cirrhatum siehe Dorniger Stachelbart
Hericium erinaceus siehe Igel-Stachelbart
Herrenpilz *siehe* Steinpilz
Heuhaufen *siehe* Speisemorchel
Hexen 14
Hexenei 167
Hexenpilz *siehe* Hexenröhrling
Hexenring 28
Hexenröhrling 49
Hirschtrüffel *(Elaphomyces)* 172
Hirschwurz *siehe* Stinkmorchel
Hirsepilz *siehe* Sandröhrling

Hochthronender Schüppling *(Pholiota limonella)* 110, 111
Hohe Morchel *siehe* Spitzmorchel
Hohlstieliger Leistling *siehe* Trompetenpfifferling
Holunderschwammpilz *siehe* Judasohr
Holz 145
Holzkremplinge *(Tapinella)* 124
Holzkulturen 180, 181
Honigköpfchen *siehe* Graublättriger Schwefelkopf
Honigpilz *siehe* Hallimasch
HouTouGu *siehe* Igel-Stachelbart
Hülle 25
Hund 37
Hundsruten *(Mutinus)* 167
Hut 22
Hüterbub *siehe* Birkenpilz
Hutpilze 24
Hydnum repandum siehe Semmelstoppelpilz
Hygrophanität 87, 113
Hygrophoropsis aurantiaca siehe Falscher Pfifferling
Hygrophorus marzuolus siehe Märzschneckling
Hyphen 13, 26
Hypholoma capnoides siehe Graublättriger Schwefelkopf

I

Igel-Stachelbart *(Hericium erinaceus)* 157
Imleria badia siehe Marone
Inkubationszeit 189
Inocybe erubescens siehe Ziegelroter Risspilz
Inosperma erubescens siehe Ziegelroter Risspilz
Invasion 30

J

Jahreszeit 29
Japanische Stockschwämmchen *(Pholiota nameko)* 113
Judasohr *(Auricularia auricula-judae)* 150
Jungfernschirmling *(Leucoagaricus nympharum)* 77

K

Kadmium 192
Kahler Krempling *(Paxillus involutus)* 42, 125
Kaiserling *(Amanita caesarea)* 37, 122
Kaiserpilz *siehe* Kaiserling
Kalbfleischpilz *siehe* Austernpilz
Kalender 32
Kampfermilchling *(Lactarius camphoratus)* 131
Kappe 22
Kapuziner *siehe* Birkenpilz
Karbolchampignon *(Agaricus xanthodermus)* 76
Kartoffelbovist *siehe* Dickschaliger Dickschaliger Kartoffelbovist
Kastanienbrauner Becherling *(Peziza Badia)* 177
Kastanienröhrlinge 56
Kaufpilze 39
Kegelhütiger Knollenblätterpilz *(Amanita virosa)* 118
Kerbrandiger Napfbecherling *(Tarzetta cupularis)* 179
Keulenkraterelle *siehe* Schweinsohr
Keulenpfifferling *siehe* Schweinsohr
Keulenpilz *siehe* Goldgelbe Koralle
Keulenstieliger Garten-Safranschirmling *siehe* Safranschirmling
Kiefernblutreizker *(Lactarius deliciosus)* 133
Kiefernhabichtspilz *(Sarcodon squamosus)* 144
Kiefernsteinpilz *(Boletus pinophilus)* 44
Kiefernwaldgrünling *(Tricholoma flavovirens)* 97
Kiefernzapfenrübling *(Strobilurus stephanocysti)* 90
Kindersöckchen 119
Klapperschwamm *(Grifola frondosa)* 147
Kleidung 37
Kleiner Steinpilz *siehe* Marone
Kleines Judasohr *(Schizophyllum Amplum)* 150
Klimawandel 30
Knolle 22, 25, 34
Knollenblätterpilz 117
Knolli 118
Knotentintling *siehe* Faltentintling
Kohlenhydrate 17
Kombucha 21
kommerziell verwerten 36
Kompostkulturen 180, 184
König der Pilze *siehe* Shiitake
Königsausternpilz *siehe* Kräuterseitling
Königs-Röhrling *(Butyriboletus regius)* 37, 59
Konservieren 186
Konsistenz 34
Korallen *(Gomphales)* 129, 153
Korallenpilze *(Clavulina)* 139
Korallenstachelpilz *(Mucronella bresadolae)* 157
Korb 34
Kornblumen-Röhrling *(Gyroporus cyanescens)* 61
Körnchenröhrling *(Suillus granulatus)* 65
Krakenpilz *siehe* Tintenfischpilz
Kraterellen *(Craterellus)* 139, 141
Kraterpilz *siehe* Herbsttrompete
Krause Glucke *(Sparassis crispa)* 146
Krause Kraterelle *(Craterellus sinuosus)* 141
Kräuterseitling *(Pleurotus eryngii)* 107
Kremplinge 43
Kriegspilz *siehe* Birnenstäubling, *siehe* Samtfußkrempling
Krötenstuhl *siehe* Fliegenpilz
Küche 40
Kuehneromyces mutabilis siehe Stockschwämmchen
Kuhmaul *(Gomphidius glutinosus)* 126
Kuhröhrling *(Suillus bovinus)* 66
Kuhschmerling *siehe* Kuhröhrling
Kuhschwappe *siehe* Kuhröhrling
Kulturchampignon *siehe* Zuchtchampignon
Kulturpilze 180
Kultur-Träuschling *siehe* Braunkappe
Kur 19

L

Laccaria amethystina siehe Violetter Lacktrichterling
Lackbläuling *siehe* Violetter Lacktrichterling
Lacktrichterlinge *(Laccaria)* 85
Lactarius deliciosus siehe Kiefernblutreizker
Lactarius deterrimus siehe Fichtenreizker
Lactarius quietus siehe Eichenmilchling
Lactarius torminosus siehe Birkenmilchling
Lactifluus vellereus siehe Wolliger Milchling
Lactifluus volemus siehe Brätling
Laetiporus sulphureus siehe Schwefelporling
Lagerung 40
Lamellenpilze 24, 42, 69
Landesrecht 36
Lärchenröhrling *siehe* Grauer Lärchenröhrling
Lateinische Namen 41
Laubporling *siehe* Klapperschwamm
Lebensformen 26
Lebensgemeinschaft *siehe* Symbiose
Leberpilz *siehe* Leberreischling
Leberreischling *(Fistulina hepatica)* 152
Leccinum leucopodium siehe Rotkappe
Leccinum scabrum siehe Birkenpilz
Leccinum siehe Rauhfüße
Leichenfinger *siehe* Stinkmorchel
Leinensack 34
Leisten 24
Leistlinge *(Cantharellus)* 24, 139
Lentinula edodes siehe Shiitake
Leopardenfell-Hartbovist *(Scleroderma areolatum)* 165
Lepista nuda siehe Violetter Rötelritterling
Leuchtender Weichporling *(Pycnoporellus fulgens)* 149
Leucoagaricus nympharum siehe Jungfernschirmling

Lila Lackpilz *siehe* Violetter Lacktrichterling
Limonenpilz *(Pleurotus citrinopileatus)* 106
Limonen-Seitling *siehe* Limonenpilz
Little-Brown-Mushroom *siehe* Spitzkegelige Kahlkopf
Lorcheln *(Gyromitra)* 167
Löwenmähne *siehe* Igel-Stachelbart
Lycoperdon excipuliforme siehe Beutelstäubling
Lycoperdon perlatum siehe Flaschenstäubling
Lycoperdon utriforme siehe Hasenstäubling

M
Macrolepiota procera siehe Parasolpilz
Maden 35
Maichampignon *siehe* Wiesenchampignon
Maipilz *(Calocybe gambosa)* 91
Mai-Risspilz *siehe* Ziegelroter Risspilz
Mairitterling *siehe* Maipilz
Mairogal *siehe* Speisemorchel
Maitake *siehe* Klapperschwamm
Mannstreuseitling *siehe* Kräuterseitling
Manschette 22, 25
Marienpilz *siehe* Marone
Marone *(Imleria badia)* 56
Märzellerling *siehe* Märzschneckling
Märzschneckling *(Hygrophorus marzuolus)* 37, 103
Mäuseschwanz-Rübling *(Baeospora myosura)* 90
Mauspfoten *siehe* Goldgelbe Koralle
Medizin 18
Mehl 91
Mengen 36
Meningoenzephalitis 37
Merkmale 23
Messer 35
Mikroskop 15
Milch-Brätling *siehe* Brätling
Milchlinge *(Lactarius, Lactifluus)* 129
Milchpilz *siehe* Brätling
Milder Schwefelkopf *siehe* Graublättriger Schwefelkopf
Mineralstoffe 16
Mittelalter 14
Moor-Birkenpilz *(Leccinum holopus)* 46
Mooshäuptchen *siehe* Ziegenlippe
Morchelbecherling *(Disciotis venosa)* 177
Morchella elata siehe Spitzmorchel
Morchella esculenta siehe Speisemorchel
Morchella *siehe* Morchel
Morchella-Syndrom 174
Morcheln *(Morchella)* 37, 167
Mückenpfeffer *siehe* Fliegenpilz
Mückenschwamm *siehe* Fliegenpilz
Mu-Err *siehe* Judasohr
Mürblingsverwandte *(Psathyrellaceae)* 82
Muschelpilz *siehe* Austernpilz
Musik 37
Mutinus siehe Hundsruten
Mutterkorn 21
Mycena pura siehe Rettichhelmling
Mykologie 12, 15
Mykorrhiza 26
Mykotherapie 15
Myzel 13

N
Nachhaltigkeit 37
Nachts sammeln 36
Nackter Rötelritterling *siehe* Violetter Rötelritterling
Nadelholzschwefelporling *(Laetiporus Montanus)* 149
Nadelwaldgrünling *siehe* Grünling
Nährwerte 16
Nationalpark 36
Natterung 25
Nebelgrauer Trichterling *(Clitocybe nebularis)* 99
Nebelkappe *siehe* Nebelgrauer Trichterling
Neoboletus 49
Neoboletus erythropus siehe Flockenstieliger Hexenröhrling
Neomyzet 30
Netzstieligen Hexenröhrling *(Suillellus luridus)* 49
Netzzeichnung 25
Nonnefürzli *siehe* Flaschenstäubling
Nördlichen Stachelseitling *(Climacodon septentrionalis)* 158
Nusspilz *siehe* Trüffel
Nymphen-Riesenschirmpilz *siehe* Jungfernschirmling

O
Ochsenzunge *siehe* Leberreischling
Ockerbraun Trichterling *(Infundibulicybe gibba)* 128
Ohrförmiger Weißseitling *(Pleurocybella porrigens)* 106
Ohrlappenpilze *(Auriculariales)* 145
Ökosystem 26
Ölbaumpilz *(Omphalotus olearius)* 128
Ölbaumtrichterlingsverwandte *(Omphalotaceae)* 88
Old man of the woods *siehe* Strubbelkopfröhrling
Olivbraune Safranschirmling *(Chlorophyllum olivieri)* 80
Orangebrauner *siehe* Falscher Pfifferling
Orangefuchsige Raukopf *siehe*
Orangefuchsiger Hautkopf *siehe*
Orangefuchsiger Schleierling *(Cortinarius orellanus)* 31, 102
Orangegelber Wulstling *siehe* Kaiserling
Orangeroter Graustiel-Täubling *(Russula decolorans)* 136
Ordnung 23, 41
Orellanus-Syndrom 102
Ötzi 14
Oxidation 35, 47

P
Paläozoikum 14
Pantherpilz *(Amanita pantherina)* 119
Pantherwulstling *siehe* Pantherpilz
Pappel-Becherrindenschwamm 150
Pappelröhrling *(Leccinum duriusculum)* 46
Pappel-Schüppling *(Photoliota Populnea)* 108
Parasit 26, 27
Parasitischer Röhrling *siehe* Schmarotzerröhrling
Parasola 69
Parasolpilz *(Macrolepiota procera)* 78
Partnerschaften 26
Pasaniapilz *siehe* Shiitake
Paxillus involutus siehe Kahler Krempling
Paxillus-Syndrom 125
Pechkrebs 31
Penicillin 15, 21
Peristom 166
Perlhuhnchampignon *(Agaricus moelleri)* 74
Perlpilz *(Amanita rubescens)* 121
Perridie siehe Hülle
Pezizales *siehe* Becherlinge
Peziza vesiculosa siehe Blasiger Becherling
Pfeffermilchling *(Lactarius piperatus)* 135
Pfifferling *(Cantharellus cibarius)* 37, 140
Pflanzen 12, 36
Pfurzglocke *siehe* Stinkmorchel
Phallales *siehe* Stinkmorchel
Phallus impudicus siehe Stinkmorchel
Pholiota siehe Schüpplinge
Pholiota squarrosa siehe Sparriger Schüppling
Pilzberatungsstellen 22
Pilzbrut 181
Pilze erkennen 22
Pilze kaufen 39
Pilze konservieren 186
Pilze sammeln 22
Pilze züchten 180
Pilzfäden 13, 26
Pilzkönig *siehe* Krause Glucke
Pilzsaison 29
Pilzvergiftung 189, 190
Pinselschüppling *(Pholiota jahnii)* 110
Piopparello *siehe* Südlicher Ackerling
Pioppino *siehe* Südlicher Ackerling
Plastiktüten 34

Pleurotus citrinopileatus siehe Limonenpilz
Pleurotus eryngii siehe Kräuterseitling
Pleurotus ostreatus siehe Austernpilz
Pleurotus siehe Seitlinge
Polyporales 145
Polyporus umbellatus siehe Eichhase
Pom-Pom *siehe* Igel-Stachelbart
Poor men's beefsteak *siehe* Leberreischling
Porlinge 145
Portobello *siehe* Zuchtchampignon
Porzellantintling *siehe* Schopftintling
Proteine 17
Pseudoboletus parasiticus siehe Schmarotzerröhrling
Psilocybe semilanceata siehe Spitzkegeliger Kahlkopf
Psychoaktive Pize 21
Purpurleistling *siehe* Schweinsohr
Purpurröhrling *siehe* Satansröhrling
Putzen 35, 40

Q
Qualität 34, 39
Quecksilber 192

R
Rabenbrot *siehe* Fliegenpilz
Radionuklidgehalt 193
Ramaria aurea siehe Goldgelbe Koralle
Ramaria Fennica *siehe* Gelbrußige Koralle
Ramaria flava *siehe* Gelbe Koralle
Ramaria Flavescens *siehe* Gelbwerdende Koralle
Ramaria Mairei *siehe* Blasse Koralle
Ramaria *siehe* Korallen
Rauchblättriger Schwefelkopf *siehe* Graublättriger Schwefelkopf
Rauchen 37
Raufüße *(Leccinum)* 46
Raukopf 31
Rauschpilz 109
Rechtliche Vorschriften 36
Rehling *siehe* Pfifferling
Rehpilz *siehe* Habichtspilz
Reinigen 40
Rettichhelmling *(Mycena pura)* 86
Rezeptakulum 167, 171
Rhabdomyolyse 97
Riesenbecherling *(Peziza varia)* 179
Riesenbovist *(Calvatia gigantea)* 164
Riesen-Egerling *siehe* Brauner Riesenchampignon
Riesenporling *(Meripilus giganteus)* 148
Riesenrötling *(Entoloma sinuatum)* 101
Riesenstäubling *siehe* Riesenbovist
Riesen-Träuschling *siehe* Braunkappe
Rillstieliger Seitling *(Pleurotus cornucopiae)* 106
Rindenmulch-Morchel *siehe* Spitzmorchel
Ring 22, 25
Ringloser Butterpilz *(Suillus collinitus)* 62
Ringpilz *siehe* Butterpilz
Ritterlinge *(Tricholoma)* 69
Roh essen 38
Röhrenpilze *siehe* Röhrlinge
Röhrlinge 24, 42, 43, 129
Rosa Afterleistling *(Aphroditeola olida)* 128
Rosagelbe Koralle *siehe* Gelbwerdende Koralle
Rosa Rettichhelmling *(Mycena rosea)* 127
Rosa Saftling *(Porpolomopsis calyptriformis)* 127
Rosa Schmierling *(Gomphidius roseus)* 127
Rosenroter Gelbfuß *(Gomphidius roseus)* 66
Rosenroter Gelbfuß *siehe* Rosa Schmierling
Rosenroter Schmierling *siehe* Rosa Schmierling
Rosenroter Schönkopf *(Rugosomyces persicolor)* 127
Rostfleckiger Pfifferling *(Cantharellus ferruginascens)* 140
Rostroter Lärchenröhrling *(Suillus tridentinus)* 64
Rosspilz *siehe* Gallenröhrling
Rotbrauner Milchling *(Lactarius rufus)* 131
Rotbrauner Riesen-Träuschling *siehe* Braunkappe
Rotbrauner Zitterling *(Phaeotremella Fimbriata)* 151
Rote Liste 36
Rötender Birkenpilz 46
Rötender Schirmpilz *siehe* Safranschirmling
Rötender Wulstling *siehe* Perlpilz
Roter Heringstäubling *(Russula xerampelina)* 136
Rotfußröhrling *(Xerocomellus chrysenteron)* 53
Rotkappe *(Leccinum leucopodium)* 37, 47
Rotzer *siehe* Körnchenröhrling
Rotznase *siehe* Kuhmaul
Rubroboletus satanas siehe Satansröhrling
Rundmorchel *siehe* Speisemorchel
Russula cyanoxantha siehe Frauentäubling
Russulales siehe Täublinge
Russula paludosa siehe Apfel-Täubling
Russula queletii siehe Stachelbeertäubling
Rußkopf *siehe* Schwarzfaseriger Ritterling

S
Safranfleischiger Dickfuß *(Cortinarius traganus)* 98
Safranschirmling *(Chlorophyllum rhacodes)* 80
Saftlinge 37
Saisonkalender 32
Sammelkalender 32
Sammeln 22, 34
Samtfußkrempling *(Tapinella atrotomentosa)* 124
Samtfußrübling *(Flammulina velutipes)* 89
Samthäubchen *siehe* Südlicher Ackerling
Samtiger Filzröhrling *(Xerocomus lanatus)* 55
Samtiger Milchling *siehe* Wolliger Milchling
Samtiger Pfifferling *(Cantharellus friesii)* 140
Samtkappe *siehe* Hexenröhrling
Samtröhrling *siehe* Sandröhrling
Sandröhrling *(Suillus variegatus)* 61
Saprophyt 26, 27, 30
Sarcodon imbricatus siehe Habichtspilz
Satansröhrling *(Rubroboletus satanas)* 51
Säubern 35
Säufernase *siehe* Stachelbeertäubling
Schadstoffe 192
Schaf-Champignon *(Agaricus arvensis)* 75
Schaf-Egerling *siehe* Schaf-Champignon
Schafheiterl *siehe* Ziegenlippe
Schaf-Porling *(Albatrellus ovinus)* 37, 68
Schafsfuß *siehe* Semmelstoppelpilz
Schäler *siehe* Grauer Wulstling
Schälpilz *siehe* Butterpilz und Körnchenröhrling
Schalschwamm *siehe* Körnchenröhrling
Scharfer Wollmilchlings *(Lactifluus bertillonii)* 135
Schaumpilz *siehe* Semmelstoppelpilz
Scheibenlorchel *(Gyromitra ancilis)* 177
Scheide 25
Scheinvergiftung 190
Schiefergrauer Becherling *(Peziza succosella)* 177
Schierlingschampignon *siehe* Grüner Knollenblätterpilz
Schierlingspilz *siehe* Grüner Knollenblätterpilz
Schirmpilze 69
Schlanker Ockerstäubling *siehe* Beutelstäubling
Schlauchpilze *(Ascomycota)* 23, 168
Schleierdame *(Phallus impudicus var. Pseudoduplicatus)* 170

Schleimige Schüppling *(Pholiota adiposa)* 110
Schleimpilz *siehe* Kuhmaul
Schmalzling *siehe* Butterpilz
Schmarotzer 27, 30
Schmarotzerröhrling *(Pseudoboletus parasiticus)* 60
Schmerling *siehe* Körnchenröhrling
Schmierröhrling *(Suillus)* 43, 61
Schnecken 35
Schneepilz *siehe* Märzschneckling
Schnee-Ritterling *siehe* Schwarzfaseriger Ritterling
Schneiden 35
Schnittkante 39
Schnittstelle 35
Schöner Röhrling *siehe* Goldröhrling
Schönfußröhrling *(Caloboletus calopus)* 52
Schopftintling *(Coprinus comatus)* 81
Schulmeisterpilz *siehe* Parasolpilz
Schuppen 25
Schüpplinge *(Pholiota)* 71
Schutzgebiete 36
Schwamm 43
Schwämme 145
Schwammfutter 24
Schwamm-Morchel *siehe* Schwarze Spitzmorchel
Schwärzende Kraterelle 141
Schwärzender Pfifferling *(Craterellus melanoxeros)* 141
Schwarzer Schuppenröhrling *siehe* Strubbelkopfröhrling
Schwarzer Trüffel *(Tuber melanosporum)* 172
Schwarze Spitzmorchel *(Morchella tridentina)* 176
Schwarzfaseriger Ritterling *(Tricholoma portentosum)* 100
Schwarzhütiger Steinpilz *(Boletus aereus)* 44
Schwarzköpfigen Erdstern *(Geastrum melanocephalum)* 166
Schwefelgelbe Koralle *siehe* Gelbe Koralle
Schwefelporling *(Laetiporus sulphureus)* 148
Schwefelritterling *(Tricholoma sulphureum)* 95
Schweinepilz *siehe* Eichhase
Schweinsohr *(Gomphus clavatus)* 37, 156
Schweinsohrartige *(Gomphales)* 145
Schwermetallbelastung 192, 193
Scleroderma citrinum siehe Dickschaliger Kartoffelbovist
Seitlinge *(Pleurotus)* 70
Semmelgelber Stacheling *siehe* Semmelstoppelpilz
Semmel-Porling *(Albatrellus confluens)* 37, 68
Semmelstoppelpilz *(Hydnum repandum)* 143
Semmler *siehe* Semmelstoppelpilz
Shiitake *(Lentinula edodes)* 88
Silberauster *siehe* Austernpilz
Silber-Röhrling *(Boletus fechtneri)* 59
Sklerotium 147
Slippery Jack *siehe* Butterpilz
Sommerausternseitling *(Pleurotus pulmonarius)* 106
Sommer-Röhrling *(Butyriboletus fechtneri)* 37, 59
Sommersteinpilz *(Boletus reticulatus)* 44
Sommertrüffel *(Tuber aestivum)* 172
Spangrüner Kiefernreizker *(Lactarius semisanguifluus)* 132
Spangrüner Kiefern-Reizker *(Lactarius semisanguifluus)* 133
Sparassis crispa siehe Krause Glucke
Spargelpilz *siehe* Schopftintling
Sparriger Schüppling *(Pholiota squarrosa)* 111
Spechttintling *(Coprinopsis picacea)* 83
Speiselorchel *siehe* Frühjahrslorchel
Speisemorchel *(Morchella esculenta)* 174
Speisepilze 41
Speisewert 42
Spitzbuckliger Schleierling *(Cortinarius rubellus)* 102
Spitzkegeliger Kahlkopf *(Psilocybe semilanceata)* 109
Spitzmorchel *(Morchella elata)* 176
Spitzschuppiger Schirmling *(Echinoderma asperum)* 74, 79
Sporen 12, 25
Sprödblättler 24
Spurenelemente 16
Stäbchenbrut 181
Stachelbeertäubling *(Russula queletii)* 138
Stacheln *siehe* Stoppelpilze
Stachelschwamm *siehe* Semmelstoppelpilz
Ständerpilze 23
Standort 26
Starkblauender Rotfußröhrling *(Xerocomellus cisalpinus)* 53
Starkriechender Trompetenpfifferling *(Craterellus lutescens)* 141
Stäublinge *(Lycoperdon)* 159
Steckbrief 42
Steinchampignon *siehe* Zuchtchampignon
Steinpilz *(Boletus edulis)* 37
Steinzeit 14
Sternschuppigen Riesenschirmling *(Macrolepiota rhodosperma)* 78
Stiel 22
Stielporlingsartige *(Polyporales)* 145
Stinkmorchel *(Phallus impudicus)* 169
Stinkmorchelartige *(Phallales)* 167
Stockschüppchen *siehe* Stockschwämmchen
Stockschwämmchen *(Kuehneromyces mutabilis)* 113
Stoffkreislauf 27
Stoppeliger Drüsling *(Exidia glandulosa)* 151
Stoppelpilze *(Hydnum)* 24, 139
Strobilomyces strobilaceus siehe Strubbelkopfröhrling
Strobilurus esculentus siehe Fichtenzapfenrübling
Strohkulturen 180, 182
Stropharia aeruginosa siehe Grünspan-Träuschling
Stropharia rugosoannulata siehe Braunkappe
Stropharia siehe Träuschlinge
Strubbelkopfröhrling *(Strobilomyces strobilaceus)* 58
Stuppling *siehe* Hallimasch
Südlicher Ackerling *(Cyclocybe cylindracea)* 108
Südlicher Schüppling *siehe* Südlicher Ackerling
Suillaceae siehe Schmierröhrlinge
Suillellus luridus siehe Netzstieliger Hexenröhrling
Suillus bovinus siehe Kuhröhrling
Suillus cavipes siehe Hohlfuß-Röhrling
Suillus granulatus siehe Körnchenröhrling
Suillus grevillei siehe Goldröhrling
Suillus luteus siehe Butterpilz
Suillus variegatus siehe Sandröhrling
Suillus viscidus siehe Grauer Lärchenröhrling
Suillus siehe Schmierröhrling
Supermarkt 39
Süßlicher Buchenmilchling *(Lactarius subdulcis)* 131
Symbiont 26
Symbiose 26
Symbole 42

T

Tannenpilz *siehe* Hexenröhrling
Tannenstachelbart *(Hericium flagellum)* 157
Tapinella atrotomentosa siehe Samtfußkrempling
Täublinge *(Russula)* 129
Täublingsartige *(Russulales)* 68, 157
Taxon 23
Teepilze 21
Temperatur 29
Teufelspilz *siehe* Satansröhrling
Tiere 12
Tiger-Ritterling *(Tricholoma pardinum)* 96
Tintenegerling *siehe* Karbolchampignon
Tintenfischpilz *(Clathrus archeri)* 171
Tintenpilz *siehe* Schopftintling
Tintlinge 69
Totentrompete *siehe* Herbsttrompete

Tränender Ritterling *siehe* Tiger-Ritterling
Transportwege 39
Trauben-Ziegenbar *siehe* Gelbe Koralle
Träuschlinge *(Stropharia)* 71
Tricholoma equestre siehe Grünling
Tricholoma pardinum siehe Tiger-Ritterling
Tricholoma portentosum siehe Schwarzfaseriger Ritterling
Tricholoma siehe Ritterlinge
Tricholoma sulphureum siehe Schwefelritterling
Trockenheit 30
Trockenpilze 186
Trocknen 186
Trompetenpfifferling *(Craterellus tubaeformis)* 141
Trüffel *(Tuber)* 37, 172
Trüschling *siehe* Wiesenchampignon
Tschernobyl 193
Tuber siehe Trüffel
Tung Koo *siehe* Shiitake
Tylopilus felleus siehe Gallenröhrling

U
Umami 88
Umweltprobleme 192
Unechte Pilzvegiftung 190
Ungenießbare Pilze 189, 191
Unverträglichkeiten 189, 190
Urtierchen 14

V
Velum 25
Velum universale 71
Verarbeitung 40
verdorbene Pilze 190
Verfärbungen 35, 47
Vergiftungen 189
Verhaltensregeln 36
Verkahlender Krempling *siehe* Kahler Krempling
Verkauf 36
Verschmutzungen 40
Violetter Dufthelmling *(Mycena diosma)* 85
Violetter Lacktrichterling *(Laccaria amethystina)* 85
Violetter Risspilz *(Inocybe violacea)* 85
Violetter Rötelritterling *(Lepista nuda)* 98
Violetter Röteltrichterling *siehe* Violetter Rötelritterling
Violetter Rötling *(Entoloma euchroum)* 85
Violetter Schleierling *(Cortinarius violaceus)* 98
Violetter Stäubling *(Calvatia Cyathiformis)* 163
Violettschuppiger Pfifferling *(Cantharellus amethysteus)* 140
Vitalpilze 18
Vitamine 16
Volksweisheiten 189
Vollstieliger Leistling 141
Volva 25, 167

W
Wacholderpilz *siehe* Hexenröhrling
Waldbrandgefahr 37
Warzenstäubling *siehe* Flaschenstäubling
Warziger Staubbuff *siehe* Flaschenstäubling
Waschen 38
Wasser 29
Wässriger Milchling *(Lactarius serifluus)* 131
Wechselblauer Edel-Reizker *(Lactarius quieticolor)* 133
Wechselfarbiger Speitäubling *(Russula fragilis)* 137
Wegweiß *siehe* Wiesenchampignon
Weidling *siehe* Wiesenchampignon
Weinroter Graustiel-Täubling *(Russula obscura)* 136
Weinroter Kiefern-Reizker *(Lactarius sanguifluus)* 133
Weiße Nebelkappe *(Clitocybe nebularis var. Alba)* 99
Weißer Anis-Champignon *siehe* Schaf-Champignon
Weißer Giftchampignon *siehe* Karbolchampignon
Weißer Großstäubling *(Calvatia Cadida)* 163
Weißer Igelstäubling *(Lycoperdon caudatum)* 162
Weißer Trüffel *(Tuber magnatum)* 172
Weißes Judasohr *(Auricularia auricula-judae var. lactea)* 150
Weißes Stängelbecherchen 30
Weiße Trichterlinge *(Clitocybe dealbata)* 91
Weißfleischiger Grünling *siehe* Grünling
Weißlicher Stoppelpilz *(Hydnum Repandum var albidum)* 143
Weißröhrling *siehe* Satansröhrling
Wenzelpilz *siehe* Hallimasch
Wetter 29
Widerlicher Stachling *(Hydnum Leucopus)* 144
Widerstichlicher Stachling *(Hydnum Leucopus)* 143
Wiesenchampignon *(Agaricus campestris)* 73
Wiesenstäubling *(Lycoperdon Pratense)* 163
Wildschweine 28, 37
Wildtiere 37
Winter 30
Winterpilz *siehe* Samtfußrübling
Wintertrüffel *(Tuber brumale)* 172
Witterung 29
Wolkenohrenpilz *siehe* Judasohr
Wolliger Milchling *(Lactifluus vellereus)* 42, 135
Wollschwamm *siehe* Wolliger Milchling
Wulstlinge *(Amanita)* 71
Wurstsalatpilz *siehe* Samtfußkrempling
Wurzeln 26

X
Xerocomellus chrysenteron siehe Rotfußröhrling
Xerocomsäure 48, 190
Xerocomus subtomentosus siehe Ziegenlippe

Y
Yamabusshiitake *siehe* Igel-Stachelbart
Yanagi-Matsutake *siehe* Südlicher Ackerling

Z
Zecken 37
Zeichnung 25
Zersetzer 27
Zhu Ling *siehe* Eichhas
Ziegelroter Risspilz *(Inosperma erubescens)* 94
Ziegelroter Schwefelkopfes *(Hypholoma lateritium)* 112
Ziegenbart *siehe* Goldgelbe Koralle
Ziegenfuß-Porling *(Albatrellus pes-caprae)* 68
Ziegenlippe *(Xerocomus subtomentosus)* 55
Zigeuner *siehe* Hexenröhrling
Zimtfarbener Weichporling *(Hapalopilus nidulans)* 149
Zitronengelbe Koralle *siehe* Gelbe Koralle
Zitronengelber Knollenblätterpilz *siehe* Gelber Knollenblätterpilz
Zitronen-Seitling *siehe* Limonenpilz
Zottiger Reizker *siehe* Birkenmilchling
Zuchtchampignon 72
Zuchtchampignon *(Agaricus bisporus)* 72
Zuchtmethoden 180
Zweisporiger Egerling *siehe* Zuchtchampignon
Zwischenlamellen 24

porträtierte Pilze, deutsche Namen

Gemeiner Steinpilz 44
Birkenpilz 46
Rotkappe 47
Flockenstieliger Hexenröhrling 49
Satansröhrling 51
Schönfußröhrling 52
Rotfußröhrling 53
Ziegenlippe 55
Marone 56
Gallenröhrling 57
Strubbelkopfröhrling 58
Pilze der Gattung 59
Schmarotzerröhrling 60
Sandröhrling 61
Butterpilz 62
Goldröhrling 63
Grauer Lärchenröhrling 64
Körnchenröhrling 65
Kuhröhrling 66
Hohlfuß-Röhrling 67
Schaf-Porling 68
Zuchtchampignon 72
Wiesenchampignon 73
Brauner Riesenchampignon 74
Schaf-Champignon 75
Karbolchampignon 76
Jungfernschirmling 77
Parasolpilz 78
Safranschirmling 80
Schopftintling 81
Faltentintling 82
Spechttintling 83
Glimmertintling 84
Violetter Lacktrichterling 85
Gemeiner Rettichhelmling 86
Gifthäubling 87
Shiitake 88
Samtfußrübling 89
Fichtenzapfenrübling 90
Maipilz 91
Hallimasch 92
Ziegelroter Risspilz 94
Schwefelritterling 95
Tiger-Ritterling 96
Grünling 97
Violetter Rötelritterling 98
Nebelgrauer Trichterling 99
Schwarzfaseriger Ritterling 100
Riesenrötling 101
Orangefuchsiger Schleierling 102
Märzschneckling 103
Austernpilz 104
Limonenpilz 106
Kräuterseitling 107
Südlicher Ackerling 108
Spitzkegelige Kahlkopf 109
Goldfell-Schüppling 110
Sparriger Schüppling 111
Graublättriger Schwefelkopf 112
Stockschwämmchen 113
Grünspan-Träuschling 114
Braunkappe 115
Fliegenpilz 116
Gelber Knollenblätterpilz 117
Grüner Knollenblätterpilz 118
Pantherpilz 119
Grauer Wulstling 120
Perlpilz 121
Kaiserling 122
Samtfußkrempling 124
Kahler Krempling 125
Kuhmaul 126
Rosa Schmierling 127
Falscher Pfifferling 128
Birkenmilchling 130
Eichenmilchling 131
Fichtenreizker 132
Kiefernblutreizker 133
Brätling 134
Wolliger Milchling 135
Apfel-Täubling 136
Frauentäubling 137
Stachelbeertäubling 138
Pfifferling 140
Trompetenpfifferling 141
Herbsttrompete 142
Semmelstoppelpilz 143
Habichtspilz 144
Krause Glucke 146
Eichhase 147
Schwefelporling 148
Judasohr 150
Leberreischling 152
Goldgelbe Koralle 154
Schweinsohr 156
Igel-Stachelbart 157
Dorniger Stachelbart 158
Beutelstäubling 161
Flaschenstäubling 162
Hasenstäubling 163
Riesenbovist 164
Dickschaliger Kartoffelbovist 165
Erdsterne 166
Stinkmorchel 169
Tintenfischpilz 171
Trüffel 172
Speisemorchel 174
Spitzmorchel 176
Morchelbecherling 177
Frühjahrslorchel 178
Blasiger Becherling 179

porträtierte Pilze, lateinische Namen

Agaricus arvensis 75
Agaricus augustus 74
Agaricus bisporus 72
Agaricus campestris 73
Agaricus xanthodermus 76
Albatrellus ovinus 68
Amanita caesarea 122
Amanita citrina 117
Amanita excelsa 120
Amanita muscaria 116
Amanita pantherina 119
Amanita phalloides 118
Amanita rubescens 121
Armillaria mellea / osteyae 92
Auricularia auricula-judae 150
Boletus edulis 44
Butyriboletus 59
Caloboletus calopus 52
Calocybe gambosa 91
Calvatia gigantea 164
Cantharellus cibarius 140
Chlorophyllum rhacodes 80
Clathrus archeri 171
Clitocybe nebularis 99
Coprinellus Micaceus 84
Coprinopsis picaceat 83
Coprinus atramentarius 82
Coprinus comatus 81
Cortinarius orellanus 102
Craterellus cornucopioides 142
Craterellus tubaeformis 141
Cyclocybe cylindracea 108
Disciotis venosa 177
Entoloma sinuatum 101
Fistulina hepatica 152
Flammulina velutipes 89
Galerina marginata 87
Geastrum 166
Gomphidius glutinosus 126
Gomphidius roseus 127
Gomphus clavatus 156
Gyromitra esculenta 178
Hericium cirrhatum 158
Hericium erinaceus 157
Hydnum repandum 143
Hygrophoropsis aurantiaca 128
Hygrophorus marzuolus 103
Hypholoma capnoides 112

Imleria badia 56
Inosperma erubescens 94
Kuehneromyces mutabilis 113
Laccaria amethystina 85
Lactarius deliciosus 133
Lactarius deterrimus 132
Lactarius quietus 131
Lactarius torminosus 130
Lactifluus vellereus 135
Lactifluus volemus 134
Laetiporus sulphureus 148
Leccinum leucopodium 47
Leccinum scabrum 46
Lentinula edodes 88
Lepista nuda 98
Leucoagaricus nympharum 77
Lycoperdon excipuliforme 161
Lycoperdon perlatum 162
Lycoperdon utriforme 163
Macrolepiota procera 78
Morchella elata 176
Morchella esculenta 174
Mycena pura 86
Neoboletus erythropus 49
Paxillus involutus 125
Peziza vesiculosa 179
Phallus impudicus 169
Pholiota aurivella 110
Pholiota squarrosa 111
Pleurotus citrinopileatus 106
Pleurotus eryngii 107
Pleurotus ostreatus 104
Polyporus umbellatus 147
Pseudoboletus parasiticus 60
Psilocybe semilanceata 109
Ramaria aurea 154
Rubroboletus satanas 51
Russula cyanoxantha 137
Russula paludosa 136
Russula queletii 138
Sarcodon imbricatus 144
Scleroderma citrinum 165
Sparassis crispa 146
Strobilomyces strobilaceus 58
Strobilurus esculentus 90
Stropharia aeruginosa 114
Stropharia rugosoannulata 115
Suillus bovinus 66
Suillus cavipes 67
Suillus granulatus 65
Suillus grevillei 63
Suillus luteus 62
Suillus variegatus 61
Suillus viscidus 64
Tapinella atrotomentosa 124
Tricholoma equestre 97
Tricholoma pardinum 96
Tricholoma portentosum 100
Tricholoma sulphureum 95
Tuber 172
Tylopilus felleus 57
Xerocomellus chrysenteron 53
Xerocomus subtomentosus 55

Bildnachweis

© **Shutterstock:** Cover oben links soeka, Cover oben Mitte New Africa, 29 FotoHelin, 43 Pineapple Content, 50 oben Svarun, 50 klein Svarun, 54 godi photo, 59 unten rechts Svarun, 60 oben Tomasz Czadowski, 60 klein Petr Muckstein, 61 Henri Koskinen, 63 M. Schuppich, 64 I-Taka, 65 oben Henri Koskinen, 65 klein Henri Koskinen, 68 Tauch Songsakul, 71 oben Petr Muckstein, 72 Jstengel, 74 Jolanda Aalbers, 75 Buquet Christophe, 80 Jolanda Aalbers, 81 unten rechts Matauw, 82 rechts AleksandarMilutinovic, 83 teddiviscious, 84 Kabar, 86 weinkoetz, 78 oben Jolanda Aalbers, 89 mitte rechts Wako Megumi, 90 links Jaroslav Machacek, 90 rechts Henri Koskinen, 91 Henri Koskinen, 94 Kazakov Maksim, 96 Ivan Marjanovic, 98 Jaroslav Machacek, 99 Henri Koskinen, 100 Henri Koskinen, 102 Ricantimages, 103 Lorenzo Martinelli, 104 Jolanda Aalbers, 106 Kirsanov Valeriy Vladimirovich, 108 Stylish_Pics, 109 Fat Drum, 111 Gert-Jan van Vliet, 112 oben guentermanaus, 112 klein guentermanaus, 114 iwciagr, 115 Petr Muckstein, 117 Heiko Kueverling, 118 el_cigarrito, 124 Tomasz Czadowski, 129 mitte dabjola, 129 unten Henri Koskinen, 130 Henri Koskinen, 131 Henri Koskinen, 133 oben Bukhta Yurii, 133 klein Subbotina Anna, 135 oben dabjola, 135 klein aga7ta, 136 oben Henri Koskinen, 136 klein godi photo, 138 Henri Koskinen, 139 mitte iwciagr, 139 unten dabjola, 141 klein Henri Koskinen, 143 dabjola, 144 Henri Koskinen, 147 FotoLot, 149 Henri Koskinen, 150 oben Jaroslav Machacek, 150 unten iwciagr, 151 unten Vespa, 152 oben Jukka Palm, 153 mitte links Randy Bjorklund, 153 mitte rechts Henri Koskinen, 153 unten rechts Fotografiecor.nl, 156 Randy Bjorklund, 157 Fotografiecor.nl, 159 links Kichigin, 168 oben weinkoetz, 168 unten links FotoLot, 170 Puttikrai Sessri, 173 Pop Samatcha, 174 belizar, 176 FotoLot, 177 weinkoetz, 179 juerginho, 194 unten artNC, 197 Sergey Hramov, 202 unten margouillat photo, 206 MariaKovaleva, 209 Viktor Sergeevich, 211 PosiNote, 218 nito, 221 Razoomanet, 222 Sea Wave, 223 Krasula, 224 Maren Winter, 230 grafvision, 231 paralisart, 233 Riccio da favola, 234 nblx, 236 1eyeshut, 238 REDPIXEL.PL, 242 ricok, 243 Ostranitsa Stanislav, 245 Leigh Anne Meeks, 247 alicja neumiler, 249 Julia Mikhaylova, 256 New Africa
© **iStock:** 14 Joachim Heller, 18 luxiangjian4711, 24 oben links Gregory_DUBUS, 24 oben rechts UroshPetrovic, 25 oben links Ivan Marjanovic, 25 oben rechts dabjola, 34 links Rike_, 35 rechts Martin Wahlborg, 51 oben Armastas, 51 klein Armastas, 52 oben Igor Kramar, 52 klein empire331, 53 oben fotoco-istock, 53 klein fotoco-istock, 55 oben StefanieDegner, 57 oben tomasztc, 57 klein tomasztc, 58 rechts Thomas -Zinn, 59 oben links empire331, 66 Mantonature, 70 oben Rostislavv, 73 emilio100, 76 Giray Kocaman, 77 Denis Gavrilov, 78 unten Ledernase, 79 Mantonature, 82 links Mantonature, 78 klein lauriek, 89 oben links fungiphotoholic, 92 Gwengoat, 93 Pobytov, 95 Mantonature, 97 Adam88xx, 101 empire331, 110 Rostislavv, 113 Mantonature, 116 mitte links weinkoetz, 119 rechts aydinguven, 120 mitte links fotoco-istock, 120 oben weinkoetz, 122 PlazacCameraman, 123 Mitte Links weinkoetz, 123 Mitte rechts mdurajczyk, 123 unten Igor Kramar, 125 Kerrick, 126 klein weinkoetz, 126 oben mdurajczyk, 127 weinkoetz, 128 Igor Kramar, 129 oben Kerrick, 132 oben Kerrick, 132 klein Colin_Hunter, 134 nickkurzenko, 137 fotoco-istock, 151 oben PlazacCameraman, 152 klein mihairomeob, 153 oben todaydesign, 153 unten links PlazacCameraman, 154 Tim Starke, 158 PlazacCameraman, 163 adrianam13, 169 Liudmyla Liudmyla, 225 FRANCOIS-EDMOND, 241 vicuschka, 258 5PH
Alle weiteren Bildern von den Autoren

Literaturverzeichnis

123pilze.de: Liste der Vitalpilze (Heilpilze) und deren Wirkung auf den menschlichen Organismus. https://www.123pilze.de/DreamHC/Download/Vitalpilze-Heilpilze.htm

Matzke-Hajek, Günter et al: Rote Liste gefährdeter Tiere, Pflanzen und Pilze Deutschlands – Bd 8: Pilze (Teil 1)-Großpilze. Bundesamt für Naturschutz NaBiV Heft 70/8. Bonn 2017

Bundesamt für Strahlenschutz: Geoportal. Salzgitter 2022. www.imis.bfs.de/geoportal (Abruf 10.07.2022)

Bundesamt für Strahlenschutz: Wildpilze – Bedenkenloser Genuss? Salzgitter 2019. https://www.bfs.de/SharedDocs/Downloads/BfS/DE/broschueren/ion/info-wildpilze.pdf;jsessionid=FF6D1D1575DFD727FAE114E60F8A71F9.2_cid339?__blob=publicationFile&v=4 (Abruf 10.07.2022)

Bundesartenschutzverordnung (BArtSchV). Ausfertigung 16.02.2005. https://www.gesetze-im-internet.de/bartschv_2005/BJNR025810005.html (Abruf 07.01.2022)

Bundesnaturschutzgesetz (BNatSchG). Ausfertigung 29.07.2009. https://www.gesetze-im-internet.de/bnatschg_2009 (Abruf 07.01.2022)

Cetto, Bruno: Der große Pilzführer, Band 1-4, München 1987

Flammer, René; Horak, Egon: Giftpilze – Pilzgifte. Pilzvergiftungen: Ein Nachschlagewerk für Ärzte, Apotheker, Biologen, Mykologen, Pilzexperten und Pilzsammler. Basel 2003

Garnweidner, Edmund: GU-Naturführer Pilze – Die wichtigsten Pilze Mitteleuropas erkennen und bestimmen. München 1997

Gesellschaft für Vitalpilzkunde (GFV). Vitalpilze. www.vitalpilze.de

Heppes, Frank; Rouselles, Hans-Peter, Rupp, Susanne: Das Pilzbuch. Sammeln, kaufen, züchten, kochen, genießen. Göttingen 2006

Hibbett, David et al: A higher-level phylogenetic classification of the Fungi. In: Mycological research, Band 111, Nr. 5. S. 509–547. London 2007. https://www.researchgate.net/publication/224892997_A_higher-level_phylogenetic_classification_of_the_Fungihttps://www.researchgate.net/publication/224892997_A_higher-level_phylogenetic_classification_of_the_Fungi (Abruf 07.02.2022)

Hutter, Silvia: Einfach Pilze anbauen. Anleitungen für draußen und drinnen. Rastede 2021

Lelley, Jan: Pilze aus dem eigenen Garten. 3. Auflage. München 1985

Mayr, Christoph: Kleine Pilzfibel, 6. Auflage, Bozen 1992

Müller, Sybille: Pilze: Nährstoffe, Heilwirkung und Anwendung in der Küche. https://www.zentrum-der-gesundheit.de/ernaehrung/lebensmittel/pilze-uebersicht/speisepilze (Abruf 01.02.2022)

Neuner, Andreas: BLV-Naturführer Pilze. 9. Auflage. München 1983

Pacioni, Giovanni: Das neue BLV Pilzbuch. München 1986

Weihofen, Jürgen: Heilpilze. Ling Zhi, Shiitake & Co. schützen das Immunsystem. 2. Auflage, Troisdorf 2000

Winkler, Rudolf: 2000 Pilze einfach bestimmen. Aarau 1996

Zeitlmayr, Linus: Knaurs Pilzbuch. 4. Auflage. München 1975

Zentraler Fachdienst Wasser – Boden – Abfall – Altlasten bei der Landesanstalt für Umweltschutz Baden-Württemberg: Handbuch Boden. Bodendauerbeobachtung in Baden-Württemberg. Stand Frühjahr 1993. Karlsruhe 1995. https://pudi.lubw.de/detailseite/-/publication/87141-Schwermetalle__Arsen__Organochlorverbindungen.pdf (Abruf 10.07.2022)